U1010221

湖南区域持续性暴雨预报研究与应用

彭莉莉　张　超　戴泽军　罗伯良
李易芝　邓剑波　谢　傲　著

气象出版社
China Meteorological Press

内容简介

本书基于中国气象局创新发展专项"湖南汛期持续性暴雨格点化预报技术研究及应用"的研究成果编撰而成。围绕湖南汛期区域持续性暴雨预报的关键技术问题，科学提出了湖南区域持续性暴雨事件定义和过程的判识标准，系统详细地介绍了湖南区域持续性暴雨气候特征，湖南汛期区域持续性暴雨与大尺度环流特征，湖南区域持续性暴雨水汽输送和收支、区域持续性暴雨的热动力学诊断分析、暴雨预报模型评估与应用、业务系统开发等研究中取得的成果及进展。

本书实用性较强，可作为广大气象预报人员、科研人员及其他行业从事相关研究人员的参考用书。

图书在版编目（CIP）数据

湖南区域持续性暴雨预报研究与应用 / 彭莉莉等著.
北京 : 气象出版社, 2025. 3. -- ISBN 978-7-5029-8463-2

Ⅰ. P457.6

中国国家版本馆 CIP 数据核字第 2025NH8126 号

湖南区域持续性暴雨预报研究与应用

Hunan Quyu Chixuxing Baoyu Yubao Yanjiu yu Yingyong

出版发行：气象出版社
地　　址：北京市海淀区中关村南大街 46 号　　邮　　编：100081
电　　话：010-68407112（总编室）　010-68408042（发行部）
网　　址：http：//www.qxcbs.com　　E - mail：qxcbs@cma.gov.cn
责任编辑：王　聪　　终　　审：张　斌
责任校对：张硕杰　　责任技编：赵相宁
封面设计：艺点设计
印　　刷：北京建宏印刷有限公司
开　　本：710 mm × 1000 mm　1/16　　印　　张：13.75
字　　数：210 千字
版　　次：2025 年 3 月第 1 版　　印　　次：2025 年 3 月第 1 次印刷
定　　价：68.00 元

Preface 前言

持续性暴雨具有持续时间长、影响范围广、极端性强的特点，最易造成大范围严重洪涝。湖南地处亚热带季风湿润气候区，汛期暴雨频发，暴雨灾害已成为发生最频繁的自然灾害之一，持续性暴雨造成的灾害尤甚，给人们生命财产和国民经济造成巨大损失。如 2017 年 6 月下旬至 7 月初湖南遭受了近年来历时最长、范围最广、强度最大的持续性暴雨过程，该次暴雨过程致湖南 1223.8 万人受灾，直接经济损失 529.7 亿元。因此，深化对湖南区域持续性暴雨天气过程形成机理和物理过程的认识，提高对汛期区域持续性暴雨的预报能力和服务水平，大幅提升暴雨防灾减灾避灾社会经济效益是目前乃至今后湖南灾害性天气预报服务的工作重点。

本书在阐述湖南异常降水气候背景基础上，根据湖南暴雨致灾性临界要求（一定的强降水范围和持续时间）和防汛预报服务需求，提出湖南区域持续性暴雨过程识别标准，并收集自 1961 年以来的湖南区域持续性暴雨过程，分析其时空变化特征和落区分型；归纳了湖南区域持续性暴雨 6 类中高纬环流型及其与暴雨落区的关系；针对不同环流型，从水汽源地、通量变化和收支等方面揭示了湖南区域持续性暴雨的水汽输送特征；基于传统物理量、物理量异常度和综合动力因子等分别开展了湖南区域持续性暴雨过程的动力学诊断；构建了湖南区域持续性暴雨预报的概念模型和落区概率预报模型；介绍了湖南区域持续性暴雨业务系统及其在汛期暴雨预报中的应用等，以期能为湖南持续性暴雨过程气象预报服务提供科学的技术支撑。

全书共分 6 章。第 1 章由谢傲、彭莉莉、黄卓禹撰写；第 2 章由罗伯良、戴泽军、谢傲撰写；第 3 章由彭莉莉、邓剑波撰写；第 4 章由李易芝、张超、彭艳青撰写；第 5 章由张超、李易芝、彭莉莉撰写；第 6 章由邓剑波、彭莉莉、罗伯良撰写。全书由彭莉莉统稿。

本书的出版由中国气象局创新发展专项（SSFZ201816，SSCX201914，CXFZ2023J085）、湖南省重点研发项目（2024AQ2016）、湖南省自然科学基金项目（2017JJ3170）联合资助。在此表示感谢。

本书编写过程中，参考了他人的相关研究成果，参考文献所列成果可能有疏漏，敬请相关作者谅解。由于我们编写水平有限，书中不可避免地存在错漏之处，敬请读者和专家予以批评指正。

著者

2024 年 12 月

Contents 目录

第1章 湖南区域持续性暴雨气候特征

1.1 湖南区域持续性暴雨气候背景

湖南地处长江中游南岸，南岭之北，位于东经108°47′—114°15′、北纬24°38′—30°08′，东邻江西，南接广东、广西，西邻贵州、四川，北连湖北。境内东西宽667 km，南北长774 km，土地总面积21.18 km^2，在全国各省（区）中居第11位。

湖南东、西、南三面环山，逐渐向中部及东北部倾斜，形成不对称的马蹄形，有利于冷空气的入侵。东面是与江西交界的诸山，呈东北—西南走向，南面是南岭山脉，也呈东北—西南走向，但山体大致呈东西向，西面是雪峰山脉，呈东北东—西南西走向，北部是洞庭湖及湘江、资江、沅江、澧水四水冲积平原，是湖南地势最低的地区。

湖南地貌以山地、丘陵为主，平原、盆地和水域兼而有之，有“七山一水二分田”之称。境内河网密布，水系完整，长度在5 km以上的河流5341条，属长江流域洞庭湖水系。主要河流为湘江、资江、沅江、澧水及汨罗江、新墙河，分别汇入洞庭湖，构成以洞庭湖为中心的辐射状水系。地层发育齐全，土壤类型多样，主要类型为红壤和黄壤；此外，还有紫色土、石灰土、潮沙泥土及水稻土等。

湖南属亚热带季风湿润气候区，冬季多为欧亚干冷气团控制，北方冷空气频频南下入侵，造成雨雪冰冻天气；夏季受低纬度海洋暖湿气团影响，暖湿多雨；春夏之交，锋面和气旋活动频繁，造成阴湿多雨天气。多年平均气温较同纬度的邻省偏低，为 16 ～ 18 ℃，全年日照时数 1300 ～ 1900 h，全年日平均气温≥ 10 ℃的天数为 240 d 左右。

总之，湖南自然资源丰富，地貌类型复杂多样，具有良好的工农业生产条件；但由于受季风年际变化和地理地貌的影响，常造成降水时空分布不均匀，因此在异常多雨的年份、季节和地区容易发展成洪涝灾害。反之，则易形成干旱。

1.1.1　湖南降水的时空分布

如图 1-1 所示，受大气环流、天气系统以及地形影响，湖南降水量在空间分布上很不均匀。雪峰山脉呈西南一东北走向，这对南来的暖湿空气有阻滞和抬升作用，造成强烈的辐合，容易形成大雨和暴雨，安化位于高大的雪峰山北端，因此成为全省的大雨和暴雨中心。东部的幕阜山、九岭山、连云山等东北一西南走向山脉，对西来的气旋有阻滞作用，对西南来的暖湿空气同样有抬升作用，暖湿空气上升，水汽凝结而形成降水，由于锋面雨、气旋雨、地形雨都集中在一起，所以降雨多，致使浏阳、平江一带成为多雨中心之一。湘南的萌渚岭、九嶷山一带，由于北方来的冷空气遇到南岭山地阻挡而形成静止锋，锋面停滞少动，造成降水较多。湘北湖区由于地势平坦，北方冷空气往往南下迅速，降水系统在当地停滞时间较短，降水量较少；衡邵盆地位于南岭北侧，受焚风效应影响，降水亦少；芷江、新晃地处盆地之中，属于云贵高原东侧的雨影区；城步处于雪峰山和越城岭的背风坡，这些地区因此成为少雨中心。

除了空间分布不均匀，湖南降水量在年内季节分配上，有春夏季明显偏多、秋冬季偏少的特点，春夏两季降水量占全年降水量的 70% 左右（图 1-2）。春季，随着大陆增温，大陆热低压建立，蒙古高压势力减弱，副热带高压加强，热带海洋气团开始在华南沿海登陆，湖南受干冷的极地大陆气团

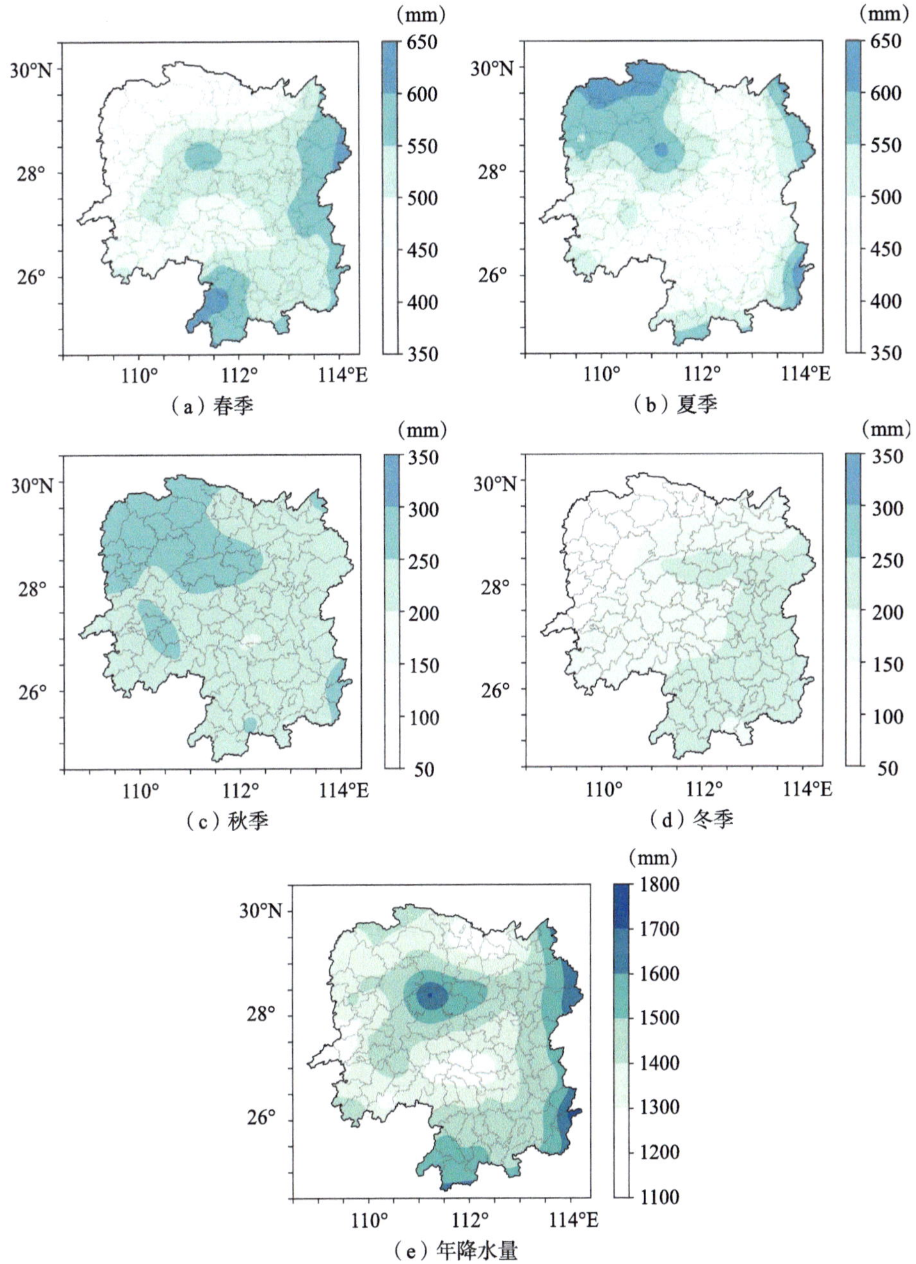

图1-1　1961—2016年湖南多年平均降水量分布

和暖湿海洋气团的交替控制，锋面和气旋活动频繁，降水量显著增加。春季降水量占年降水量的35.6%，成为全年中降水最多的季节，春季降水空间分布型态与年降水量较为一致，其中湘中中部、湘东以及湘南西部降水量较多（图 1-1a）。夏季全省多年平均降水量（485.7 mm）略少于春季（496.7 mm），但仍为多雨季节之一。夏季降水的空间分布型态与春季有一定差异（图 1-1b），春季降水较少的湘西北地区，夏季降水明显增加。秋冬两季降水量只占全年的 30% 左右，秋季（235.0 mm）多于冬季（179.4 mm）。冬季，湖南各地受干冷的变性极地大陆气团控制，全省普遍干燥少雨，降水量只占全年降水量的 12.8%，是全年降水量最少的季节，12 月则为全年中降水量最少的月份。

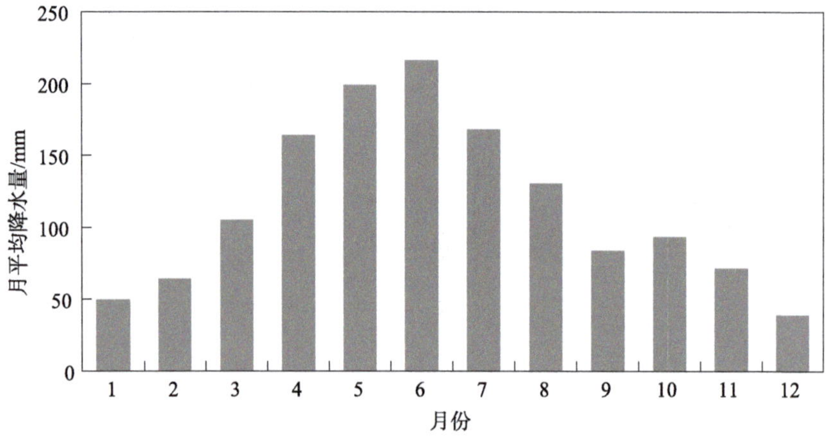

图1-2　1961—2016年湖南月平均降水量

1961—2016 年全省各地历年总降水量资料表明，全省各地最大年降水量除新晃站外，均在 1800 mm 以上，且超过 50% 站点的最大年降水量在 2000 mm 以上；但最小年降水量多数在 1000 mm 以下，有的地方甚至不足 800 mm，即最大年降水量可达最小年降水量的 2～3 倍。如常德站 2002 年总降水量为 2063.7 mm，而 2011 年总降水量仅为 716.5 mm，前者约为后者的 3 倍。可见，湖南各地降水量年际变化较大（图 1-3）。

从 1961—2016 年湖南逐年降水量统计数据看，多年平均降水量为 1400 mm，年变化趋势不明显，但年际波动特征显著。如 2002 年全省平均年降水量为 1894.3 mm，而 2011 年全省平均年降水量仅为 981.0 mm，两者相差

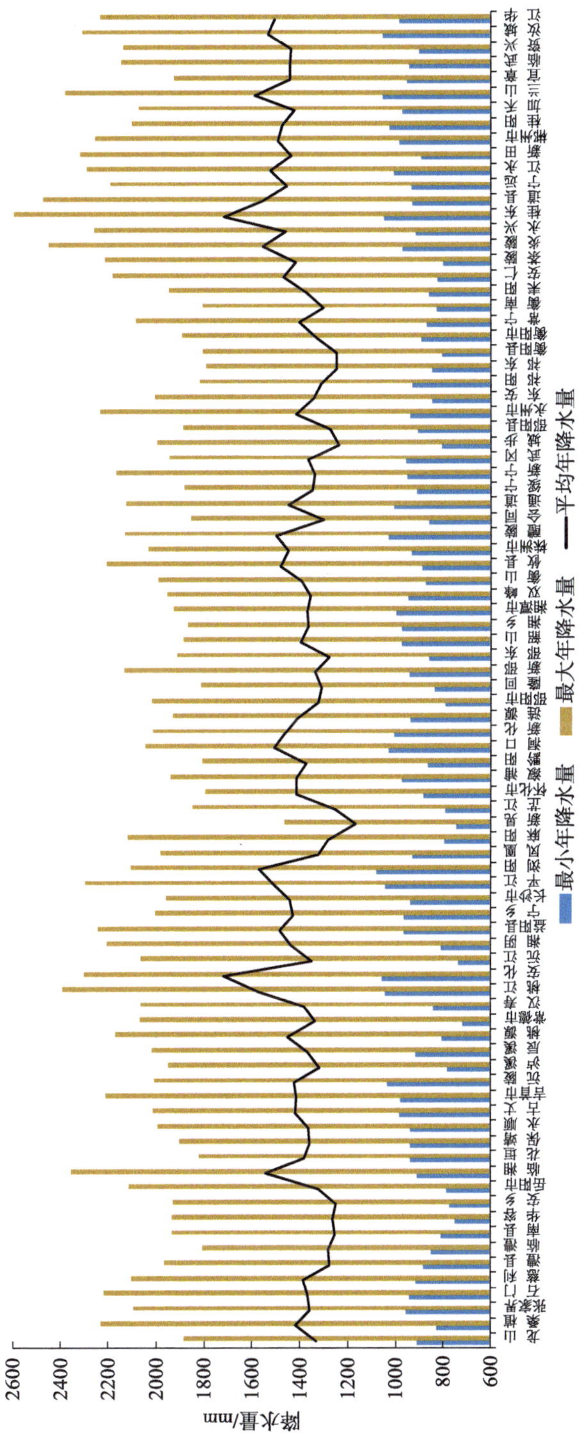

图1-3　1961—2016年湖南各站年平均降水量

近 1000 mm。1961—2016 年共有 17 个年份的全省平均年降水量超过 1500 mm，有 8 个年份的全省平均年降水量低于 1200 mm，可见湖南旱涝灾害均较频繁（图 1–4）。

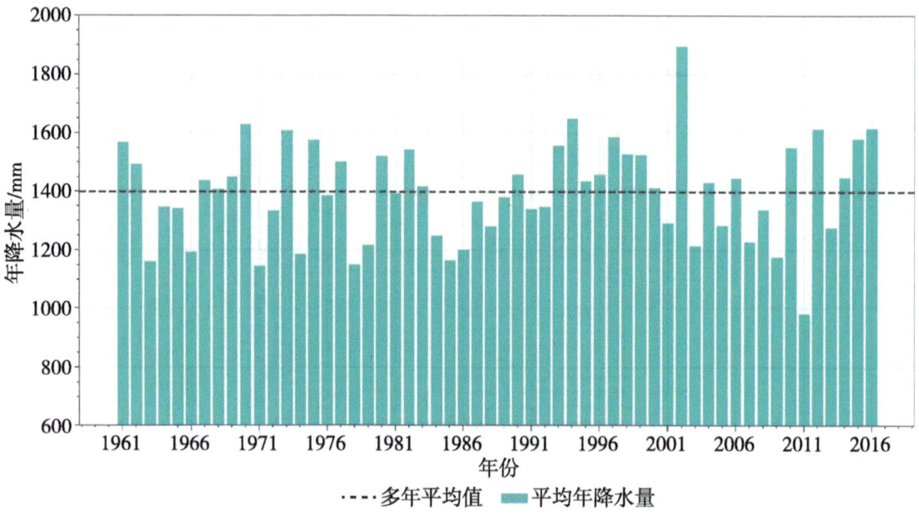

图1–4　1961—2016年湖南平均年降水量变化

1.1.2　湖南暴雨的时空分布

湖南各地年平均暴雨日数一般为 3 ～ 6 d，但少数年份的暴雨日数可达 10 d 以上。如图 1–5 所示，湖南有 3 个暴雨中心：一是以安化、沅陵为中心的雪峰山北端和武陵山的东南部，年平均暴雨日数为 5 ～ 6 d；二是临湘、平江、浏阳一带，年平均暴雨日数也是 5 ～ 6 d；三是处于都庞岭和萌渚岭之间的南岭山地区，年平均暴雨日数为 4 ～ 5 d。暴雨最少的地区是湘中邵阳和衡阳西部地区，年平均暴雨日数不足 3 d。省内其他地区的暴雨日数大多在 3 ～ 4 d。

从图 1–6 可以看出，湖南月平均暴雨日数为 0.0 ～ 1.0 d，多数出现于 4—8 月，约占全年暴雨总日数的 84%。这是由于每年春末，副热带高压开始西伸北进，东南季风抵达南岭以南，湖南雨季开始。6 月以后地面有极锋、静止锋以及台风、东风波等系统影响湖南，致使暖湿气流剧烈辐合上升，故仍能形成降水强度大、降水集中的暴雨。9—10 月虽然有暴雨出现，但其强度已大为减弱，次数也明显减少。

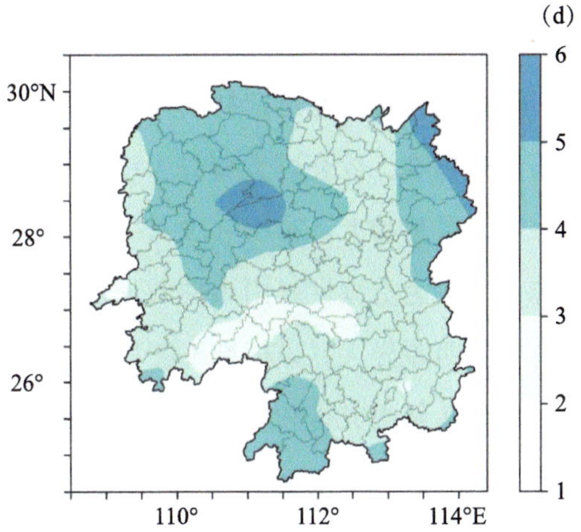

图1-5　1961—2016年湖南年平均暴雨（≥50 mm）日数分布

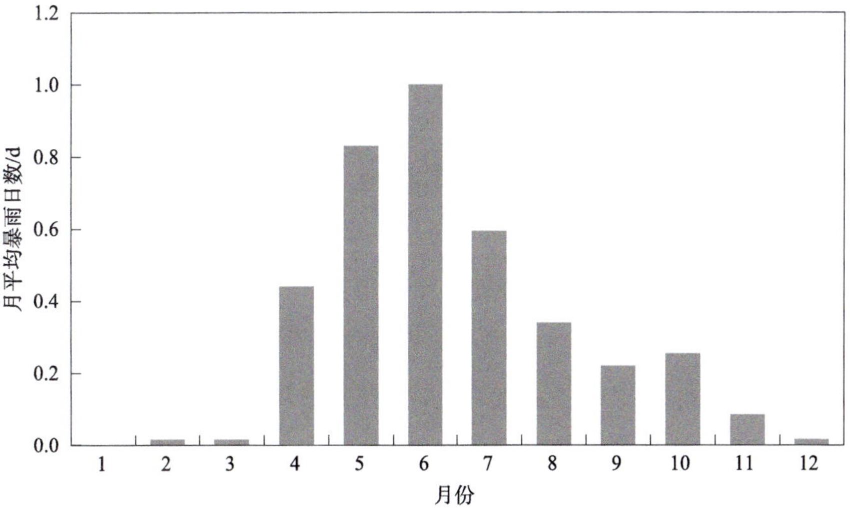

图1-6　1961—2016年湖南月平均暴雨日数

1.2 湖南区域持续性暴雨气候统计特征

1.2.1 区域持续性暴雨的客观定义

开展持续性暴雨研究，首先需要给定持续性暴雨客观定义，目前的研究中有很多不同的暴雨定义标准，综合可大概分为单站和区域两种。在综合国内有关持续性暴雨研究成果基础上，2018 年 9 月中国气象局发布了“持续性暴雨事件”行业标准，首次为持续性暴雨事件的识别提供了行业规范。但由于降水分布地域南北、东西差异大，该标准不能满足所有地区的持续性暴雨研究与业务服务，尤其是在暴雨灾害频发的湖南，更需要建立符合湖南持续性暴雨发生特点的识别技术指标。目前，湖南持续性暴雨的研究相对较少，更是缺少一套完整的用于识别湖南持续性暴雨的地方标准。因此，制定一套适应湖南地方政府防汛防灾减灾避灾业务需求的地方持续性暴雨识别方法，为湖南持续性暴雨过程气象预报服务提供科学的技术支撑具有十分重要的现实意义。

湖南汛期区域持续性暴雨过程定义，目标是解决汛期有可能造成灾害的暴雨过程预报服务技术问题，要适用湖南地方防汛服务需求。因此，主要考虑两个因素：

第一是暴雨范围，即暴雨过程发生要有出现致灾的可能。程庚福等（1987）编著的《湖南天气及其预报》中将湖南暴雨影响 8 ～ 15 站定义为区域性暴雨，林必元（2006）编制的《暴雨预报的理论与实践》中，认为湖南暴雨站数 ≥ 10 站是致洪暴雨的条件之一。湖南有 97 个国家气象站，参照对区域性暴雨的定义，确定 10% 的国家气象站发生暴雨为区域性暴雨较为合理。

第二要有一定的累计降水量，即过程降水量（150 mm）易致灾，因此，要求降水过程至少 2 d 或以上。

此外，还应考虑一定的样本数，便于合成分析，提炼出共性特征，进而研究提出预报技术方法。

综上所述，根据湖南区域持续性暴雨致灾性临界要求（一定的强降水范围）、防汛预报服务需求和足够的研究样本，提出湖南区域持续性暴雨过程的判识方法：①湖南境内出现至少 10% 的国家气象站日降水量（以北京时 20 时为界）超过 50 mm 的区域性暴雨。②湖南省内区域性暴雨持续 2 d 及以上。

1.2.2　湖南区域持续性暴雨定义的合理性

按照上述方法，统计得到 1961—2016 年湖南区域持续性暴雨过程共 113 次，其中汛期（4—9 月）占 107 次，并从致灾率、成片连续性、重合率、累计降水量等方面验证此方法识别出的暴雨过程是否符合区域持续性暴雨过程特点。

1. 致灾率分析

通过对全省灾害资料进行分析，1961—2016 年湖南先后有 3134 个暴雨日出现，暴雨致灾率为 52.8%，其中日暴雨站数在 8 站及以上的共有 766 个，暴雨致灾率为 87.7%；9 站及以上的共有 655 个，暴雨致灾率为 93.7%，10 站及以上的共有 572 个，暴雨致灾率为 99.0%。因此，从致灾率考虑，识别方法中湖南 97 个国家气象站中有 10 站即超 10% 的站发生暴雨，与历史灾情对比率最高，故以其定义区域性暴雨更为恰当（表 1-1）。

表1-1　1961—2016年湖南不同影响站数暴雨致灾率

不同暴雨站数致灾分析	暴雨站数			
	1站及以上	8站及以上	9站及以上	10站及以上
暴雨总数/个	3134	766	655	572
致灾日数/d	1656	672	614	566
致灾率/%	52.8	87.7	93.7	99.0

2. 单日集中暴雨站数分析

为了验证通过本标准筛选出的区域持续性暴雨样本是属于成片的、连续的暴雨，参考王春学等（2017）方法定义了单日集中暴雨站数：如果 A 站的 24 h 降水量（$R24$）≥ 50 mm，并且距离该站最近的 10 个站中，有 3 个及以上站的 $R24$ ≥ 50 mm，则 A 站为一个集中暴雨站。

利用指标筛选出 1961—2016 年 4—9 月全省 107 次区域持续性暴雨过程，共 251 个暴雨日，分析各暴雨日的单日集中暴雨站数。从表 1-2 可见，42.2% 的暴雨日集中暴雨站数在当日暴雨站数中占比达到 100%，即在 251 个暴雨日中，有 106 个暴雨日当日的所有暴雨站都属于集中暴雨站。93.6% 的暴雨日集中暴雨站数占比超过 70%，所有筛选出来的区域持续性暴雨过程的 251 个暴雨日都有集中暴雨站，即样本都是区域性、成片的暴雨过程。

表1-2　1961—2016年4—9月251个暴雨日的集中暴雨站数与暴雨站的百分比

单日集中暴雨统计量	集中暴雨站数占当日暴雨站数百分比/%				
	100	≥ 90	≥ 80	≥ 70	0
日数/d	106	172	217	235	0
占总暴雨日数百分比/%	42.2	68.5	86.5	93.6	0

3. 降水区域重合率分析

区域持续性暴雨不仅要考虑时间上的连续性，还需要考虑系统的移动性和降水的完整性，为了验证通过本标准筛选的样本空间上的连续性，统计分析了 1961—2016 年湖南 107 个区域持续性暴雨过程连续降雨日中不同降水量级的站重合率（表 1-3）。其中，中雨及以上量级重合率最高，达到了 9% 以上的重合率，大雨以上重合率也很高，≥ 20% 重合率的过程占所有过程的 86.78%，可见通过此标准筛选的降水样本具有空间连续性。暴雨以上量级重合率低于其他量级，但是≥ 20% 重合率的过程也达到了 51.24%，可见，湖南的区域持续性暴雨过程多属于区域移动性的暴雨事件。

表1-3　1961—2016年区域持续性暴雨过程连续降雨日不同降水量级重合率占比/%

重合率	≥ 90	≥ 80	≥ 70	≥ 60	≥ 50	≥ 40	≥ 30	≥ 20	≥ 10
暴雨及以上	0.83	4.13	7.44	10.74	20.66	26.45	36.36	51.24	67.77
大雨及以上	4.96	9.09	14.88	24.79	41.32	58.68	71.90	86.78	91.74
中雨及以上	9.09	23.14	37.19	54.55	76.86	86.78	95.04	97.52	100.00

4. 单站过程最大累计降水量

区域持续性暴雨致灾性强的主要原因之一是过程累计降水量，统计1961—2016 年湖南 107 个区域持续性暴雨事件中单站过程最大累计降水量发现，51.4% 以上的单站过程最大累计降水量在 200 mm 以下，17.7% 的单站过程最大累计降水量超过 300 mm，其中单站过程累计降水量达到 500 mm 以上的有 2 次过程。从年代际变化看，在 21 世纪前，全省区域持续性暴雨事件中，过程中最大累计降水量相对较平稳，进入 21 世纪后，过程中单点最大累计降水量的极端性增大，2003 年 7 月 9 日的张家界站过程累积降水量达619.7 mm，突破历史极值（图 1-7）。

从 107 个区域持续性暴雨过程单站最大累计降水量分布和累积概率分布（CDF）看，单站过程最大累计降水量主要分布在 150 ～ 250 mm，属于易致灾的降水量范围，其中单站最大累计降水量 200 mm 出现概率最大。出现过的最大单站累计降水量为 619.7 mm（图 1-8）。

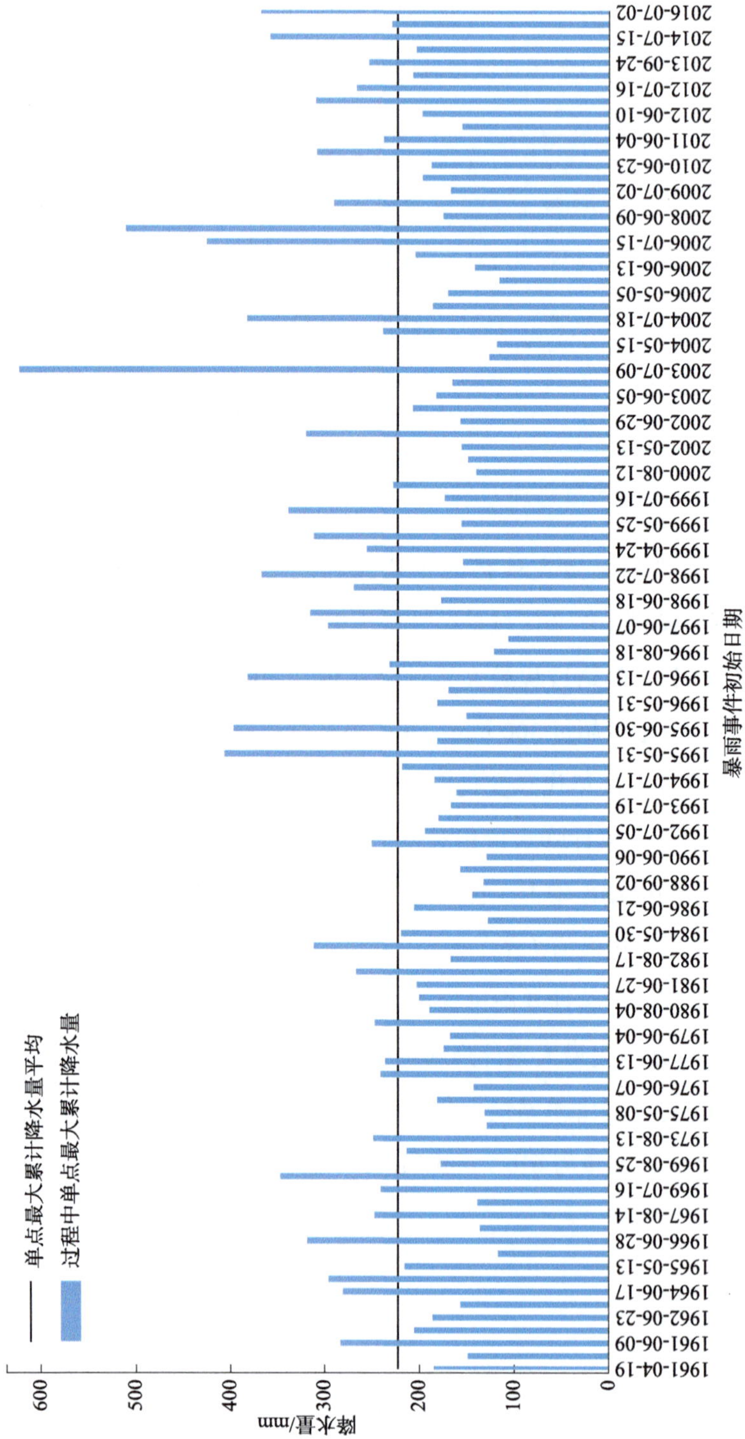

图1-7　1961—2016年湖南区域持续性暴雨事件过程中单点最大累计降水量

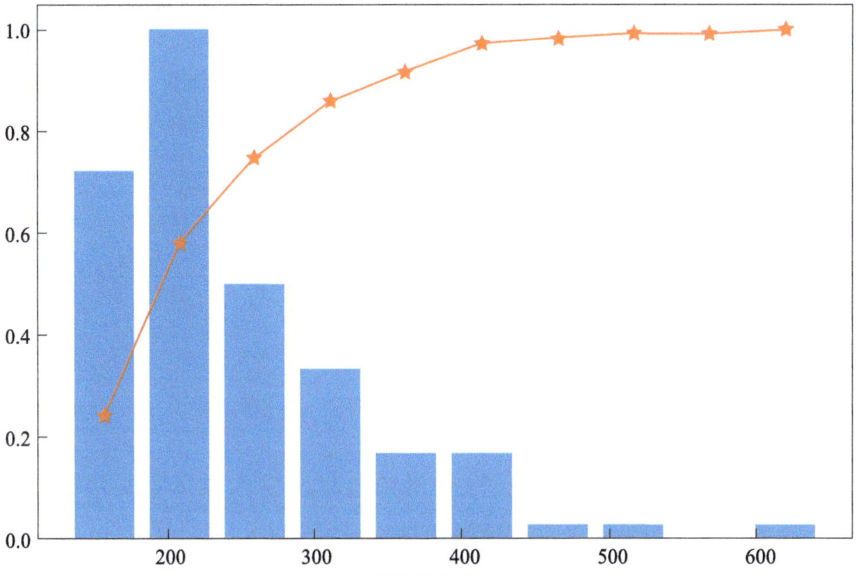

图1-8　过程单站最大累计降水量分布和累积概率分布（CDF）

注：柱状为累计降水量分布，点线为CDF

1.3 湖南区域持续性暴雨的时空变化特征

1.3.1　区域持续性暴雨的时间变化气候特征

1961—2016 年湖南共出现 113 次区域持续性暴雨过程，平均每年 2 次；区域持续性暴雨累计日数为 266 d，平均每年 4.75 d。从持续日数角度统计的区域持续性暴雨过程的频次来看（表 1-4），上述 113 次区域持续性暴雨过程中持续最长日数为 5 d，共计 2 次，即 1996 年 6 月 13—17 日、1999 年 6 月 27 日—7 月 1 日，占总区域持续性暴雨过程次数（日数）的 2%（4%）；此外，持续日数为 2 d、3 d 和 4 d 的湖南区域持续性暴雨过程次数（日数）分别为 82 次（164 d）、24 次（72 d）和 5 次（20 d），占总区域持续性暴雨过程次数（日数）分别为 73%（61%）、21%（27%）和 4%（8%）。可见，持续日数为 2 d 的湖南区域持续性暴雨发生最多，随着持续日数的增加，区域持续性暴雨发生的次数与累计日数均迅速减小。

表1-4　1961—2016年湖南区域持续性暴雨过程次数逐年发生频次

区域持续性暴雨统计量		持续日数/d				合计
		2	3	4	5	
次数	累计次数/次	82	24	5	2	113
	占总次数百分比/%	73	21	4	2	100
日数	累计日数/d	164	72	20	10	266
	占总日数百分比/%	61	27	8	4	100

1961—2016 年，湖南区域持续性暴雨过程发生次数月际变化明显（图 1-9），均未出现区域持续性暴雨过程的月份为 1 月、2 月、3 月、12 月，区域持续性暴雨过程在 9—11 月均只发生 3 次，在 4 月仅发生 4 次，5—8 月发生区域持续性暴雨过程的次数相对较多，其中 6 月发生次数最多为 43 次，占总发生次数的 38%，7 月次之为 23 次，5 月与 8 月发生次数接近，分别为 18 次、16 次。从季节来看，冬季（12 月至次年 2 月）未发生区域持续性暴雨过程，秋季（9—11 月）、春季（3—5 月）、夏季（6—8 月）发生区域持续性暴雨过程的次数分别为 9、22、82 次，其中夏季为最多，占总区域持续性暴雨过程次

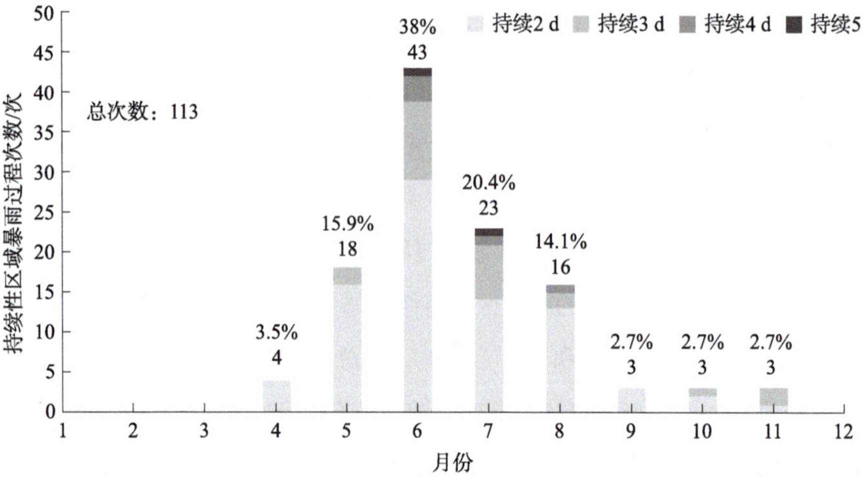

图1-9　1961—2016年湖南区域持续性暴雨过程逐月发生次数

数的 73%。从区域持续性暴雨过程的持续日数的月、季分布来看，持续 4 d、5 d 的区域暴雨过程仅发生在夏季，其中持续 5 d 的区域暴雨过程仅出现在 6 月、7 月各 1 次。

从湖南区域持续性暴雨过程逐年发生次数来看（图 1-10），1961—2016 年共有 8 年（1971 年、1972 年、1978 年、1985 年、1987 年、1991 年、2001 年、2015 年）未出现区域持续性暴雨过程。10 年滑动 *t* 检验统计结果显示，区域持续性暴雨过程次数在 1993 年发生突变，1961—1992 年年均区域持续性暴雨过程次数约为 1.4 次，1993—2016 年年平均区域持续性暴雨过程次数约为 2.8 次，由此可见，20 世纪 90 年代后湖南区域持续性暴雨过程次数增加了 1 倍，这与张剑明等（2011，2012）分析的 20 世纪 90 年代至 21 世纪 00 年代湖南极端连续性降水事件突变式增多及罗伯良等（2008）分析的湖南极端强降水在突变点 1993 年显著增加的结论基本一致，这种突变式增加可能与全球变暖大背景下我国东南部气温在 1993 年突变式增加 0.65 ℃有关（温泉沛 等，2017）。

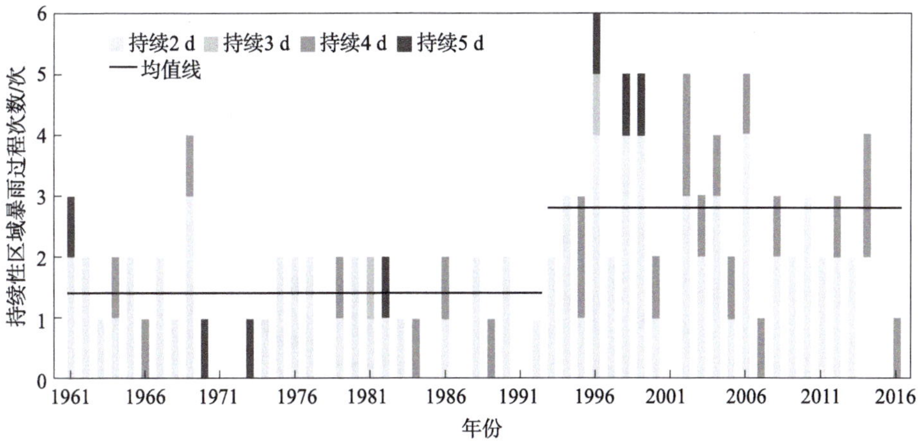

图1-10　1961—2016年不同持续时间湖南区域持续性暴雨过程次数与累计日数统计量

1.3.2　区域持续性暴雨的空间分布气候特征

从湖南区域持续性暴雨过程（持续日数≥2 d）的年均次数空间分布

（图 1-11a）来看，除湘西州北部、张家界西部外，湘中以北区域持续性暴雨过程年均发生次数均在 0.75 次以上，较湘南年均次数明显偏多；年均发生次数 0.9 次以上的区域主要分布在怀化与娄底北部、常德与益阳南部、湘潭西部、长沙东部。统计结果显示，区域持续性暴雨过程年均发生次数的全省区域平均值为 0.75 次，年均次数大于平均值的站有 48 个，其中以安化站 1.14 次和南岳站 1.09 次分别为最多和次多。汝城 0.32 次为最少，次之为龙山站 0.36 次。持续日数≥ 3 d 暴雨过程（图 1-11b）的年均次数空间分布与持续日数≥ 2 d 的分布相似，但湘中以北大值区的范围明显东移北扩，发生次数也明显偏少。统计结果显示，持续日数≥ 3 d 的区域暴雨过程年均发生次数的全省区域平均值为 0.26 次，年均次数大于平均值的站有 45 个，其中以安化站 0.43 次为最多，南岳站及平江站 0.41 次为次多，以湘东南的汝城站 0.09 次为最少，次之为资兴站与江华站的 0.11 次。

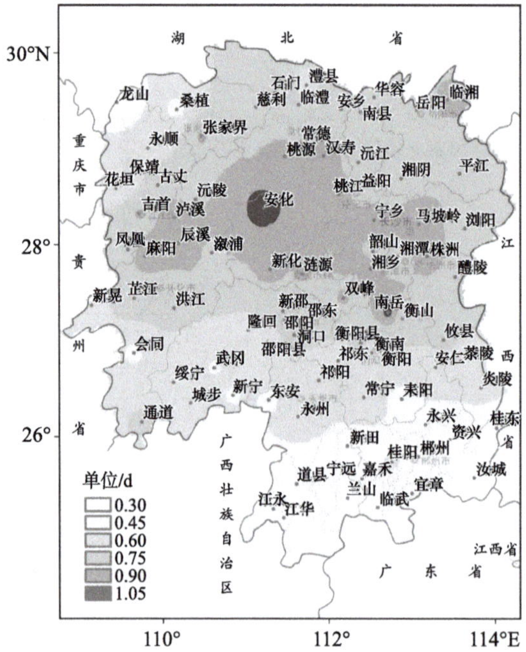

(a) 持续日数≥2 d

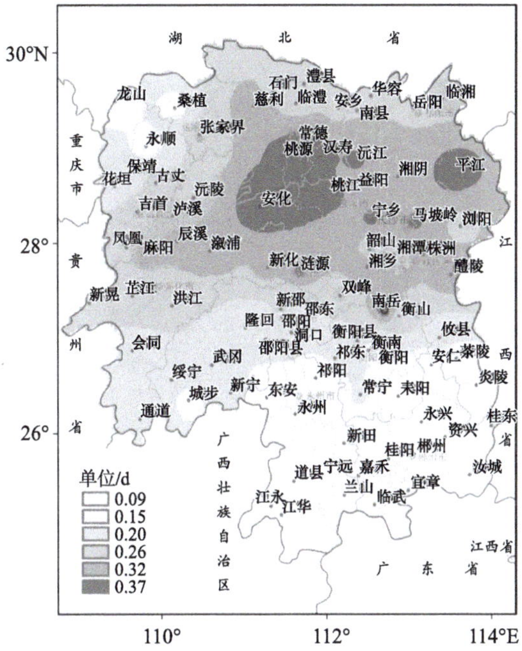

(b) 持续日数≥3 d

图1-11　1961—2016年湖南区域持续性暴雨过程年均次数空间分布

湖南区域持续性暴雨年均暴雨日数及其占区域暴雨年均暴雨日数百分比的空间分布区域差异也较明显（图 1-12）。区域持续性暴雨年均暴雨日数大于 1.0 d 的站主要出现在湘中及偏北地区，即张家界、湘西州东南部，怀化、株洲的北部，娄底、长沙、湘潭全境，常德南部，益阳与岳阳大部，大致呈东—西带状分布；年均暴雨日数以安化为大值中心，向西北、东南方向减少。区域持续性暴雨与区域暴雨的年均暴雨日数空间分布相似。统计显示，区域持续性暴雨（区域暴雨）的年均暴雨日数的全省区域平均值为 0.86 d（2.11 d），年均暴雨日数以安化站 1.46 d（3.5 d）和南岳站 1.23 d（3.27 d）为最多和次多，以汝城站 0.39 d（龙山站 1.09 d）为最少。区域持续性暴雨年均暴雨日数占区域暴雨年均暴雨日数的百分比空间分布（图 1-12b）显示，百分比值除了张家界站为 53%、麻阳站为 54% 外，其他站百分比都小于 50%，表明当区域暴雨发生时，绝大部分站的暴雨发生在区域持续性暴雨过程的概率都小于 50%；湘西、湘北部分站的百分比在 45% 以上，而湘南的大部分站的

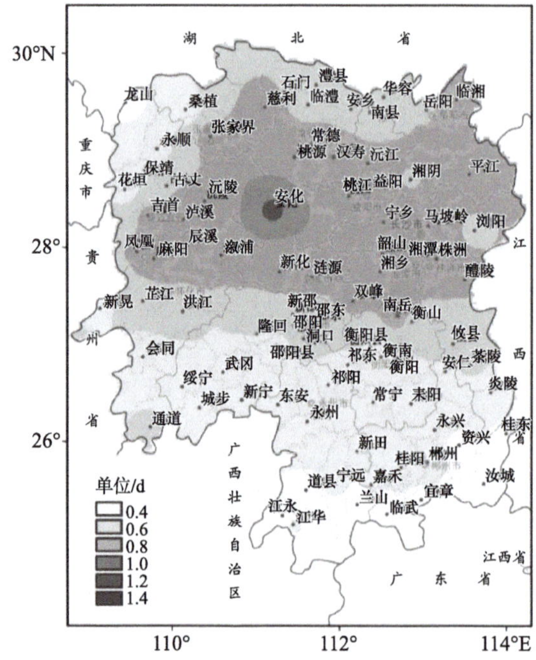

(a) 年均暴雨日数

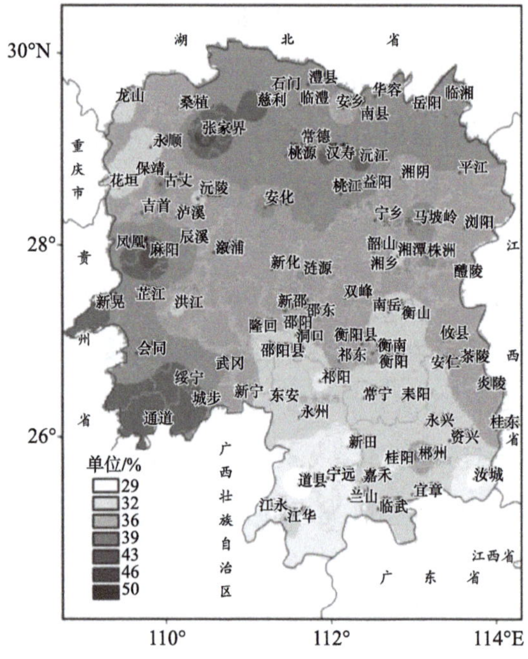

(b) 年均暴雨日数百分比

图1-12　1961—2016年湖南区域持续性暴雨年均暴雨日数（a）及其占区域暴雨年均暴雨日数百分比（b）的空间分布

百分比在 40% 以下，表明当区域暴雨发生时，湘西、湘北站的暴雨较湘南更容易在区域持续性暴雨过程中发生。

从区域持续性暴雨强度的空间分布来看（图 1-13），沿湘西北—湘中—湘东南方向暴雨强度呈现先减小后增大的空间分布。暴雨强度大于 85 mm/d 的站主要分布在湘西北的张家界、吉首东部、怀化北部、常德西部以及湘东南的株洲南部、郴州南部；暴雨强度的小值区主要位于湘西南—湘东北的带状区域。统计显示，区域持续性暴雨强度的全省区域平均值为 82.5 mm/d，区域持续性暴雨强度大于全省平均值的站有 41 个，其中以湘西北的沅陵站 103.8 mm/d 和湘东南的资兴站 101.2 mm/d 分别为最大和次大，以武冈站 67.9 mm/d 为最小。非区域持续性暴雨强度与区域持续性暴雨强度在空间分布形态上相似。统计显示，非区域持续性暴雨强度全省区域平均值为 74.8 mm/d，较区域持续性暴雨强度偏小 7.7 mm/d，88 站中有 76 站次偏小，其中沅陵站暴雨强度偏小 26.8 mm/d；非区域持续性暴雨强度以湘东南的临武站 88.6 mm/d 和湘中的南岳站 83.7 mm/d 分别为最大和次大，以湘西南的城步站 65.2 mm/d 为最小。

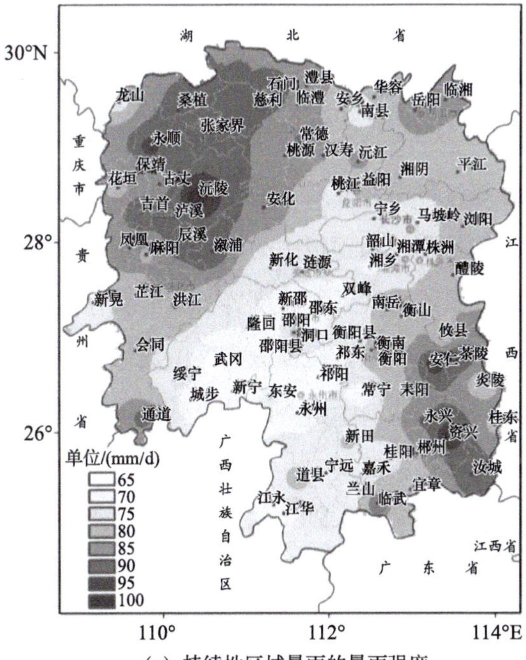

(a) 持续性区域暴雨的暴雨强度

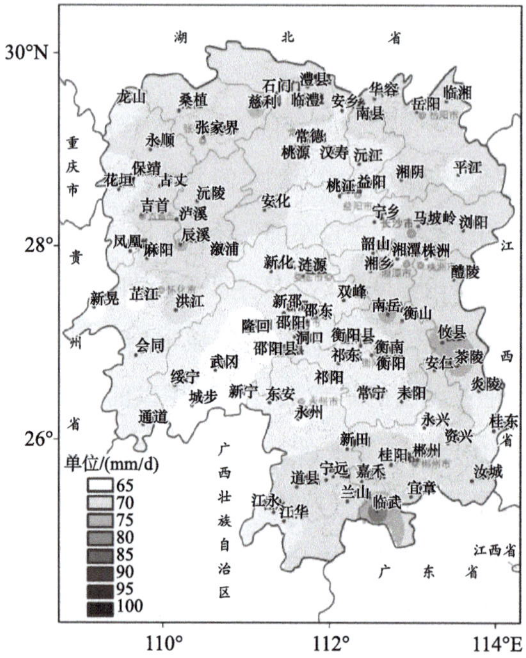

(b) 非持续性区域暴雨的暴雨强度

图1-13　1961—2016年湖南区域持续性暴雨（a）与非区域持续性暴雨的暴雨强度（b）空间分布

1.4 湖南区域持续性暴雨过程的暴雨落区分型

区域持续性暴雨过程中强降水带的位置、走向、移向与移速和强降水中心的位置及其变化是暴雨过程预报中的重点与难点。尽管引发区域持续性暴雨过程的大气环流背景或天气系统的配置及其演变存在差异，暴雨过程中总降水量的空间分布也存在差别，但预报实践中发现，一些暴雨过程中的单日强降水带空间分布较相似，强降水落区是否有一定的气候规律也是我们关注的问题。

聚类与合成分析结果显示，1961—2016 年，湖南区域持续性暴雨过程中的 266 d 中的 253 d（占总日数的 95.1%）强降水可分为 4 类空间分布型，即湘西北型、湘中偏北型、湘中偏南型和湘东南型，4 种类型区域持续性暴雨日的累计天数依次为 68 d、80 d、56 d 和 49 d，分别占总区域持续性暴雨日数的百分比依次为 26.9%、31.6%、22.1%、19.4%。可见湘中偏北型区域暴雨日数最多，而湘东南型区域暴雨日数最少。

从空间分布上看，4 种类型区域暴雨日的平均日降水强度的空间分布在地理位置、降水强度大小、降水范围等方面存在显著差异（图 1-14）。

湘西北型平均日降水强度大于 30 mm/d 的站分布在湘西州、张家界、常德、怀化中北部、益阳及岳阳，大于 50 mm/d 的站范围相对缩小，分布在湘西州、张家界、常德、怀化北部、益阳西北部及岳阳北部，平均日降水强度大于 70 mm/d 的站数 4 个，张家界东部的张家界站（78.9 mm/d）与慈利站（76.5 mm/d）、常德西北部的石门（73.6 mm/d）及怀化北部的沅陵（74.7 mm/d），其中张家界站平均日降水强度为最大。

湘中偏北型平均日降水强度大于 30 mm/d 的站分布在湘西州南部、怀化中北部、常德南部、娄底北部、益阳中南部、岳阳、长沙、湘潭及株洲北部，大于 40 mm/d 的站分布在湘西州南部、怀化中部、娄底北部、益阳南部、岳

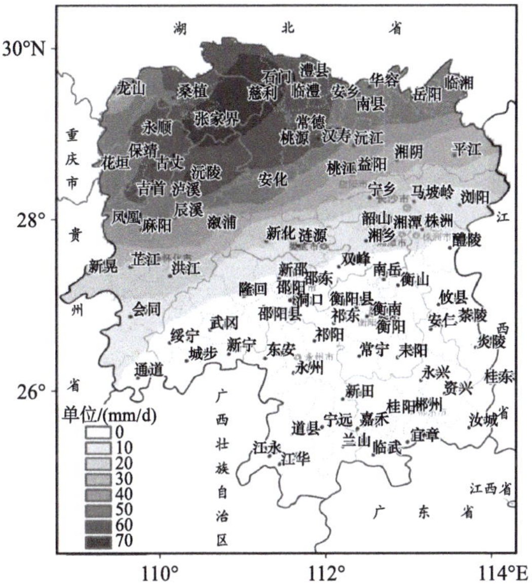

(a) 湘西北型

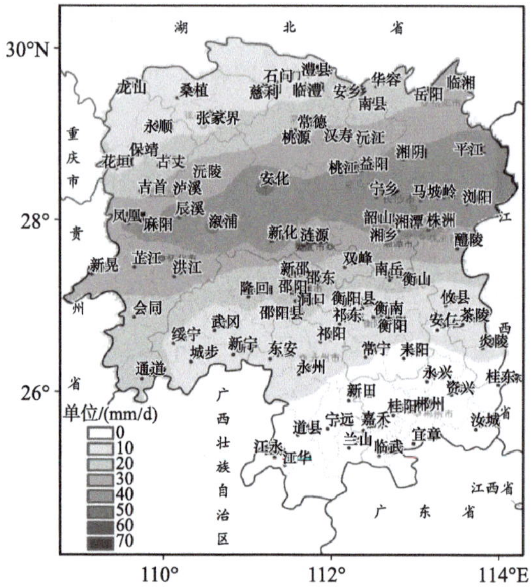

(b) 湘中偏北型

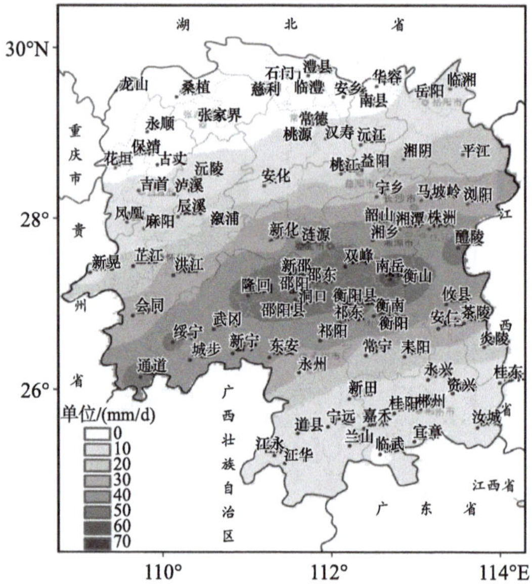

(c) 湘中偏南型

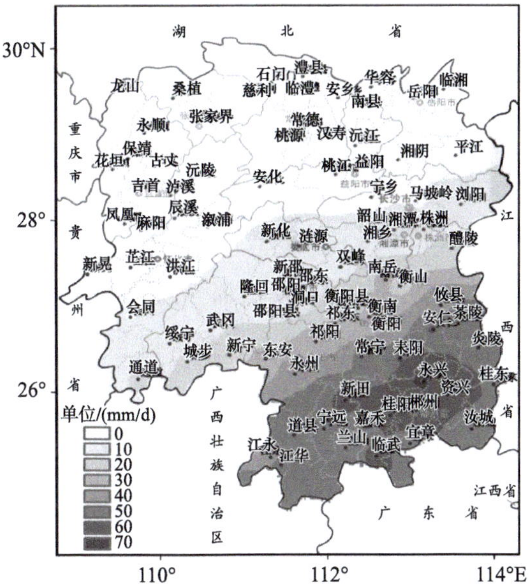

(d) 湘东南型

图1-14　1961—2016年湖南区域持续性暴雨过程中4类暴雨落区型的日降水强度空间分布

阳南部、长沙、湘潭北部及株洲北部，平均日降水强度大于 50 mm/d 的站仅 2 个，为益阳的安化（51.9 mm/d）与怀化的溆浦（51.6 mm/d）。

湘中偏南型降水强度均值大于 30 mm/d 的站分布在怀化中南部、邵阳、娄底、湘潭、长沙、永州北部、衡阳中北部、株洲中北部，日降水强度最大值位于南岳（67 mm/d），其他大于 50 mm/d 的降水强度较大的站分布在怀化南部 - 邵阳 - 株洲中部带状区域。

湘东南型降水强度均值大于 30 mm/d 的站分布在永州、衡阳、郴州及株洲中南部，大于 50 mm/d 的降水强度的站分布在永州南部、衡阳东南部、株洲南部及郴州，降水强度最大值站位于郴州的永兴（73.1 mm/d）。

湘西北型、湘中偏北型、湘中偏南型及湘东南型降水强度大值区自北向南依次位于湘西北、湘中偏北、湘中偏南及湘东南，降水强度大值区呈准西南—东北走向的带状分布，其一定程度上反映了提供暴雨动力、热力、水汽条件的西南低空急流走向。湘西北型与湘东南型的降水强度较湘中偏北型与湘中偏南型的降水强度大，强降水落区相对更集中。

中低层水汽的辐合区可在一定程度上反映强降水的落区。将 4 类降水分布型对应日期的风场与水汽通量散度合成显示（图 1-15），850 hPa 风场切变在湘西北型、湘中偏北型、湘中偏南型中的分布较为接近位于湘西北，而湘东南型的切变线位于湘中一带，4 类降水分布型对应的水汽辐合的大值区主要位于湘东至江西境内，850 hPa 切变线位置与水汽通量散度场对强降水雨带的指示性较差；而 925 hPa 风场切变及水汽辐合大值区位置与降水强度的大值区的空间分布有较好的一致性，湘西北型、湘中偏北型、湘中偏南型及湘东南型 925 hPa 风场切变线及水汽辐合大值区呈准西南—东北走向的带状分布，且自北向南依次大致位于湘西北、湘中偏北、湘中偏南及湘东南，可见 925 hPa 风场切变及水汽辐合大值区的位置与走向较 850 hPa 对湖南区域持续性暴雨过程中强降水落区预报的指示性更好。

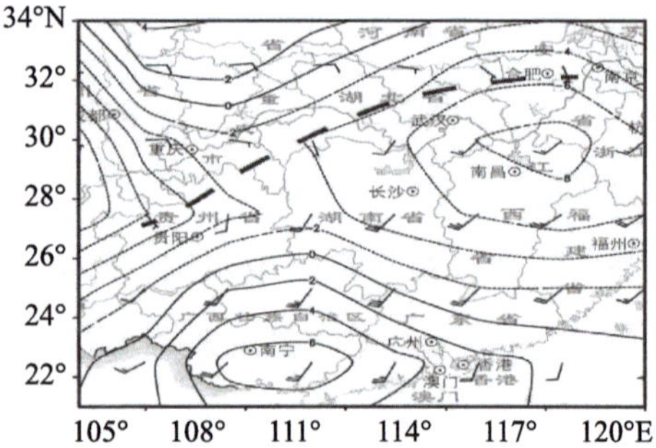

(a) 湘西北型850 hPa

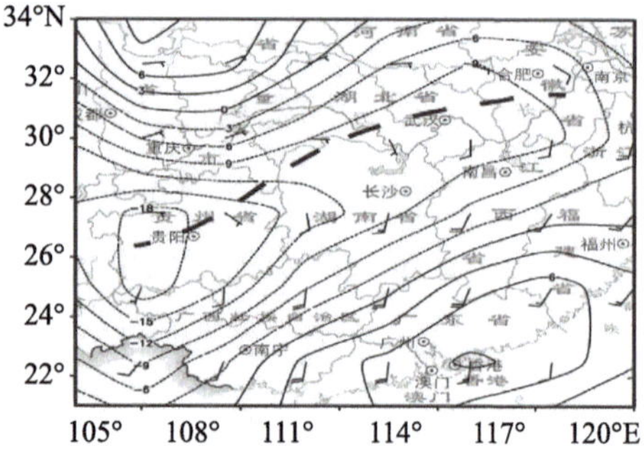

(b) 湘西北型925 hPa

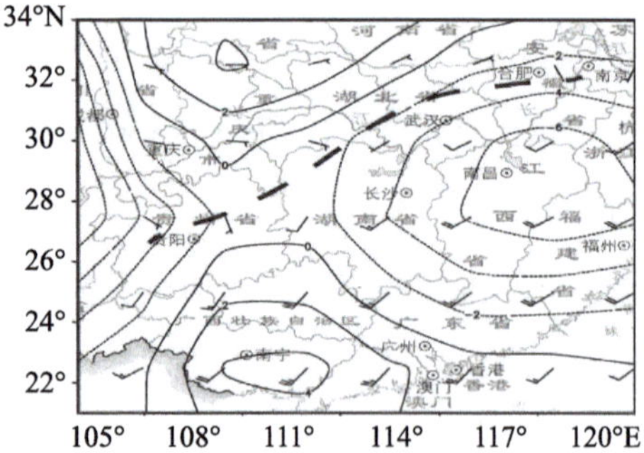

(c) 湘中偏北型850 hPa

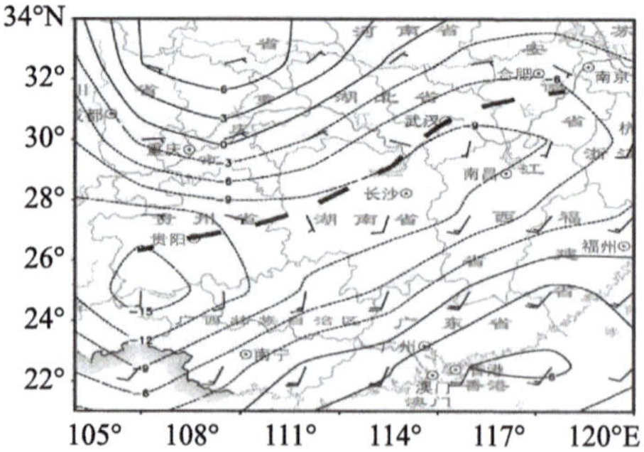

(d) 湘中偏北型925 hPa

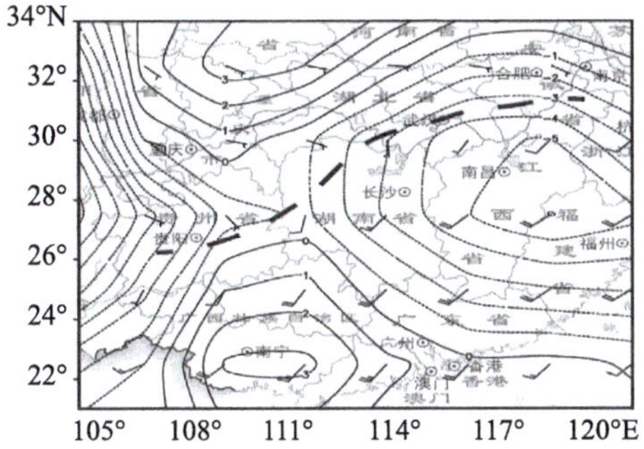

(e) 湘中偏南型850 hPa

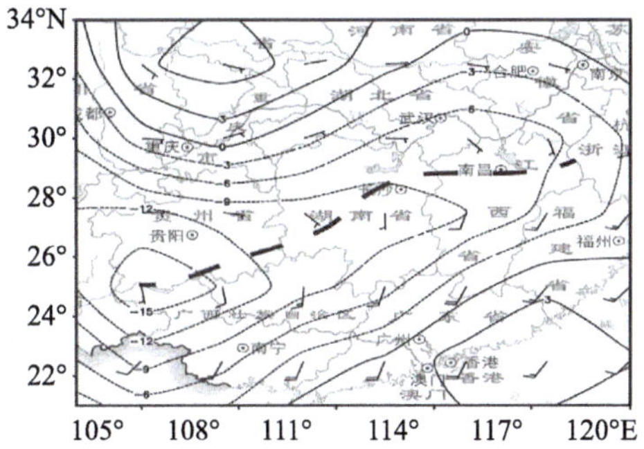

(f) 湘中偏南型925 hPa

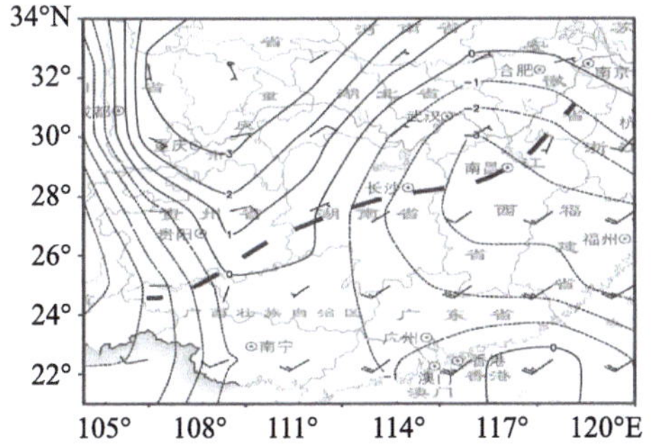

(g) 湘东南型850 hPa

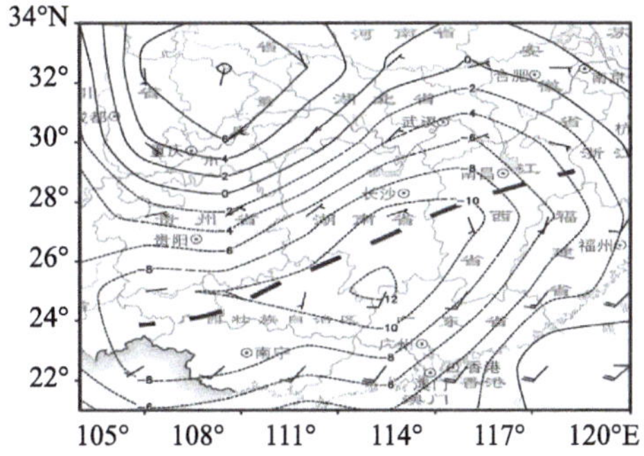

(h) 湘东南型925 hPa

图1-15　1961—2016年湖南区域持续性暴雨过程中4类暴雨落区型对应的850 hPa 与925 hPa 合成水汽通量散度场（等值线，单位：10^{-5}g /（cm^2 · hPa · s））及风场（风羽）分布

综上所述，湖南区域持续性暴雨发生过程次数及暴雨日数的大值区主要分布在湘中以北，产生这种南北分布差异可能与西南低空急流的活动及其分布有关；张文龙等（2007）的研究表明，湖南位于我国850 hPa 西南低空急流活动的高频区，而925 hPa 西南低空急流活动次数在湖南境内呈现自北向南减少的分布特征与湖南持续性暴雨的分布特征较为接近；西南低空急流携带充沛的水汽、动量及不稳定能量，致使区域持续性暴雨发生时产生较强的上升运动及较大范围的低层气流辐合，也与本章分析925 hPa 风场切变及水汽辐合大值区的位置对强降水落区有较好的指示性的结论吻合；此外，暴雨特别是持续性暴雨的空间分布除了与特定的天气形势有关外（康岚 等，2016；杨玮 等，2017），与地形也有非常密切的关系（陈丹 等，2018；赵庆云 等，2017），地形尺度大小、走向及所处的地理位置等地形因素对湖南区域持续性暴雨分布的影响如何，也是值得进一步研究的问题。

参考文献

陈丹, 周长艳, 熊光明, 等, 2018. 近53年四川盆地夏季暴雨变化特征分析[J]. 高原气象, 37 (1) : 197-206.

程庚福, 曾申江, 等, 1987. 湖南天气及其预报[M]. 北京: 气象出版社.

姜盈, 2012. 浙江省近50年持续性暴雨事件的天气气候分析[J]. 科技通报, 28 (3) : 13-20.

康岚, 郝丽萍, 蒲吉光, 等, 2016. 对两次持续性暴雨过程落区预报的探讨[J]. 高原气象, 35 (6) : 1540-1550.

林必元, 2006. 暴雨预报的理论与实践[M]. 北京: 气象出版社.

罗伯良, 张超, 林浩, 2008. 近40年湖南省极端强降水气候变化趋势与突变特征[J]. 气象, 34 (1) : 80-85.

王春学, 马振峰, 王佳津, 等, 2017. 四川盆地区域性暴雨时空变化特征及其前兆信号研究[J]. 气象, 43 (12) : 1517-1526.

温泉沛, 周月华, 霍治国, 等, 2017. 气候变暖背景下东南地区暴雨洪涝灾害风险变化[J]. 生态学杂志, 36 (2) : 483-490.

杨玮, 徐敏, 周顺武, 等, 2017. 江淮流域6—7月极端强降水事件时空变化及环流异常[J]. 高原气象, 36 (3) : 718-735.

张剑明, 廖玉芳, 段丽洁, 等, 2011. 1960—2009 年湖南省暴雨极端事件的气候特征[J]. 地理科学进展, 30 (11) : 1395-1402.

张剑明, 廖玉芳, 段丽洁, 等, 2012. 湖南近50年极端连续降水的气候变化趋势[J]. 地理研究, 31 (6) : 1004-1015.

张文龙, 董剑希, 王昂生, 等, 2007. 中国西南低空急流和西南低层大风对比分析[J]. 气候与环境研究, 12 (2) : 199-210.

赵庆云, 傅朝, 刘新伟, 等, 2017. 西北东部暖区大暴雨中尺度系统演变特征[J]. 高原气象, 36 (3) : 697-704.

第2章 湖南汛期区域持续性暴雨与大尺度环流特征

区域持续性暴雨是致灾能力极强的极端气象事件，容易诱发洪涝和滑坡、泥石流等次生灾害，危及人民的生命财产安全，并带来严重的国民经济损失，一直以来备受社会各界关注，更是气象工作者关注的焦点。我国关于持续性暴雨环流特征研究，20 世纪 60 年代初陶诗言等（1962）在研究夏季江淮流域持久性旱涝的环流特征时就指出持久性旱涝要求具有环流的稳定性；20 世纪 80 年代，陶诗言等（1980）研究提出了经向型和纬向型持续性暴雨模型，其中经向环流型的基本特点是，日本海高压和青藏高压稳定对峙，冷空气不断沿贝加尔湖高压前部流入两高压之间的高空槽或切变线中；纬向环流型基本特点是，从宽广的西伯利亚低槽中分裂东南下的冷空气与副热带高压西侧的暖湿气流不断交汇，形成持续性暴雨。随后，雷雨顺（1981）开展了 10 次经向型持续性暴雨的合成分析，提出暴雨区北方和东方各有一阻塞高压，二者同时出现所构成的稳定大形势是形成经向型特大暴雨的基本环流背景。张端禹等（2015）研究提出了华南前汛期 4 类持续性暴雨环流类型；鲍名（2007）统计给出 4 类典型的区域持续性暴雨类型及其大尺度环流背景。

直接引起湖南暴雨的天气尺度系统有高空槽、西南涡、冷（或暖）式切变线、冷锋、高空偏西风急流、台风（热带低压）的侵袭等。造成大范围、长时间降水的暴雨天气形势，与副热带高压的位置、强度分不开。副热带高压与西风带系统配合有以下 3 种较典型的暴雨天气形势：第一种为高空

500 hPa 天气图上欧亚中高纬度“双阻型”，即在乌拉尔山附近和雅库茨克一带形成了阻塞高压，两个高压之间是一个宽广的低压，中纬度地区为一支较平直的西风环流，贝加尔湖附近低槽不断有冷空气南下。这时副热带高压的位置决定了雨带位置，高压脊线偏南或偏北，对湖南南部或北部降雨有利，而副热带高压在不同季节表现形势也有所差别，初夏一般是东、西带状，盛夏多为从东北至西南向，如果脊线位于 15°—18°N（588 dagpm 线北界在 20°N 左右），则雨带位于湘中以南，如果脊线稍北抬，则雨带位于湘北。中低层切变线位于湖南境内，并配合西南低涡沿切变线东出，这种形势出现常可造成大范围、长时间强降水，如 1988 年、1996 年、1998 年等。第二种为高空 500 hPa 天气图上欧亚中高纬度单阻型，阻塞高压主要在以下位置形成：一是乌拉尔山附近形成称为西阻型；二是中西伯利亚地区形成称为中阻型；三是鄂霍次克海附近形成称为东阻型。在上述地区仅存在一个稳定的高压（或脊），在贝加尔湖附近，中国东北地区维持低槽，副热带高压位置同第一种。例如，1982 年 6 月 11—19 日为东阻型。第三种是纬向型，主要特征是高空 500 hPa 天气图上中高纬度为纬向环流，低压中心至少有 2 个以上，北支锋区位置偏南，副热带高压位置同第一种。如 1954 年为纬向环流型，东北低压非常强盛、位置偏南，加之副热带高压前期强、后期弱，持续了几个月的大范围强降水。

台风也是一种强降水天气系统，它造成的降雨强度和降雨范围都很大。通常一次台风过境，可带来 150 ～ 330 mm 的降水，有时在其他有利条件配合下，可形成 1000 mm 以上的强烈降雨过程。对湖南影响最大的是广东登陆的台风，福建次之，台风登陆后减弱成热低压能继续北上，与西风带低槽结合，同样会造成湖南大范围、强降水天气，例如，1969 年 8 月 4—14 日、1975 年 7 月 25 日—8 月 5 日、1996 年 8 月 1—4 日、2006 年 7 月 14—17 日和 2007 年 8 月 19—24 日都是台风登陆后又与西风带低槽结合后产生洪涝暴雨的。其中 1996 年 8 月 1—4 日强降水区位于湘东、湘北，过程累计降水量超过 100 mm 以上的有 27 站，其中 8 站超过了 200 mm；2006 年受 4 号强热带风暴“碧利斯”影响，7 月 14—17 日湖南 11 个县（市）降水量超过 200 mm，

4个县（市）超过300 mm，资兴市东江库区龙溪水文站为631.8 mm，永兴达471.9 mm，均超过500年一遇降雨强度；2007年受第9号强台风“圣帕”的影响，8月19—24日湖南15个县（市）降水量大于200 mm，10个县（市）大于300 mm，3个县（市）大于400 mm，资兴降水量最大，为516.1 mm。该过程中，中小尺度气象监测站网资料统计，19日08时至24日08时，93个乡（镇）降水量大于300 mm，9个大于500 mm。永兴鲤鱼塘镇降水量最大，为863.7 mm，资兴龙溪乡次之，为676.6 mm。

关于湖南地区的暴雨环流分型，程庚福等（1987）对湖南雨季暴雨进行了一系列研究，提出造成湖南暴雨过程的环流形势基本上有经向型、纬向型和环流调整型3种；周慧等（2013）通过对376次大暴雨天气过程高低空环流形势特征分析，建立了5类天气学分型，即低槽＋切变＋锋面型、低涡切变＋锋面型、副热带高压边缘型、热带低压型（包括台风、低压和热带辐合）、东风带系统型。

池艳珍等（2005）研究指出，区域持续性暴雨由于时空尺度相对较大而对大尺度环流更具依赖性，故对它的研究，须注意到与它相关的大尺度的环流的特征。因此，对区域持续性暴雨环流分型、客观识别在区域持续性暴雨预报中是个首要问题。本章将利用1961—2016年湖南省内88个气象站逐日降水资料和NCEP/NCAR再分析资料，根据湖南区域持续性暴雨定义，统计分析湖南汛期发生区域持续性暴雨典型环流型特征及其与首日暴雨落区配置关系，为湖南汛期区域持续性暴雨过程预报服务提供可靠的科学依据。

2.1 湖南汛期区域持续性暴雨环流类型

在程庚福等（1987）研究归纳的500 hPa三种基本环流基础上，进一步对1961—2016年湖南汛期（4—9月）发生的107次区域持续性暴雨过程500 hPa环流形势进行普查分析，发现湖南汛期发生区域持续性暴雨过程欧亚地区（40°E—180°）中高纬环流形势可分为6类环流型，即两槽一脊型、两槽两脊型、两脊一槽型、纬向波动型、多涡旋型和台风低压型，其中两脊一槽型根据脊的空间位置匹配不同，进一步可细分为贝乌型（贝加尔湖、乌拉尔山地区为脊）和鄂乌型（鄂霍次克海、乌拉尔山地区为脊）。表2-1给出湖南汛期各月区域持续性暴雨过程6类环流型出现次数统计结果。由表2-1可知，湖南汛期区域性暴雨过程主要发生在6—7月，二者合计占总次数的61.69%，其次是5月、8月，4月和9月发生概率较小。湖南发生区域持续性暴雨环流背景以两槽一脊型和两脊一槽型的鄂乌型为主，分别占区域持续性暴雨总次数的30.8%、27.1%；其次是纬向波动型和两脊一槽型的贝乌型，分别占总次数的12.1%和10.3%；台风低压型共出现10次，主要出现在8月，有8次，7月、9月各有1次，而两槽两脊型和多涡旋型过程较少，分别只有6次和5次。

表2-1　1961—2016年4—9月区域持续性暴雨过程各类环流型出现次数

月份	两槽一脊型	两槽两脊型	两脊一槽型		纬向波动型	多涡旋型	台风低压型	合计	
			贝乌型	鄂乌型				次数	占比/%
4	1	—	—	1	2	—	—	4	3.74
5	6	—	1	5	6	—	—	18	16.82
6	14	3	6	15	3	2	—	43	40.19
7	10	2	3	6	1	—	1	23	21.50
8	1	1	1	2	1	2	8	16	14.95
9	1	—	—	—	—	1	1	3	2.80

2.2 湖南汛期区域持续性暴雨过程的环流类型与暴雨气候特征

图2-1给出了6类环流型暴雨过程暴雨累计频次空间分布。由图2-1可

见，各环流型背景下全省境内都有可能出现暴雨，但发生的频次和空间分布存在一定差异，其中两槽一脊型和两脊一槽型的鄂乌型暴雨发生累计频次北多南少，空间分布特征明显，暴雨频次累计最大值分别达 23 次、24 次，最大中心分别出现在湘西北和湘东北；两脊一槽型的贝乌型（图 2-1c）暴雨发生累计频次空间分布具有相似的南北空间分布特征，但暴雨频次累计最大值只有 10 次，发生频次约为前两者一半。纬向波动型和两槽两脊型湘西北发生暴雨的概率相对较大，台风低压型暴雨主要发生在湘东南，暴雨频次累计最大值达 10 次，暴雨发生频次由湘东南向湘西北递减，而多涡旋型环流背景下，全省各地均有发生暴雨的可能，但发生概率相对较小。

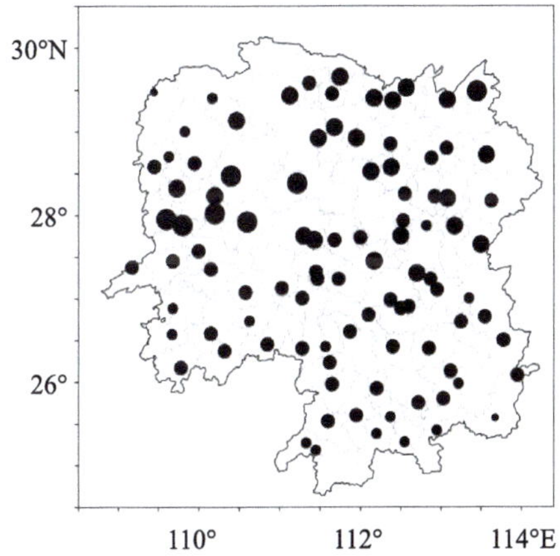

(a) 两槽一脊型

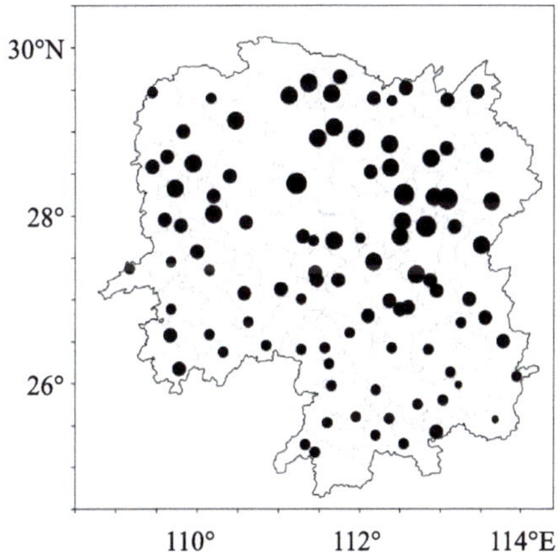

(b) 鄂乌型

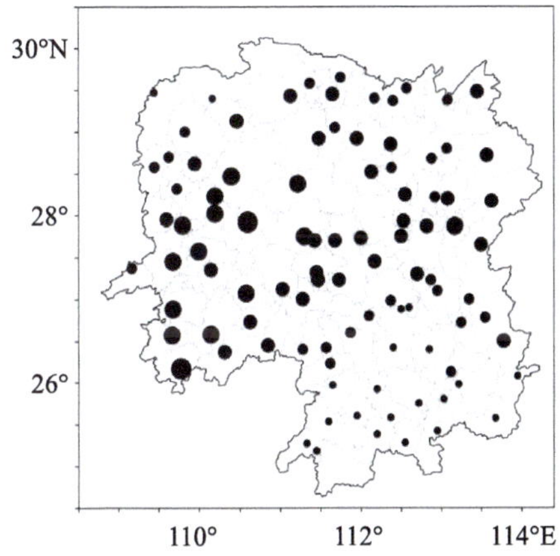

(c) 贝乌型

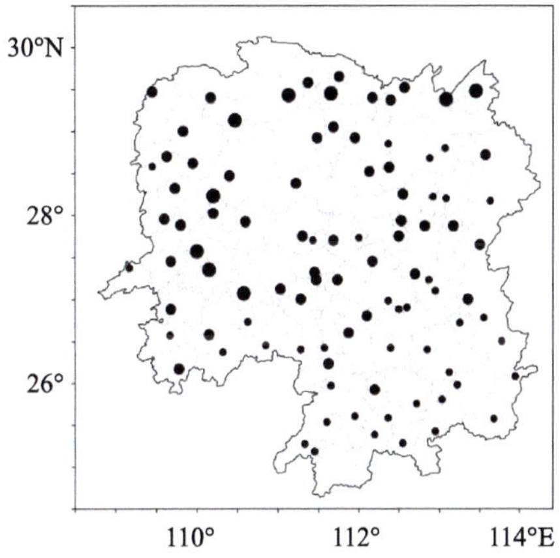

(d) 纬向波动型

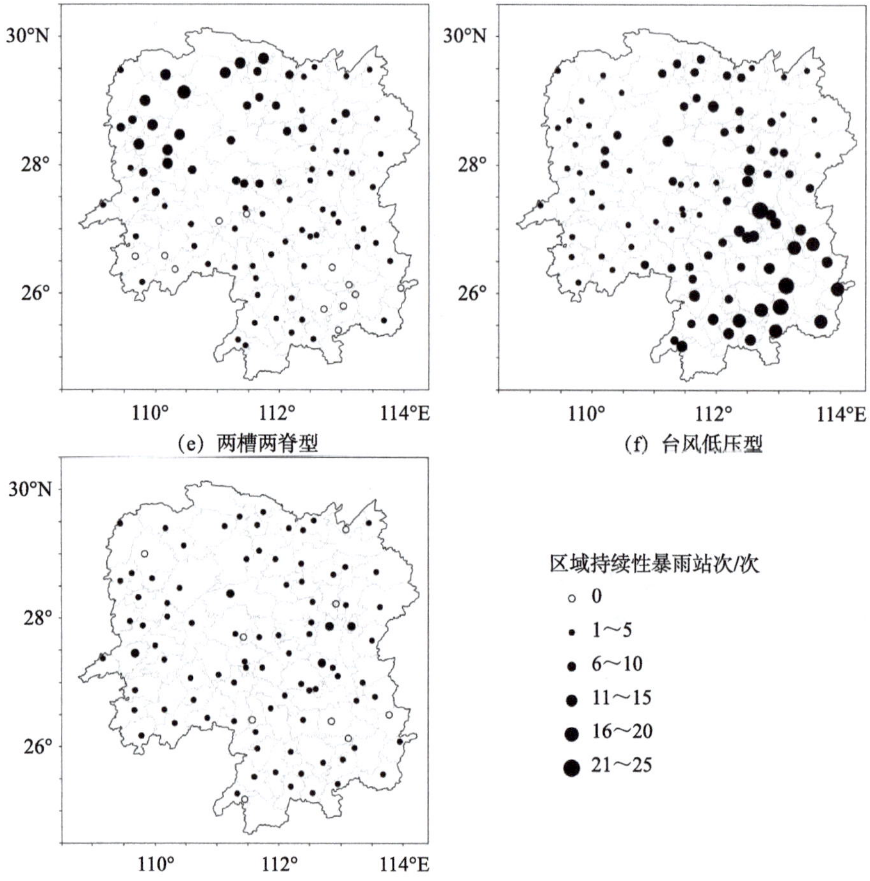

(e) 两槽两脊型　(f) 台风低压型　(g) 多涡旋型

图2-1　1961—2016年各环流型区域持续性暴雨累计分布

2.3 湖南汛期区域持续性暴雨过程环流类型特征与暴雨落区

鉴于两槽两脊和多涡旋环流型过程较少，因此，本节将主要讨论 2.2 节所述 6 类环流型中出现频率较多的其他 4 类区域持续性暴雨典型环流特征及其与首日暴雨落区关系。由于每一类型持续性暴雨有多个个例，对各类区域持续性暴雨根据暴雨首日落区差异仅给出一到两个个例实况图，但统计分析不局限于图中个例情况。

1. 两槽一脊型

表 2-2 给出 1961—2016 年湖南汛期两槽一脊型区域持续性暴雨过程的统计结果。1961—2016 年，该环流型暴雨过程发生 33 次，时间上主要集中在 6—7 月，持续时间以 2 d 为主，个别过程持续 3 ～ 4 d。统计普查发现，两槽一脊型区域持续性暴雨过程 500 hPa 高度环流形势场上在欧亚中高纬度表现出一定共性，暴雨发生时高压脊或阻塞高压位于贝加尔湖附近，其两侧为较深的低槽，降水系统自高纬度地区经贝加尔湖附近南下或自巴尔喀什湖地区东移影响我国湖南。但在过程中因低纬和副热带系统配置不同，暴雨过程首日落区则存在明显差异，33 次过程中有 30 次首日暴雨落区在湘北或湘中以北，3 次在湘南。

表2-2　1961—2016年湖南汛期两槽一脊型区域持续性暴雨过程

发生时间	持续时间/d	发生时间	持续时间/d	发生时间	持续时间/d
1962年6月23—24日	2	1979年6月26—27日	2	2003年6月5—6日	2
1965年9月11—12日	2	1980年8月11—12日	2	2005年5月31日—6月1日	2
1968年6月17—18日	2	1986年6月21—23日	3	2006年7月7—9日	3
1969年7月16—17日	2	1992年7月5—6日	2	2008年6月9—10日	2
1970年7月10—13日	4	1993年7月3—4日	2	2009年7月2—3日	2
1974年4月19—20日	2	1995年6月30日—7月2日	3	2010年6月9—20日	2
1975年5月8—9日	2	1996年5月24—25日	2	2010年7月11—12日	2
1976年6月7—8日	2	1999年5月16—17日	2	2011年6月4—5日	2
1976年7月8—9日	2	1999年5月25—26日	2	2011年6月14—15日	2
1977年6月13—14日	2	1999年7月16—17日	2	2012年6月10—11日	2
1979年6月4—6日	3	2002年5月13—14日	2	2014年7月15—17日	3
				平均	2.3

图 2-2 为表 2-2 中两例典型过程的 500 hPa 位势高度、850 hPa 风场与降水量。从图 2-2a 可见，2014 年 7 月 15 日 500 hPa 高度场上，贝加尔湖为阻

塞高压，两个低槽分别位于巴尔喀什湖和东北亚沿海，低纬西太平洋副热带高压偏强，588 dagpm 线位于江南南部，副热带高压脊线在 28°N 附近，较常年（1981—2010 年平均，下同）7 月明显偏北，西太平洋副热带高压西伸脊点在 105°E 左右；850 hPa 风场上（图 2-2b），我国台湾以东洋面上为副热带高压反气旋控制，菲律宾地区为热带气旋环流控制，其北侧偏东风经我国华南转为偏南—西南风，向长江以南地区输送水汽和能量。湖南北部处于东亚槽槽底西北气流和西太平洋副热带高压西北侧西南气流交汇处，有利于持续

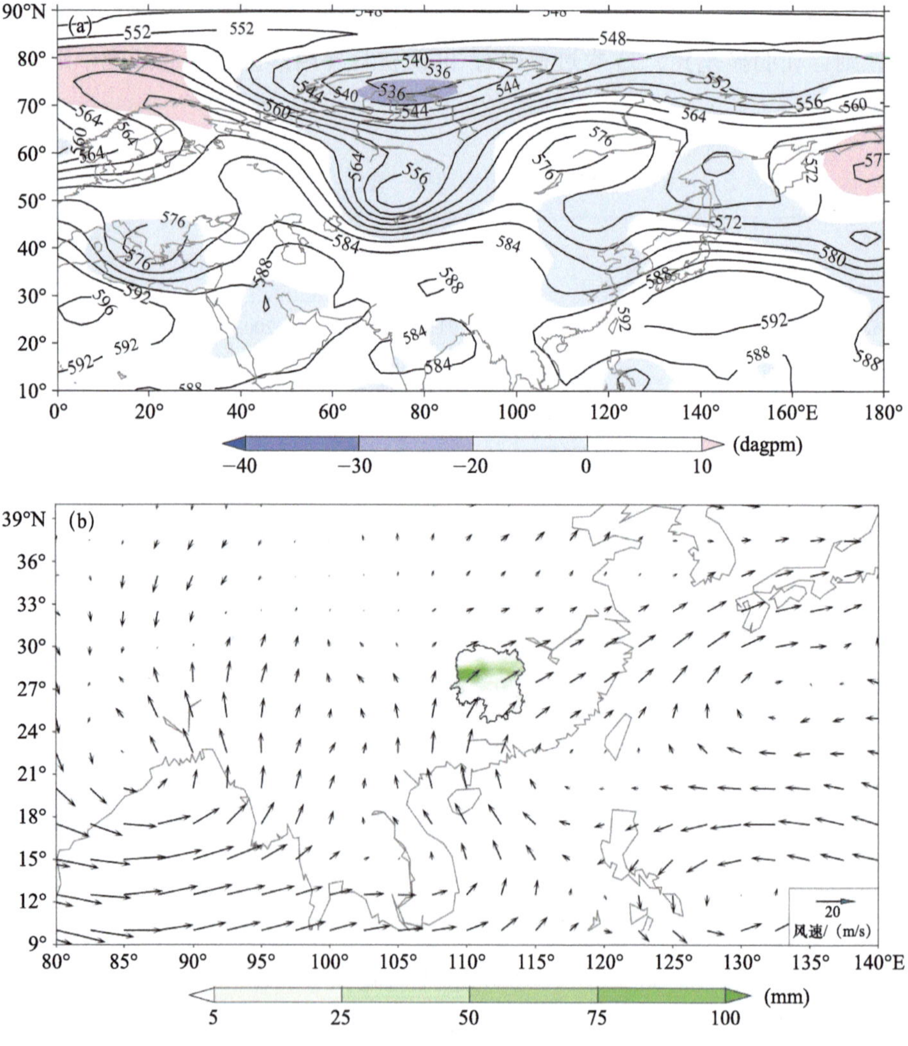

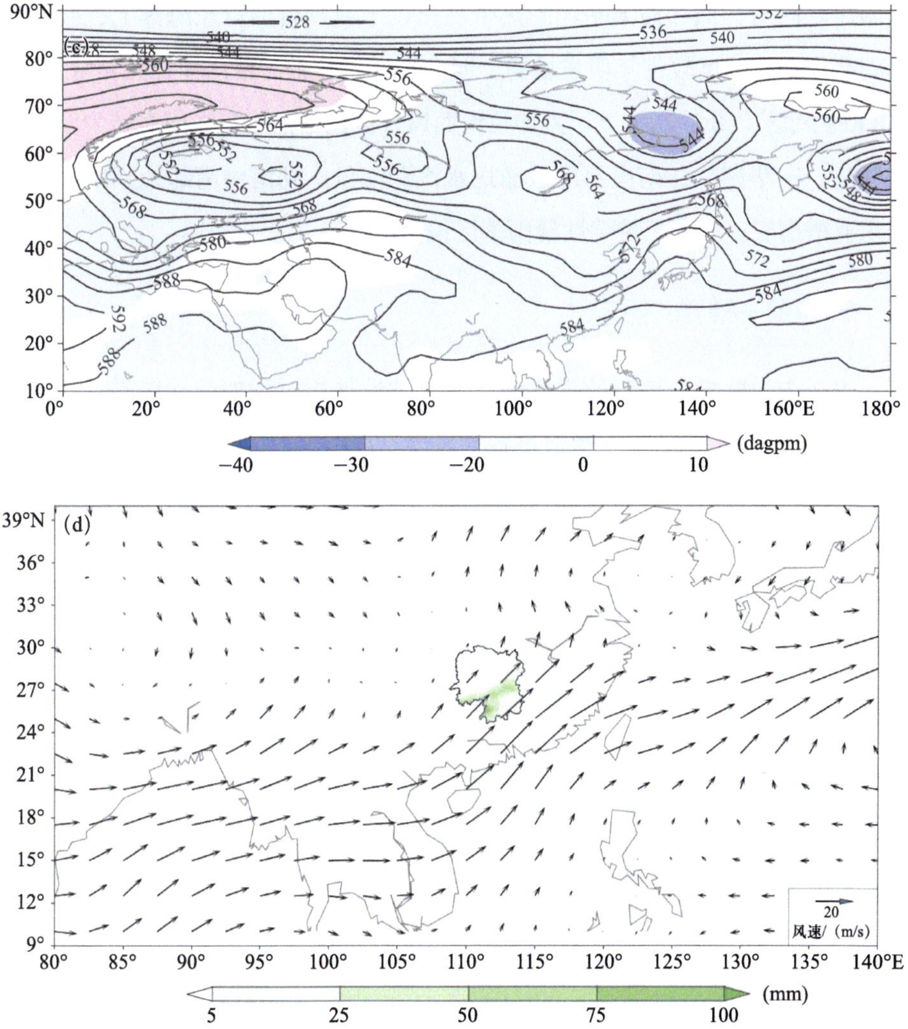

图2-2　2014年7月15日500 hPa高度与距平场（a）和850 hPa风场与降水量（b）；1976年7月8日500 hPa高度与距平场（c）和850 hPa风场与降水量（d）

性暴雨的发生，这与盛夏贝加尔湖地区有阻塞高压时长江流域（湖南中北部）多雨的统计研究结论一致（赵振国，1999；罗伯良 等，2001）。1976 年 7 月 8 日 500 hPa 高度场（图 2-2c）上，贝加尔湖为高压脊，巴尔喀什湖和东亚沿海虽同样为低槽，但槽底位置与前者存在明显差异，巴尔喀什湖槽底位置偏北，东亚沿海槽底伸达长江以南，东亚高空出现北脊南槽环流型，南支锋区南压。同时，低纬西太平洋副热带高压位于我国台湾以东海洋上，西太平洋副热带高压强度较常年明显偏弱，西太平洋副热带高压西伸脊点异常偏东；850 hPa 风场（图 2-2d）上，孟加拉湾西风气流经中南半岛在南海转为西南季风气流，向华南、江南南部地区输送水汽和能量。湖南中南部处于南支槽前和东亚槽槽底，有利于持续性暴雨落区偏南。

2. 两脊一槽型的鄂乌型

表 2-3 为两脊一槽型的鄂乌型区域持续性暴雨过程的统计结果。1961—2016 年鄂乌型区域持续性暴雨过程共发生 29 次，发生时间主要在 6—7 月，平均持续时间为 2.5 d，过程最长持续时间达 5 d。鄂乌型区域持续性暴雨过程 500 hPa 高度场上表现出一定共性，即鄂霍次克海和乌拉尔山地区为高压脊或阻塞高压，亚洲中高纬为宽广的低槽。但低槽的形态差异和低纬西太平洋副热带高压的强度与形状导致暴雨落区不同，该环流型 29 次过程中首日暴雨落区在湘北有 18 次，湘中以南有 11 次。

表2-3　1961—2016年湖南汛期两脊一槽型的鄂乌型区域持续性暴雨过程

发生时间	持续时间/d	发生时间	持续时间/d	发生时间	持续时间/d
1961年5月31日—6月1日	2	1996年7月10—11日	2	2000年6月20—22日	3
1961年6月9—12日	4	1996年8月18—19日	2	2004年5月11—12日	2
1966年6月28—30日	3	1997年6月7—8日	2	2004年5月15—16日	2
1980年8月4—6日	2	1998年6月13—14日	2	2006年6月6—7日	2
1981年6月27—29日	3	1998年6月18—19日	2	2009年6月9—10日	2
1983年6月19—20日	2	1998年6月23—26日	4	2012年6月26—27日	2
1984年5月30日—6月1日	3	1998年7月22—23日	2	2012年7月16—18日	3
1989年6月29日—7月1日	3	1998年7月29—30日	2	2014年7月4—5日	2
1990年6月6—7日	2	1999年4月24—25日	2	2016年7月2—4日	3
1995年5月31日—6月1日	2	1999年6月27日—7月1日	5	平均	2.5

图 2-3 为表 2-3 中两例典型过程的 500 hPa 位势高度、850 hPa 风场与降水量。由图 2-3a 可见，1998 年 6 月 13 日 500 hPa 高度场上，鄂霍次克海和乌拉尔山地区为阻塞高压控制，其间为宽广的低槽，乌拉尔山阻高东侧有横槽，西风带锋区呈东西向维持在 50°N 以南。低纬西太平洋副热带高压较强，呈东西带状，我国台湾以东海面上有 592 dagpm 高压中心，江南南部和华南在 588 dagpm 线控制内，副热带高压西伸脊点位于 98°E 左右。850 hPa 风场（图 2-3b）上，西太平洋为强大的反气旋环流，长江以南上空为副热带

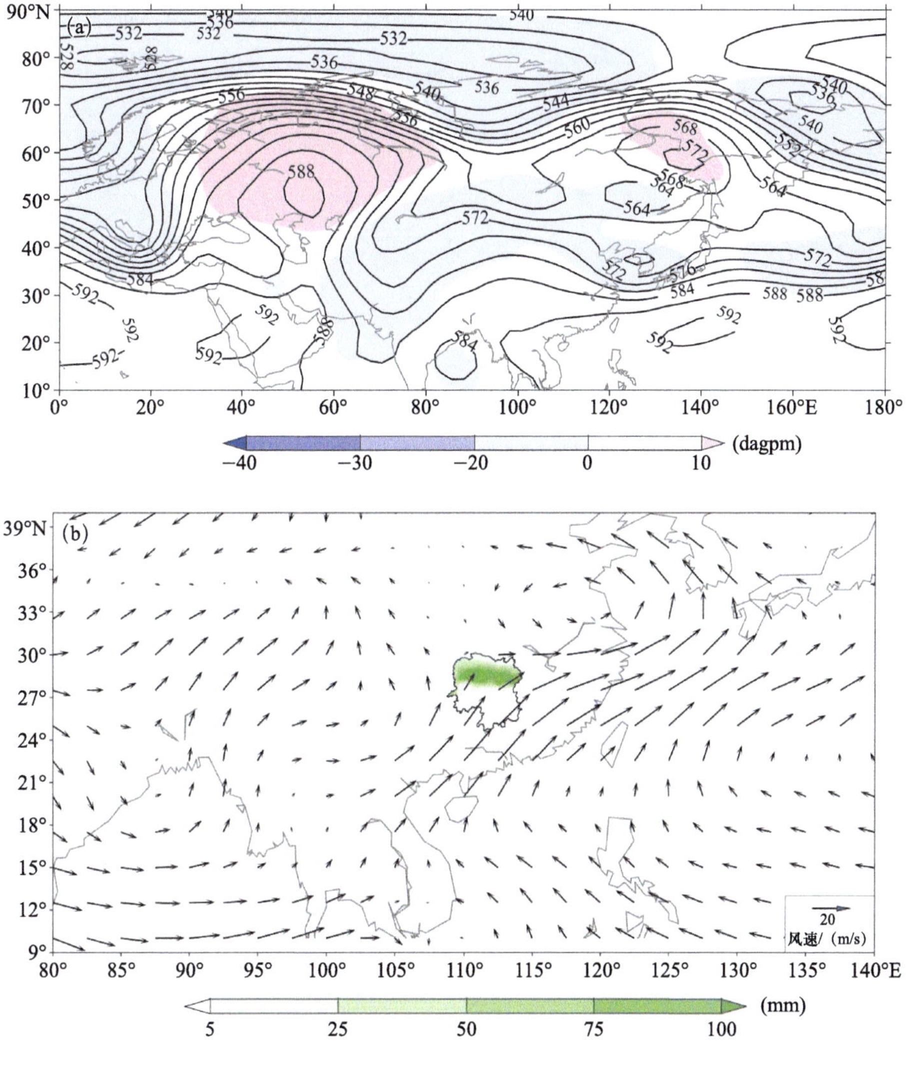

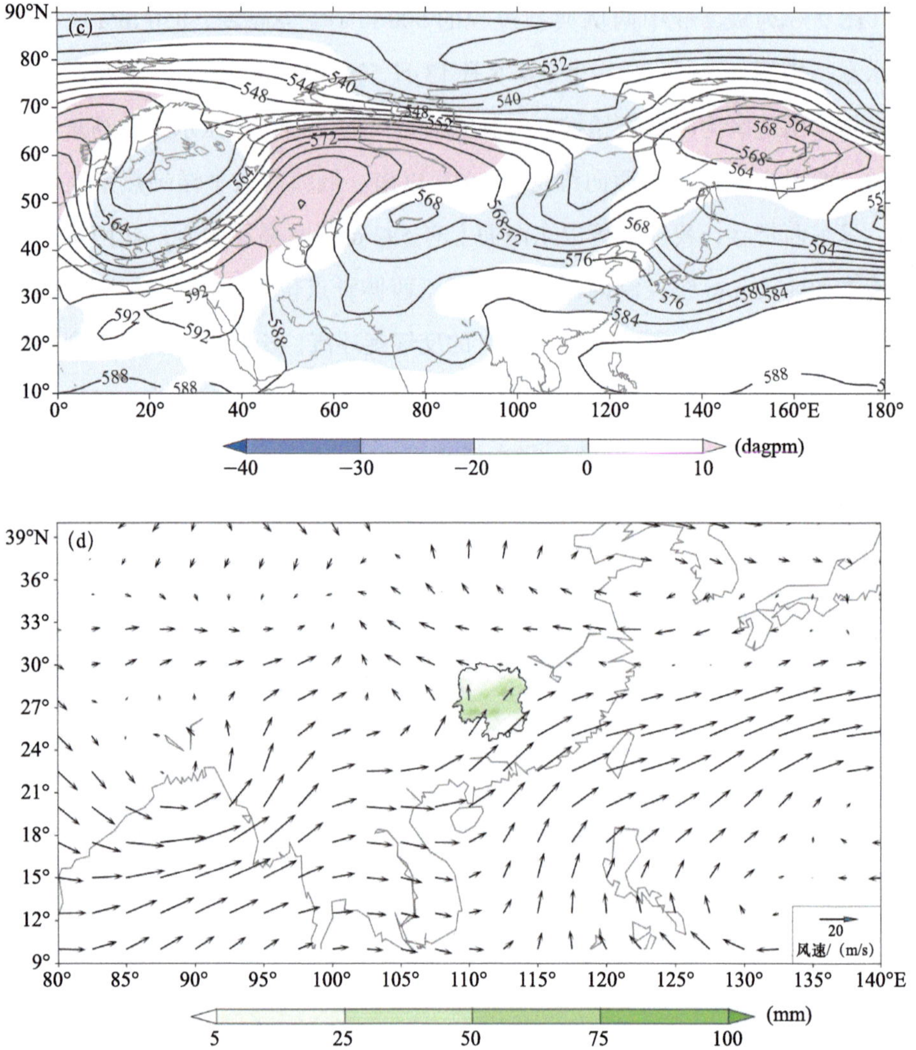

图2-3　1998年6月13日500 hPa 高度与距平场（a）和850 hPa 风场与降水量（b）；2006年6月6日500 hPa 高度与距平场（c）和850 hPa 风场与降水量（d）

高压外围西南气流控制。湖南中南部位于西太平洋副热带高压 584 dagpm 线内，湖南北部主要受来自中纬度地区沿锋区南侧东移南下冷空气与副热带高压西北侧北上暖湿气流影响，有利于持续性暴雨过程开始发生于湖南北部。而 2006 年 6 月 6 日 500 hPa 高度场（图 2-3c）上，欧亚中高纬环流型与图 2-3a 基本相似，鄂霍次克海有阻塞高压，乌拉尔山地区为高压脊，其东侧有切断低压，东亚上空西风带锋区较强，低纬西太平洋副热带高压呈东西带状，588 dagpm 线位于我国台湾以南，西太平洋副热带高压西伸脊点位于 115°E 左右。850 hPa 风场（图 2-3d）上，西太平洋反气旋环流位置偏东，孟加拉湾西风气流经中南半岛在南海转为西南季风气流，并和西太平洋西北侧西南风合并，向华南和江南南部输送水汽和能量。此环流形势下降水系统从巴尔喀什湖东移经高原南下影响，有利于持续性暴雨的产生，但位置偏南，暴雨易出现在湖南中南部。

3. 两脊一槽型的贝乌型

表 2-4 给出两脊一槽型的贝乌型区域持续性暴雨过程的统计结果。1961—2016 年，该环流型区域持续性暴雨过程共发生 11 次，大多发生在 6—7 月，5 月和 8 月各有 1 次，持续时间以 2 ～ 3 d 为主，最长持续 5 d，其平均持续时间为 2.8 d，是湖南汛期区域持续性暴雨过程持续时间最长的类型。综合表 2-3、表 2-4 进一步发现，当夏季东亚中高纬出现（鄂霍次克海或贝加尔湖）阻塞高压时，湖南易出现区域持续性暴雨过程，且持续时间相对最长，这一统计事实也佐证了夏季东亚中高纬（阻塞）高压的建立维持往往使长江流域雨带稳定出现大范围洪涝的结论（叶笃正 等，1986；陈菊英 等，2001）。该环流型下暴雨首日落区多出现在湘北或湘中以北。

表2-4　1961—2016年湖南汛期两脊一槽型的贝乌型区域持续性暴雨过程

发生时间	持续时间/d	发生时间	持续时间/d	发生时间	持续时间/d
1967年6月19—20日	2	1994年7月17—18日	2	2002年6月14—16日	3
1982年6月14—17日	4	1995年6月25—27日	3	2004年7月18—20日	3
1988年8月25—26日	2	1996年5月31日—6月2日	3	2010年6月23—24日	2
1994年6月12—13日	2	1996年7月13—17日	5	平均	2.8

图 2-4 是表 2-4 中典型的贝乌型区域持续性暴雨过程的大气环流形势。500 hPa 位势高度场（图 2-4a）上，乌拉尔山有阻塞高压，贝加尔湖为高压

脊，巴尔喀什湖附近有深槽，另外，东亚沿海低槽位于日本海。低纬西太平洋副热带高压呈东西带状，强度较强，脊线较常年偏北，孟加拉湾为南支低槽，该槽分裂出短波东移影响湖南。850 hPa 风场（图 2-4b）上，中南半岛—华南—长江以南为一致西南季风气流，向湖南输送水汽和能量，与巴尔喀什湖低槽东移南下引导地面冷空气相遇，有利于湖南区域持续性暴雨过程的发生。

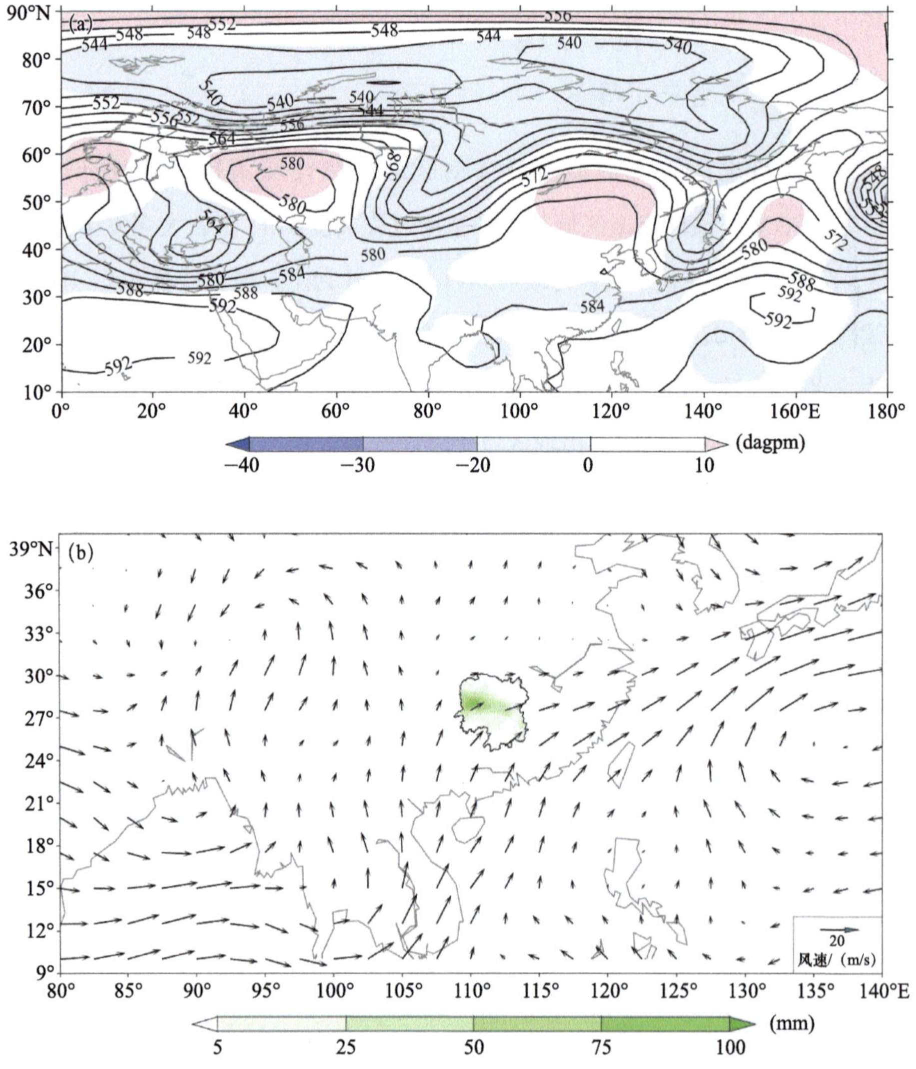

图2-4　2010年6月23日500 hPa 高度与距平场（a）和850 hPa 风场与降水量（b）

4. 纬向波动型

表 2-5 给出 1961—2016 年湖南汛期纬向波动型区域持续性暴雨过程的统计结果，纬向波动型暴雨过程发生次数较少，共有 13 次，主要发生在 5—6 月，过程持续时间均为 2 d，为湖南汛期区域持续性暴雨过程持续时间最短的类型。13 次过程暴雨首日落区有 9 次在湘北，4 次在湘中以南。

表2-5　1961—2016年湖南汛期纬向波动型区域持续性暴雨过程

发生时间	持续时间/d	发生时间	持续时间/d	发生时间	持续时间/d
1961年4月19—20日	2	1975年6月10—11日	2	2002年5月8—9日	2
1962年5月26—27日	2	1977年8月13—14日	2	2002年6月28—29日	2
1963年5月31日—6月1日	2	1986年4月13—14日	2	2006年5月5—6日	2
1964年6月24—25日	2	1993年7月19—20日	2	平均	2
1965年5月13—14日	2	1997年5月15—16日	2		

图 2-5 为表 2-5 中两例典型纬向波动型暴雨过程 500 hPa 位势高度、850 hPa 风场与降水量图。由图 2-5a 可见，1964 年 6 月 24 日 500 hPa 高度场上乌拉尔山附近有阻塞高压，其东南部有横槽，西风带锋区呈东西向维持在 50°N 以南，欧亚中纬度以纬向环流为主，其上的多短波槽活动有利于北方冷空气持续南下，低纬西太平洋副热带高压中心位于我国台湾以东日本以南洋面，强度较强，副热带高压脊线较常年偏北；850 hPa 风场（图 2-5b）上，华南至长江流域为一致的强西南气流，受西南暖湿气流和持续补充南下冷空气影响，因副热带高压较强脊线偏北，有利于湖南北部区域持续性暴雨过程的发生。1961 年 4 月 19 日 500 hPa 高度（图 2-5c）上欧亚中高纬为纬向多波形势，40°N 以南有明显的东西向锋区，江南、华南处于南支槽前，低纬西太平洋副热带高压 584 dagpm 线位于我国台湾以南洋面；850 hPa 风场（图 2-5d）

上，来自中南半岛和南海的一致偏南气流向华南、江南输送水汽和能量，由高原东移的降水系统造成的暴雨因副热带高压位置偏南，其落区常易出现在湖南中南部。

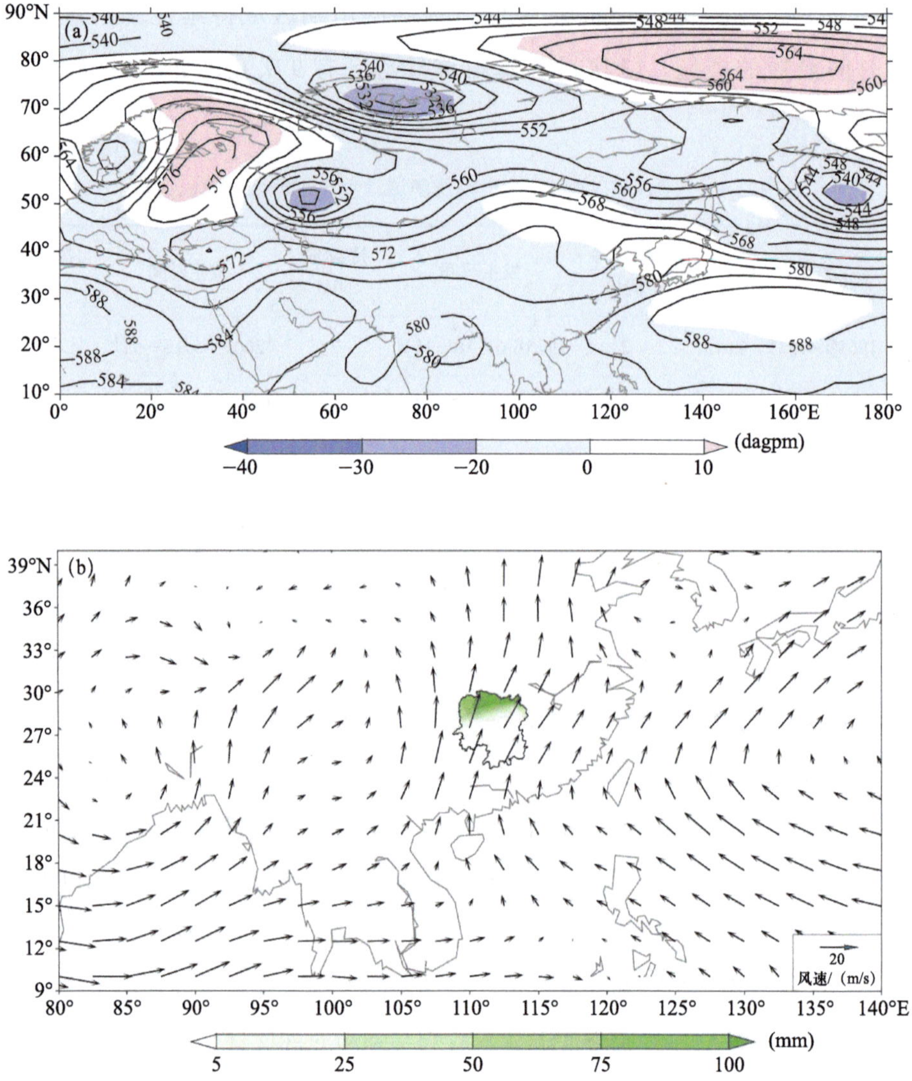

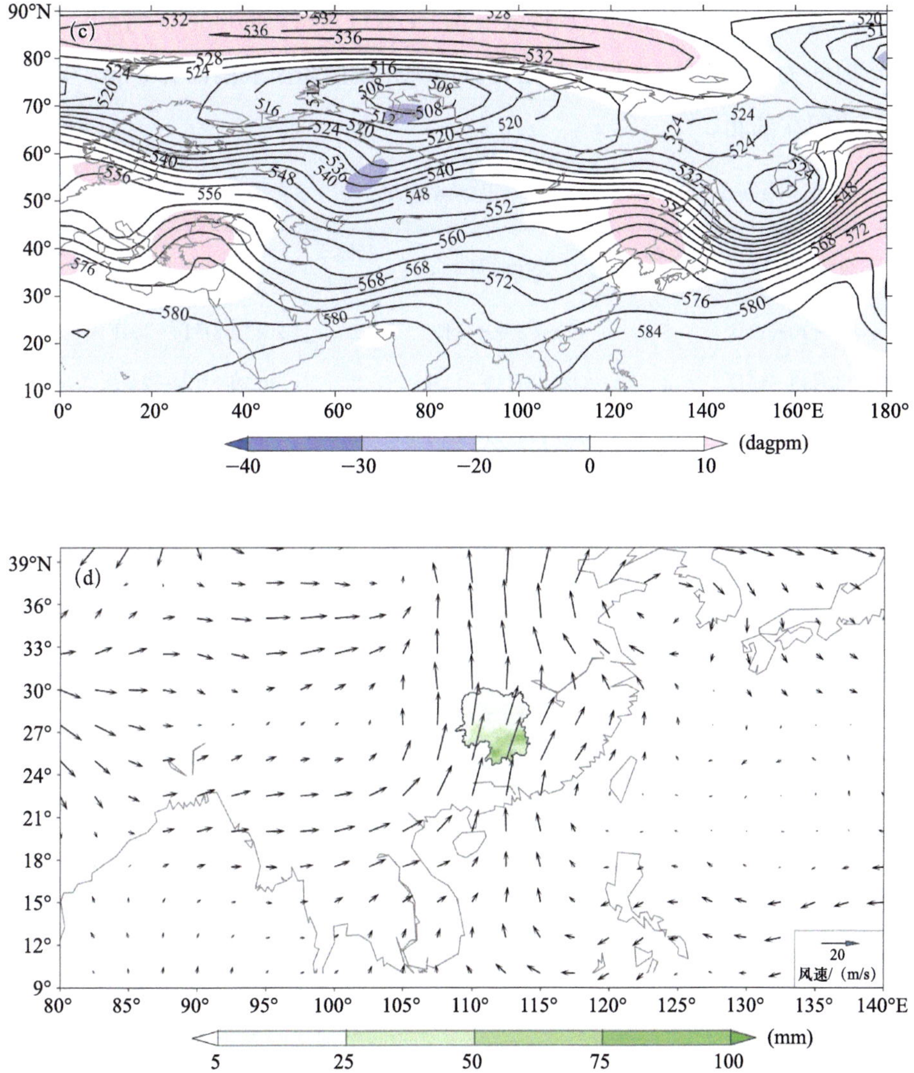

图2-5　1964年6月24日500 hPa 高度与距平场（a）和850 hPa 风场与降水量（b）；1961年4月19日500 hPa 高度与距平场（c）和850 hPa 风场与降水量（d）

5. 台风低压型

表 2-6 给出湖南汛期台风低压型区域持续性暴雨过程的统计结果。1961—2016 年台风低压型区域持续性暴雨过程仅发生 10 次，且年代上主要集中在 20 世纪 90 年代以后，主要发生在 8 月，7 月、9 月仅出现 1 次；台风低

压型区域持续性暴雨过程一般持续 2 d，少数过程持续时间达 3 ～ 4 d，平均持续时间为 2.4 d。10 次过程暴雨首日出现在湖南东南或南部有 8 次，其余 2 次则出现在湘北。

表2-6　1961—2016年湖南汛期台风低压型区域持续性暴雨过程

发生时间	持续时间/d	发生时间	持续时间/d	发生时间	持续时间/d
1969年8月10—12日	3	1996年8月2—3日	2	2013年8月16—17日	2
1973年8月13—16日	4	2000年8月12—13日	2	2013年9月24—25日	2
1982年8月17—18日	2	2006年7月15—16日	2	平均	2.4
1994年8月5—6日	2	2007年8月20—22日	3		

图 2-6 是表 2-6 中典型的台风低压型暴雨过程 500 hPa 高度场、850 hPa 风场与降水量图。由图 2-6a 可见，乌拉尔山为阻塞高压，东侧有横槽，亚洲中纬度为副热带高压所控制，华南、江南处于台风“圣帕”登陆减弱为热带低压控制下；而 850 hPa 风场（图 2-6b）上，湖南东南部为低压气旋环流控制。由于西移减弱的低压系统处于南北稳定的高压系统包围之中，湖南受西移减速的低压系统影响，湖南中南部发生区域持续性暴雨过程。

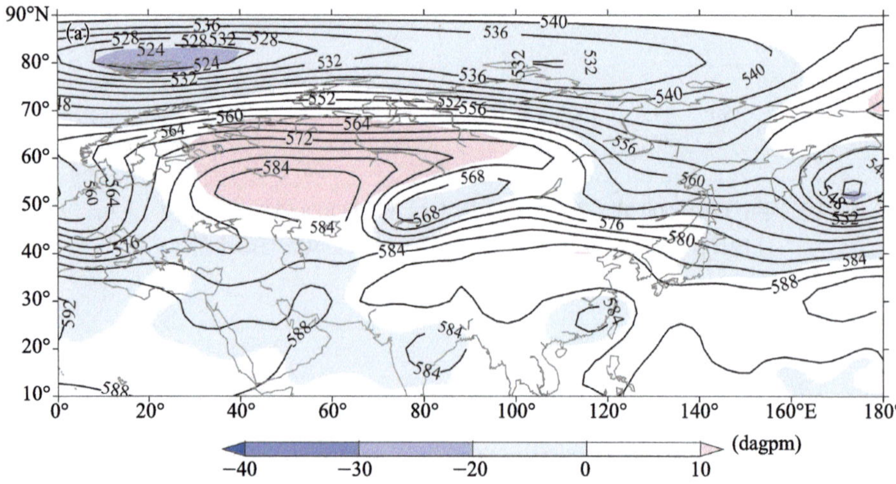

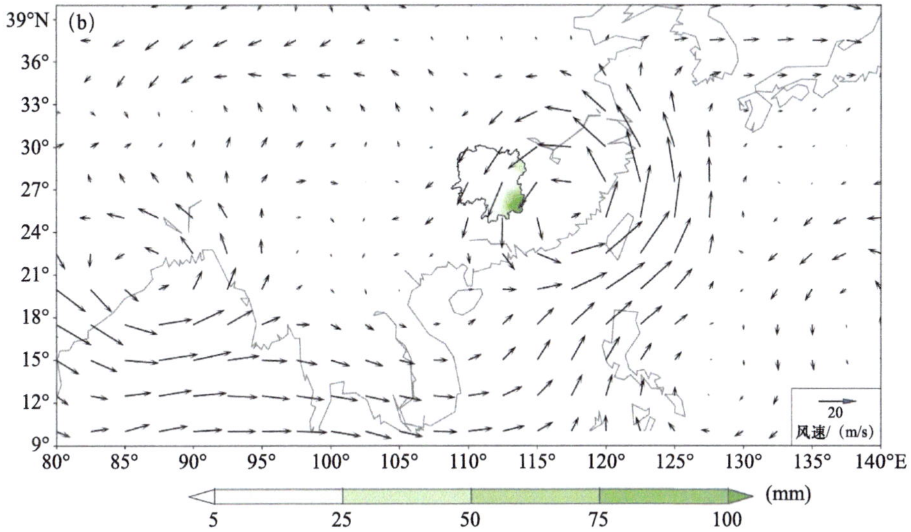

图2-6　2007年8月20日500 hPa 高度与距平场（a）和850 hPa 风场与降水量（b）

由于各月气候平均场有所不同，因而同一种中高纬环流型在不同月份存在一定的差异，其精细的月际变化特征有待于进一步深入研究，其结果也必将对预报员在具体业务预报中客观把握和应用本书中得出的预报概念模型大有裨益。

参考文献

鲍名, 2007. 近50年我国持续性暴雨的统计分析及其大尺度环流背景[J].大气科学, 31 (5) : 779-792.

陈菊英, 王玉红, 王文, 2001. 1998及1999年乌山阻高突变对长江中下游大暴雨过程的影响[J]. 高原气象, 20 (4) : 388-394.

程庚福, 曾申江, 张伯熙, 等, 1987. 湖南天气及其预报[M]. 北京: 气象出版社.

池艳珍, 何金海, 吴志伟, 2005. 华南前汛期不同降水时段的特征分析[J]. 南京气象学院学报, 28 (2) : 163-171.

雷雨顺, 1981. 经向型持续性特大暴雨的合成分析[J].气象学报, 39 (2) : 168-181.

罗伯良, 段德寅, 2001. 湖南汛期旱涝及其预测[M]. 北京: 气象出版社.

陶诗言, 1980. 中国之暴雨[M].北京: 科学出版社.

陶诗言, 徐淑英, 1962. 夏季江淮流域持久性旱涝现象的环流特征[J].气象学报, 32 (1) : 1-10.

叶笃正, 黄荣辉, 等, 1996. 长江黄河流域旱涝规律和成因研究[M]. 济南: 山东科学技术出版社.

张端禹, 郑彬, 汪小康, 等, 2015. 华南前汛期持续暴雨环流分型初步研究[J].大气科学学报, 38 (3) : 310-320.

赵振国, 1999. 中国夏季旱涝及其环境场[M].北京: 气象出版社.

周慧, 杨令, 刘志雄, 等, 2013. 湖南省大暴雨时空分布特征及其分型[J]. 高原气象, 32 (5) : 1425-1431.

第3章 湖南汛期区域持续性暴雨水汽输送分析

大范围持续性强降水的发生离不开大尺度空间范围的水汽输送和暴雨区域持续性的水汽辐合，分析区域持续性暴雨发生时的水汽输送特征，对理解区域持续性暴雨的形成和维持是非常必要的（丁一汇 等，2003；黄荣辉 等，1998；雷雨顺，1981）。

3.1 湖南汛期区域持续性暴雨发生的主要水汽源地

本节通过水汽通量的势函数和流函数分解来讨论全球范围的水汽输送状况对湖南汛期持续性暴雨过程的影响。将水汽通量通过其流函数和势函数的求取，最终得到其非辐散（旋转）分量和辐散（非旋转）分量（Chen，1985）。

$$Q=\psi\times\nabla\psi+(-\nabla\chi)=Q_{\psi}+Q_{\chi} \tag{3-1}$$

$$\begin{cases}\nabla^{2}\psi=k\cdot\nabla\times Q\\ -\nabla^{2}\chi=\nabla\cdot Q\end{cases} \tag{3-2}$$

$$\begin{cases}Q_{\psi}=k\times\nabla\psi\\ Q_{\chi}=-\nabla\chi\end{cases} \tag{3-3}$$

首先根据格点上的比湿 q，风速 u、v，计算出水汽通量 Q，再求解泊松方程，用超张弛法数值求解式（3-2）得到流函数和势函数，由式（3-3）得到水汽通量的辐散部分和旋转部分。将式（3-1）和式（3-2）垂直积分，得到单位面积空气柱的势函数和流函数、水汽通量的辐散和非辐散分量。

首先给出各环流类型分别合成的整层非辐散水汽流函数图（图 3-1），反映的是水汽通量沿等压线输送的部分，占全球水汽输送的主要分量。由图 3-1 可知，各类型非辐散水汽通量特征相似。在北半球，有 3 个高值中心：大西洋、印度洋和太平洋，而中国大陆区域是水汽输送流函数的低值中心。

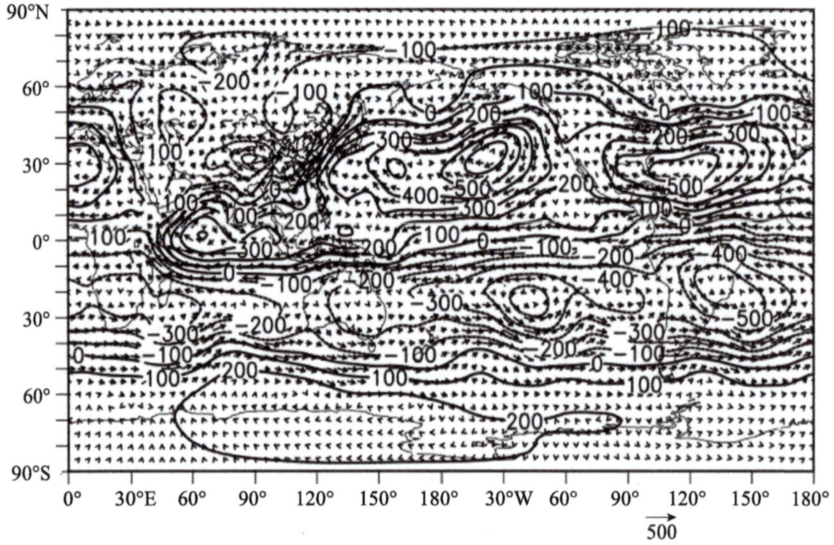

（a）两槽一脊型

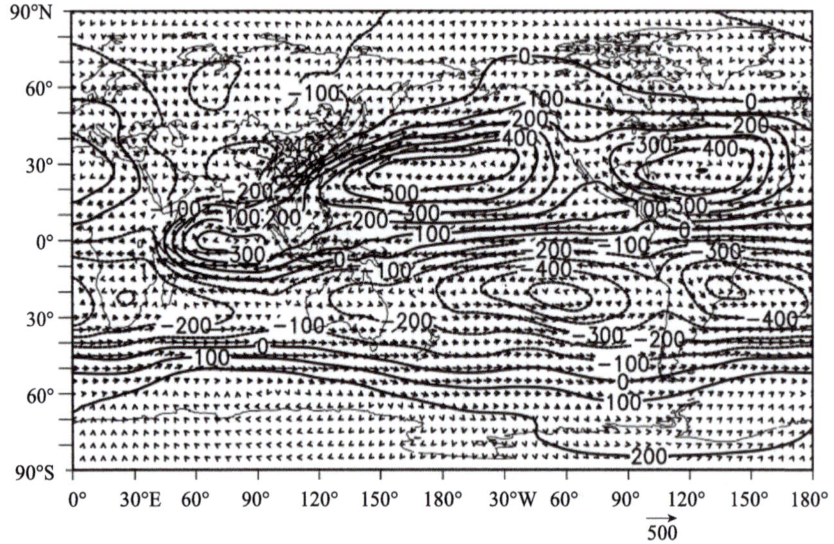

（b）两槽两脊型

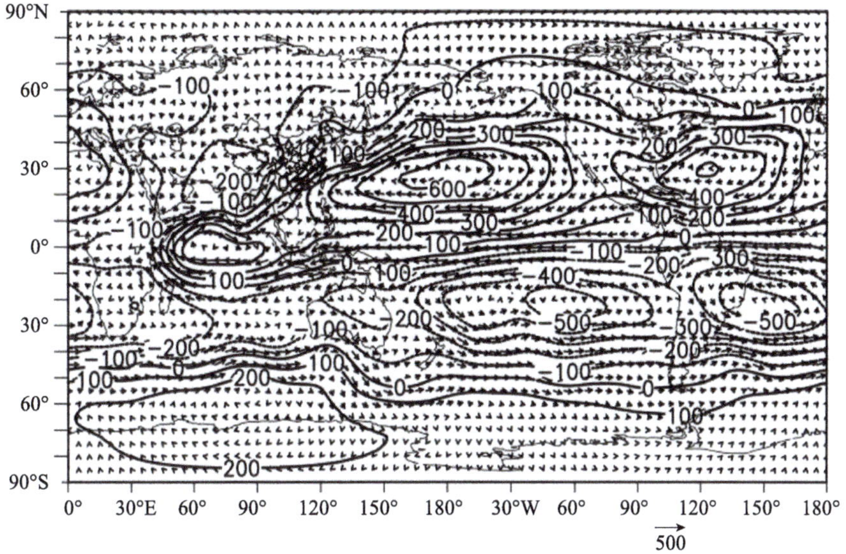
90°N
60°
30°
0°
30°
60°
90°S
0°
30°E
60°
90°
120°
150°
180°
30°W
60°
90°
120°
150°
180°
500

（c）贝乌型

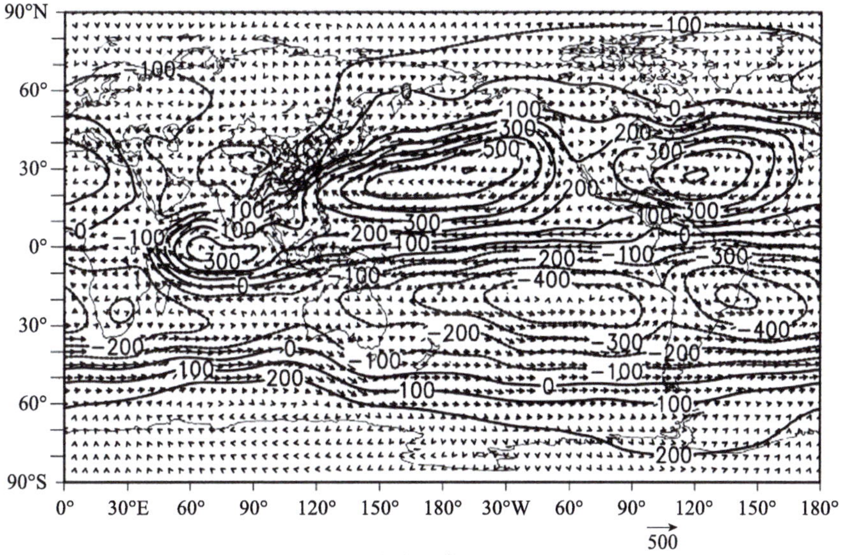
90°N
60°
30°
0°
30°
60°
90°S
0°
30°E
60°
90°
120°
150°
180°
30°W
60°
90°
120°
150°
180°
500

（d）鄂乌型

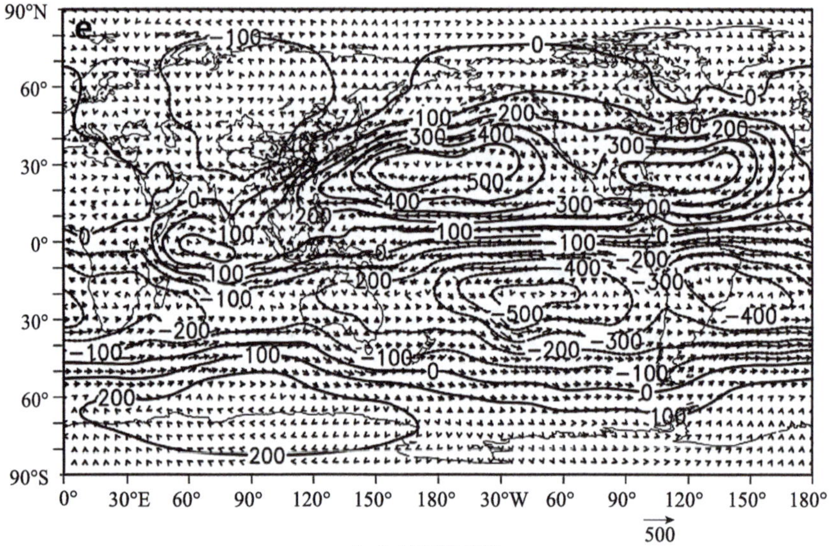

（e）纬向波动型

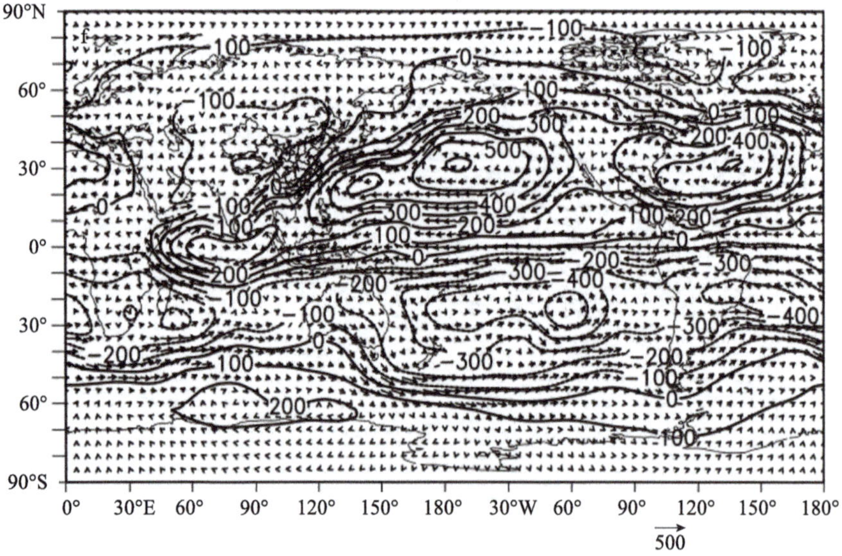

（f）多涡旋型

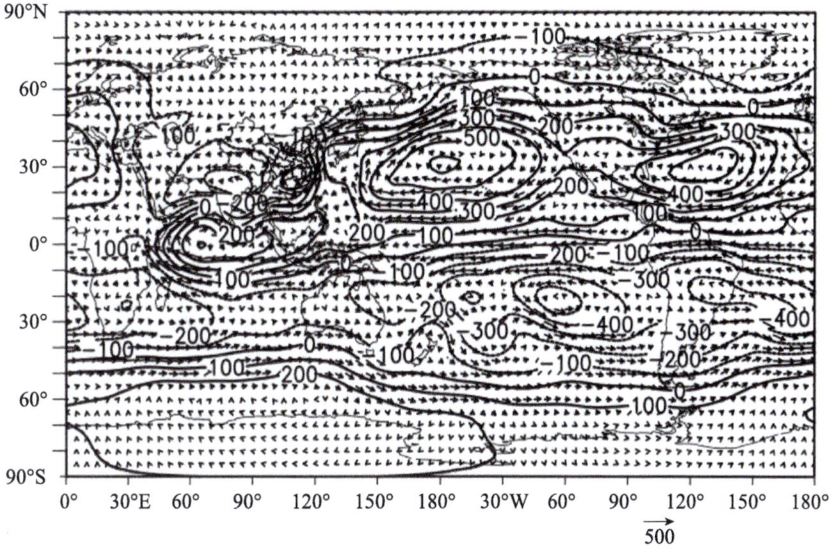

（g）台风低压型

图3-1　区域持续性暴雨整层水汽输送流函数及非辐散分量
（等值线为流函数，单位：10^6kg/s；箭矢为非辐散分量，单位：kg/（m·s））

第一个高值中心大西洋，借由赤道东风带将水汽一路输送至太平洋，赤道以南地区表现为一致向西的水汽输送，此条水汽通道最终能够一直到达印度洋，经过非洲索马里地区时，转向北，经过阿拉伯海、印度、孟加拉湾、中南半岛和南海，最终输送到中国南部包括湖南在内的暴雨区。第二个印度洋高值区，水汽通过越赤道急流向东北方向输送至中国大陆区域，印度季风环流尤其是索马里急流在这支向北输送的水汽通道中扮演重要角色。第三个太平洋高值区，主要通过西太平洋左侧的偏南风水汽输送通道，向北流入中国大陆地区，为暴雨提供充沛的水汽。

流函数的分析能够揭示水汽的输送，但是不能解释持续性暴雨发生区域高水汽含量的维持，因此，进一步对势函数进行分析。势函数即辐散水汽通量，反映的是水汽通量穿过等压线输送的部分，其数值小于流函数，但对水汽输送的源和汇有重要指示意义。不同于流函数以纬向分量为主，势函数的经向分量和纬向分量大小相当（图 3-2）。从各环流分型持续性暴雨过程合成的水汽通量的辐散分量分布来看，在赤道以南附近有两个势函数极大值中心，一个位于大西洋，另一个位于东太平洋，说明持续性暴雨发生时段，这两个区域是全球主要的水汽源区。同时，中国东部是全球最明显的势函数极小值区域，说明该地区此时是全球最明显的水汽汇区。四方的水汽向中国东部暴雨区汇集，其中最主要的是来自于印度洋的水汽，经孟加拉湾、南海汇入中国东部区域。势函数的极小值（水汽汇）的位置与持续性暴雨区域十分对应，这表明持续性暴雨所需的水汽从四周向暴雨区汇集。极小值中心数值较小，平均低于 −300 kg/（m · s），不同类型极小值强度略有差异。

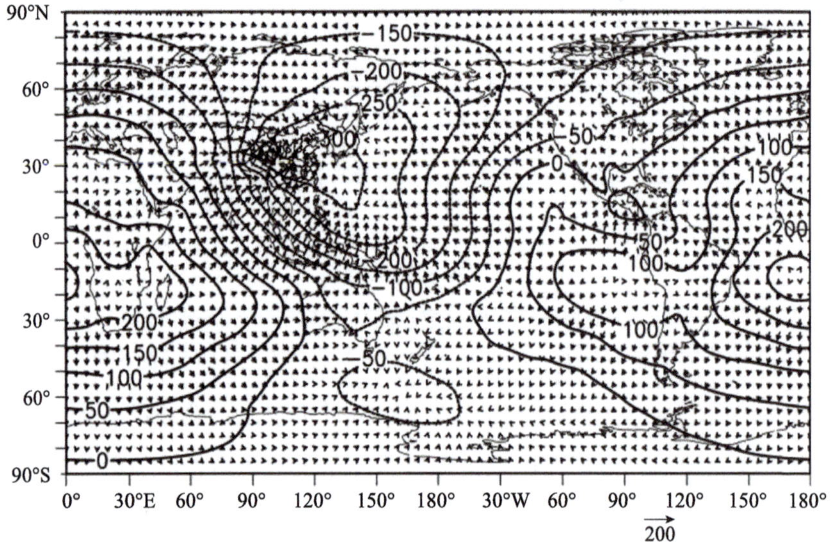

（a）两槽一脊型

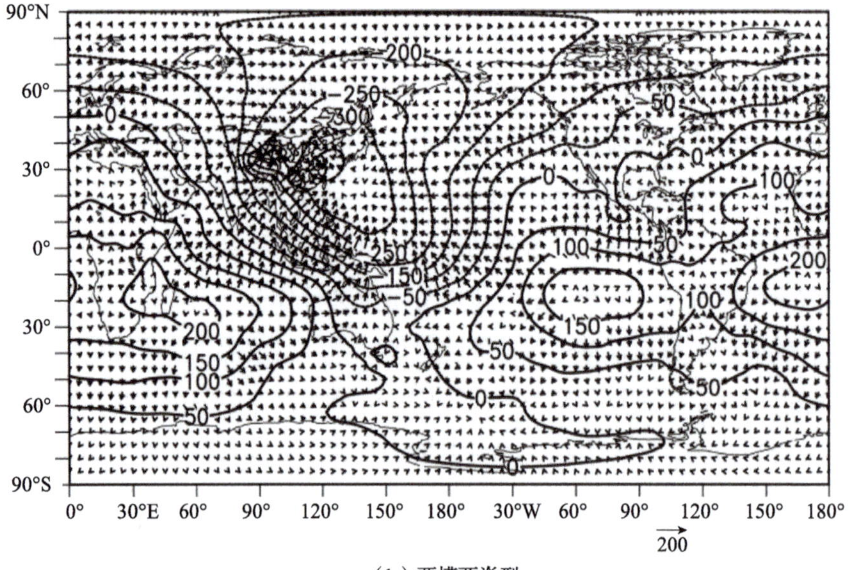

（b）两槽两脊型

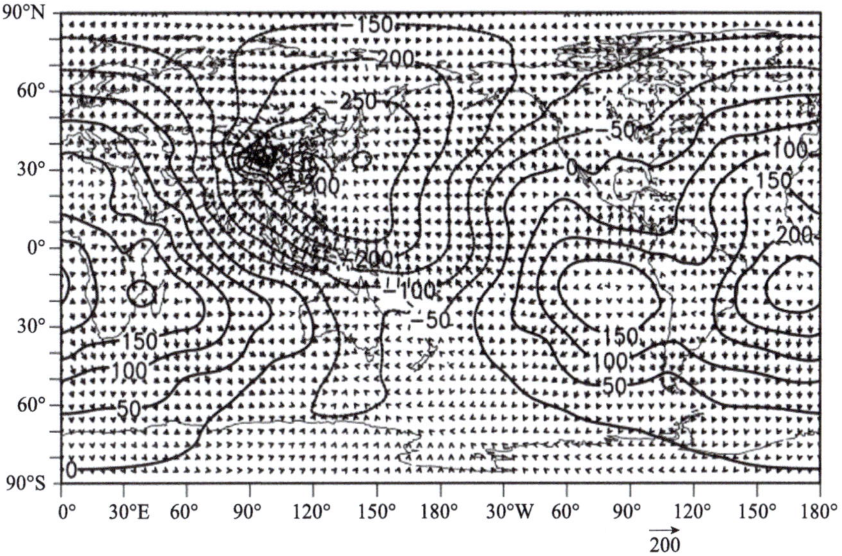
90°N
60°
30°
0°
30°
60°
90°S
0°
30°E
60°
90°
120°
150°
180°
30°W
60°
90°
120°
150°
180°
200
-150
-200
-250
-300
-200
-100
-50
-50
0
100
150
200
150
100
50
150
100
50
0

（c）贝乌型

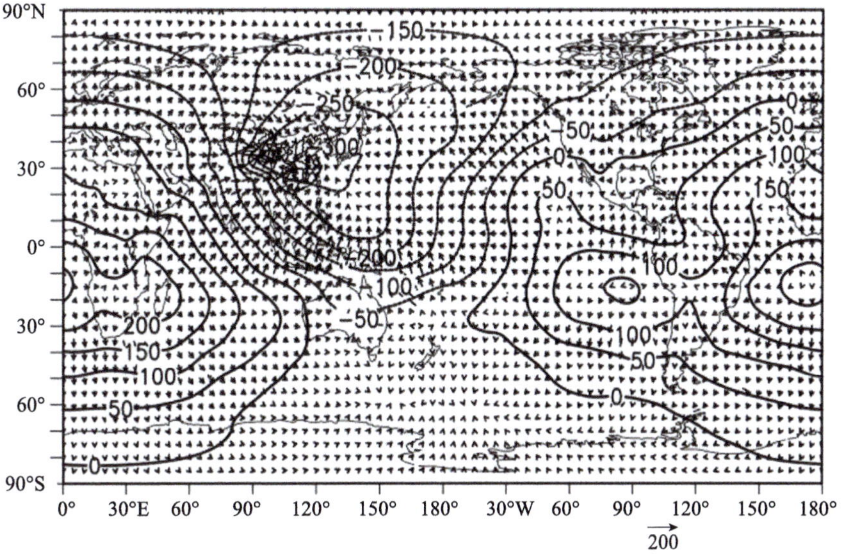
90°N
60°
30°
0°
30°
60°
90°S
0°
30°E
60°
90°
120°
150°
180°
30°W
60°
90°
120°
150°
180°
200
-150
-200
-250
-300
-200
-100
-50
-50
0
50
0
50
100
150
100
100
50
0
200
150
100
50
0

（d）鄂乌型

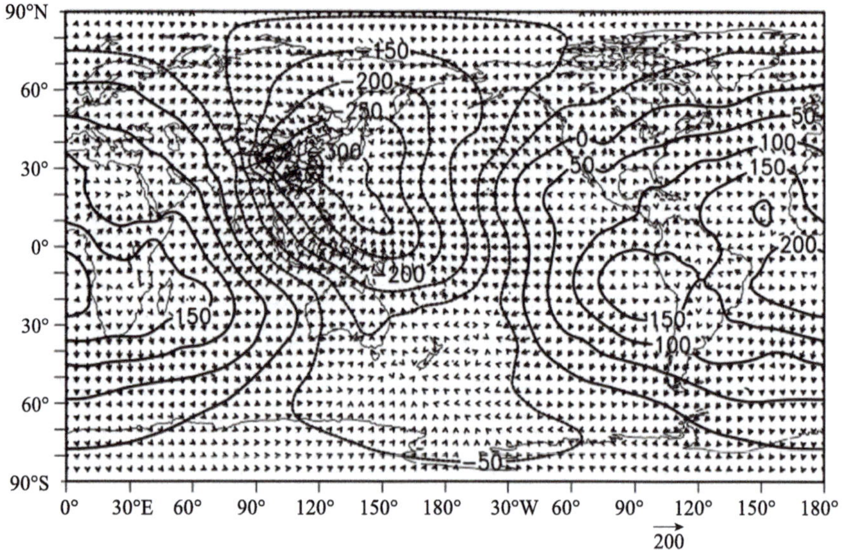

（e）纬向波动型

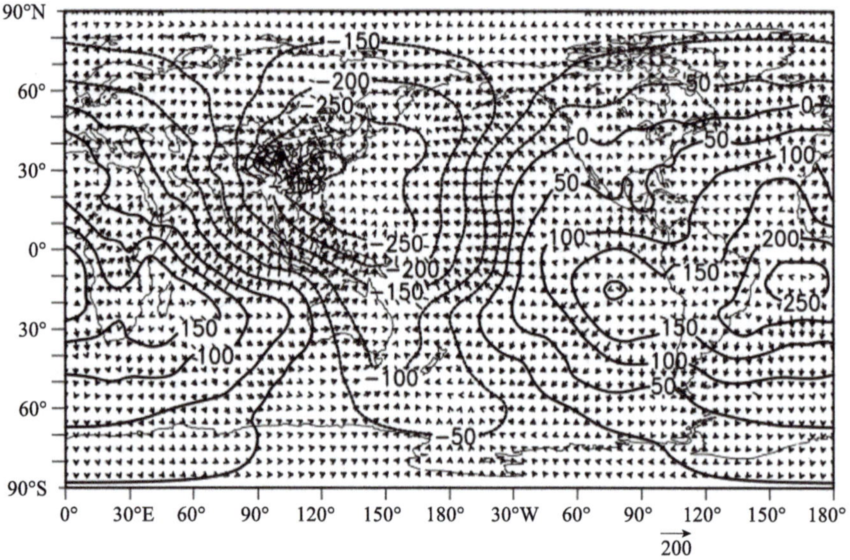

（f）多涡旋型

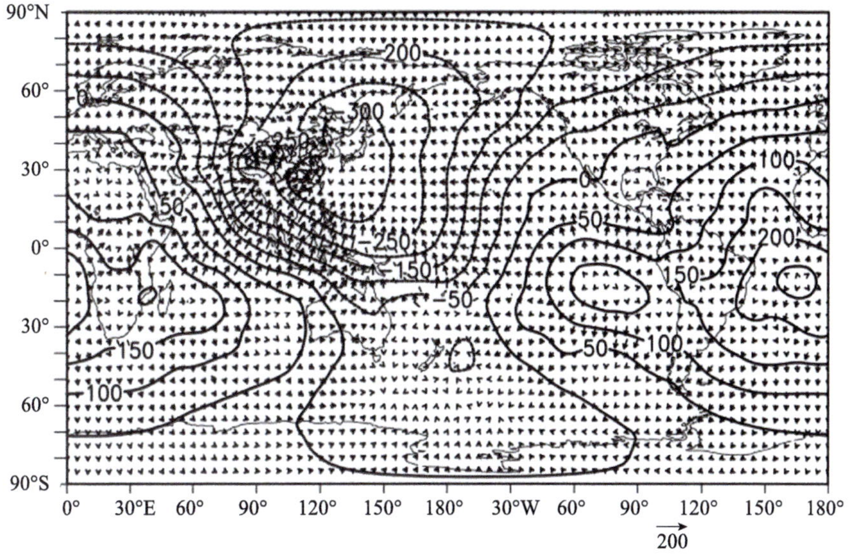

（g）台风低压型

图3-2　区域持续性暴雨整层水汽输送势函数及辐散分量
（等值线为流函数；单位：10^6kg/s，箭矢为辐散分量，单位：kg /（m · s））

3.2 湖南汛期区域持续性暴雨整层水汽通量变化特征

利用再分析资料的风场、比湿等要素，计算湖南汛期区域持续性暴雨过程发生时整层水汽通量 Q 的变化：

$$Q=-\frac{1}{g}\int_{p2}^{p1}qV\mathrm{d}p \tag{3-4}$$

式中，q 为比湿（g/kg），V 为水平风速（m/s）。

图 3-3 给出 6 种环流型的整层水汽输送特征。

两槽一脊型（图 3-3a）存在 3 条主要水汽输送通道，第一条是索马里越赤道急流从阿拉伯海穿过印度半岛，再经由孟加拉湾和中南半岛向东北输送至中国南部。此路径水汽通量值最大，平均整层水汽通量值超过 400 kg/（m · s），在途经中南半岛时，一支沿西南气流直接输送至湖南暴雨区，为区域持续性暴雨提供充沛水汽，另一支绕流至南海，与印度洋越赤道急流汇合再北上进入暴雨区，形成第二条水汽输送通道，其水汽通量值小于 180 kg/（m · s）。第三条是西太平洋水汽向西输送至南海，转向北输送至中国，其平均水汽通量值小于 300 kg/（m · s）。

两槽两脊型（图 3-3b）的两条主要水汽输送路径与两槽一脊型相同，来自索马里的越赤道急流经过印度半岛和孟加拉湾，将充沛的水汽向东北方向输送，经过中南半岛时，一支继续沿东南方向输送，平均整层水汽通量大于 180 kg/（m · s），另一支从中南半岛南部与印度洋越赤道急流汇合，整层水汽通量最大值超过 300 kg/（m · s），该气流经过南海后转向与来自西太平洋的水汽一起向北输送至中国南部，为持续性暴雨提供充沛水汽。

两脊一槽环流型包括贝乌型（图 3-3c）和鄂乌型（图 3-3d），尽管两者在中高纬槽脊位置存在差异，但两者的水汽输送路径基本一致，均以索马里越赤道急流经孟加拉湾从西南部进入我国和西太平洋沿副热带高压边缘经南海进入我国两条水汽输送路径为主。其中前者是区域持续性暴雨的主要水汽源，平均整层水汽输送通量最大值超过 400 kg/（m · s）。后者的贡献相对较小，平均整层水汽输送通量小于 180 kg/（m · s）。

纬向波动型（图 3-3e）的水汽输送路径仍然以索马里越赤道急流经孟加拉湾从西南进入我国和西太平洋向西输送至南海再转向进入我国为主，但是索马里越赤道急流整层水汽通量明显小于前面三种类型，最大值小于 300 kg/（m · s），经过孟加拉湾时，整层水汽通量小于 180 kg/（m · s）。

多涡旋型（图 3-3f）区域持续性暴雨过程的主要水汽输送路径为索马里越赤道急流穿过印度半岛中南部，经孟加拉湾和中南半岛从西南方向输送至我国南部，整层水汽输送通量在 300 kg/（m · s）以上，最大值超过 400 kg/（m · s）。其次是来自西太平洋的水汽经由南海向我国输送，其整层水汽通量小于 300 kg/（m · s）。

台风低压型（图 3-3g）区域持续性暴雨过程的主要水汽输送通道仍然是来自于索马里越赤道急流，经阿拉伯海、印度半岛、孟加拉湾，携带大量水汽一路向东，穿过中南半岛进入南海，再随着热带气旋北上，输送至我国东部，此气流水汽充沛，平均整层水汽通量在 400 kg/（m·s）左右，最大值超过 500 kg/（m·s），为区域持续性暴雨提供了充足的水汽供应。

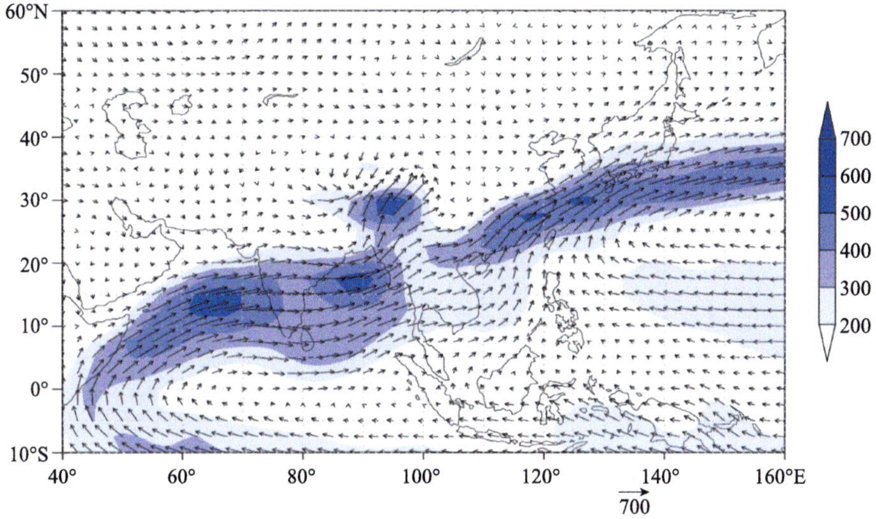

（a）两槽一脊型

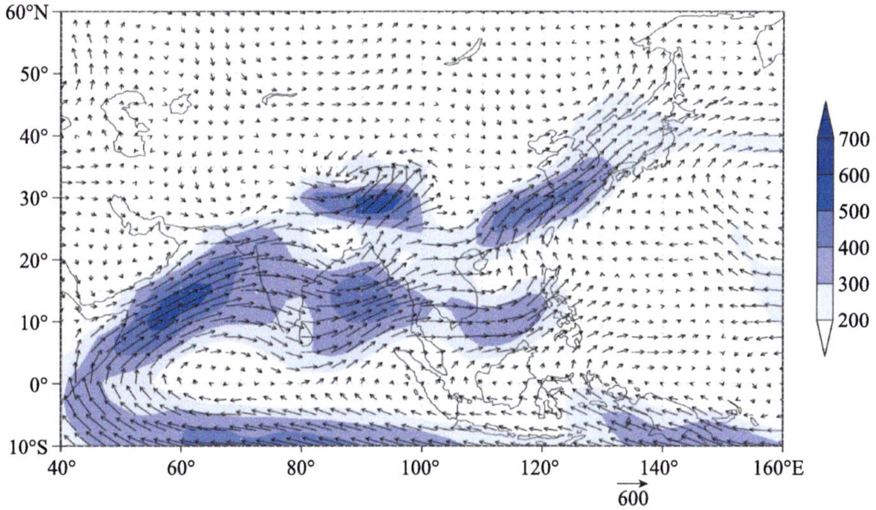

（b）两槽两脊型

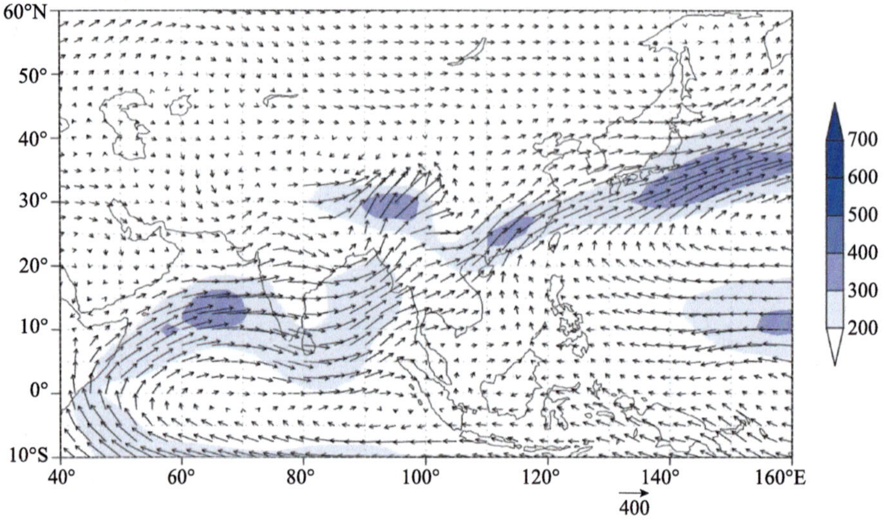
60°N
50°
40°
30°
20°
10°
0°
10°S
40°
60°
80°
100°
120°
140°
160°E
400
700
600
500
400
300
200

（c）贝乌型

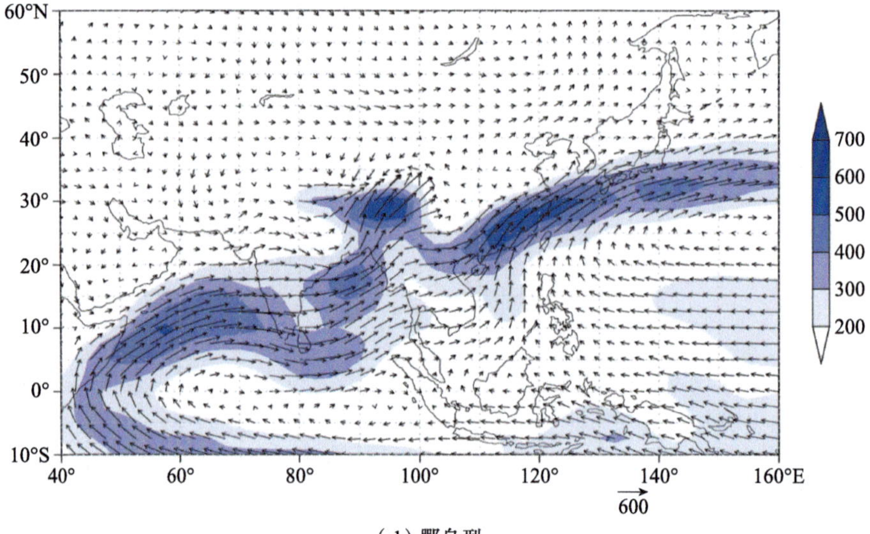
60°N
50°
40°
30°
20°
10°
0°
10°S
40°
60°
80°
100°
120°
140°
160°E
600
700
600
500
400
300
200

（d）鄂乌型

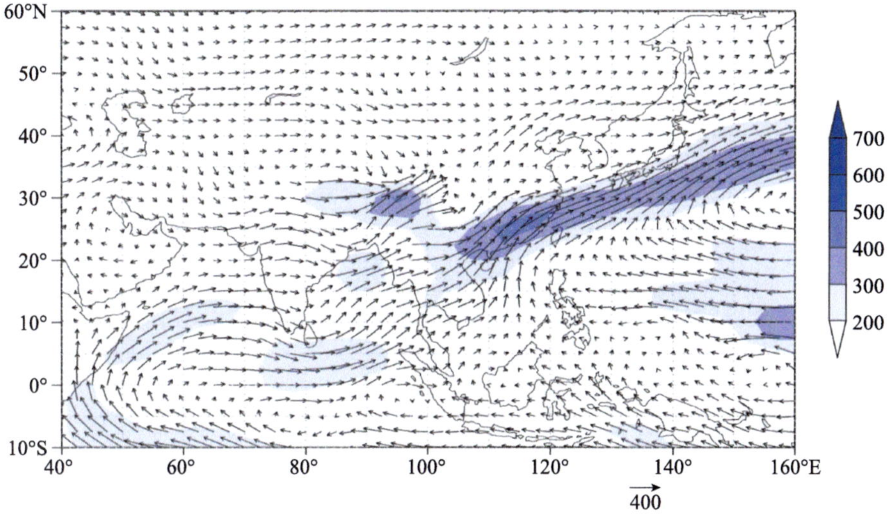

（e）纬向波动型

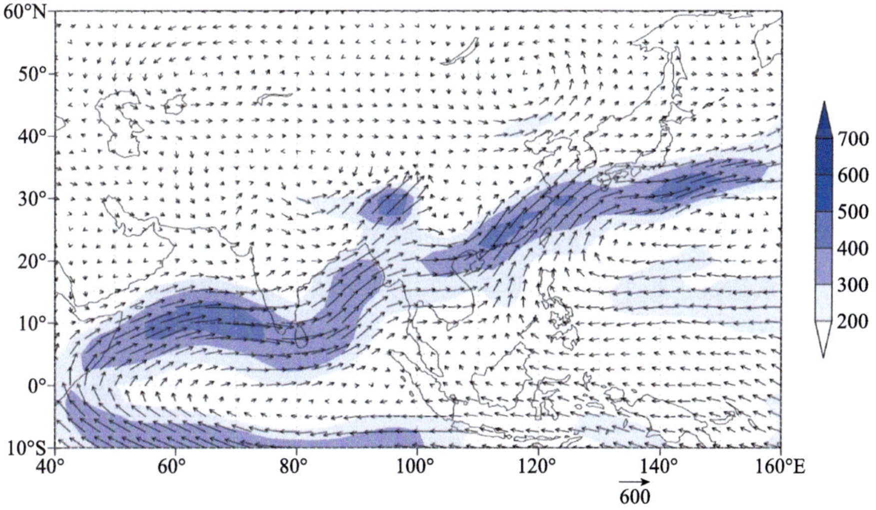

（f）多涡旋型

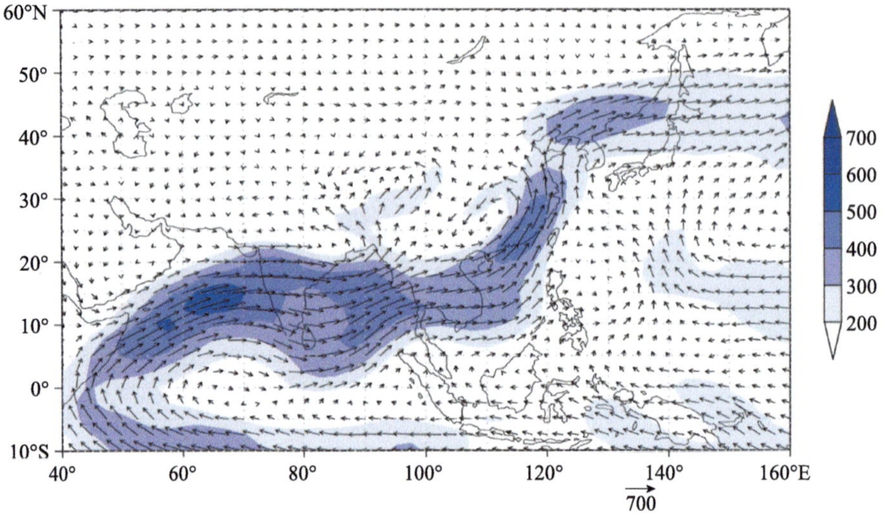

（g）台风低压型

图3-3　区域持续性暴雨整层水汽通量（单位：kg/（m·s））

3.3 湖南汛期区域持续性暴雨水汽输送异常特征

图 3-4 以区域持续性暴雨过程发生最多的 6 月为例，给出合成的区域持续性暴雨过程整层水汽通量距平场（选取 1981—2010 年气候平均值）。可以看到，水汽通量正距平区域呈西南—东北向带状分布在我国华南区域，湖南中部及以南区域的西南风水汽输送通量明显加强，高值区较气候平均值多 200 kg/（m·s）以上。从水汽输送的矢量图看，这部分水汽输送异常主要来源于孟加拉湾和南海，热带西太平洋的水汽输送也有一部分贡献，同时从广西经湖南、江西一直到浙江、江苏沿海，为一致的水汽通量散度负距平场，相较气候平均值，水汽在这些区域出现异常辐合，形成了西南—东北向的带状水汽通量正距平区域，为该区域持续性暴雨的发生和维持提供充沛的水汽。

在环流场分型基础上，本节针对不同类型区域持续性暴雨过程的水汽场特征进行合成分析，以探讨水汽输送变化异同。对 6—8 月不同类型区域持续性暴雨过程 850 hPa 和 700 hPa 水汽通量的分析发现，不同月份之间的差异不明显，但是不同类型区域持续性暴雨过程的水汽通量特征存在一定差异，因此，本节对样本数较多的 3 种类型持续性暴雨过程的水汽通量特征进行分析，不再对各月进行分别讨论。

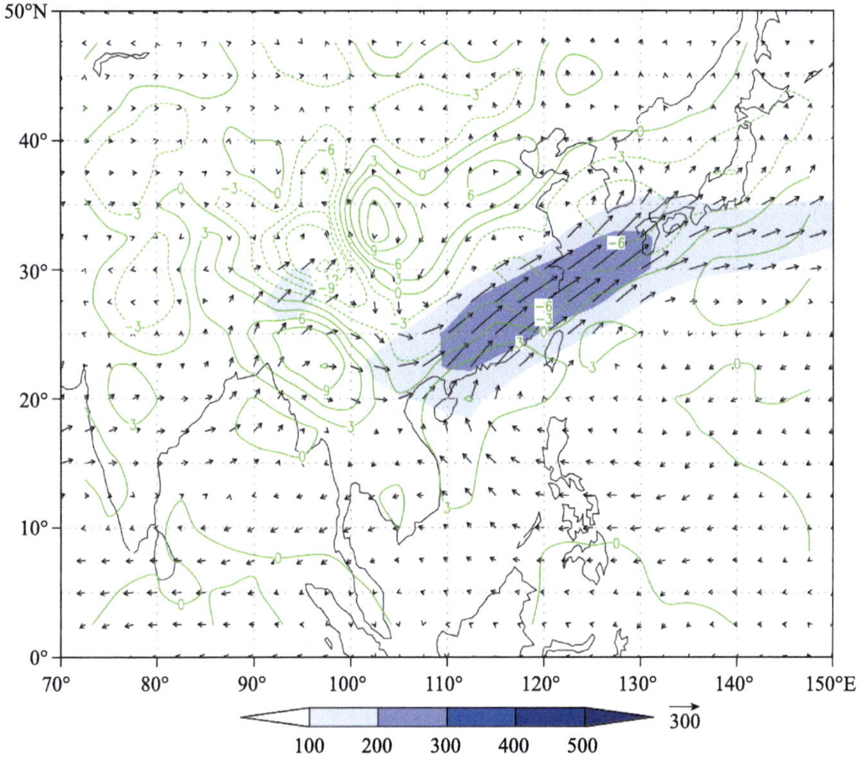

图3-4　区域持续性暴雨整层水汽通量距平场（矢量，阴影为通量值大于100区域，单位：kg/（m·s））和水汽通量散度距平场（单位：10^{-7}g/（cm^2·s·hPa））

3.3.1　两槽一脊型

从两槽一脊型所有过程暴雨日水汽输送矢量对比 1981—2010 年 6—8 月平均水汽输送矢量的距平场看（图 3-5），孟加拉湾水汽通量显著增多，呈现一条从孟加拉湾穿越中南半岛转向北输送的正距平水汽通道，同时，孟加拉湾向我国西南盆地输送的水汽有部分向东输送，汇入北上的水汽中。计算该矢量场的散度场，发现整个湖南为水汽辐合区，从 20°N 向东北一直延伸至 40°N，形成一条西南—东北走向的水汽辐合带和水汽通量正距平区。

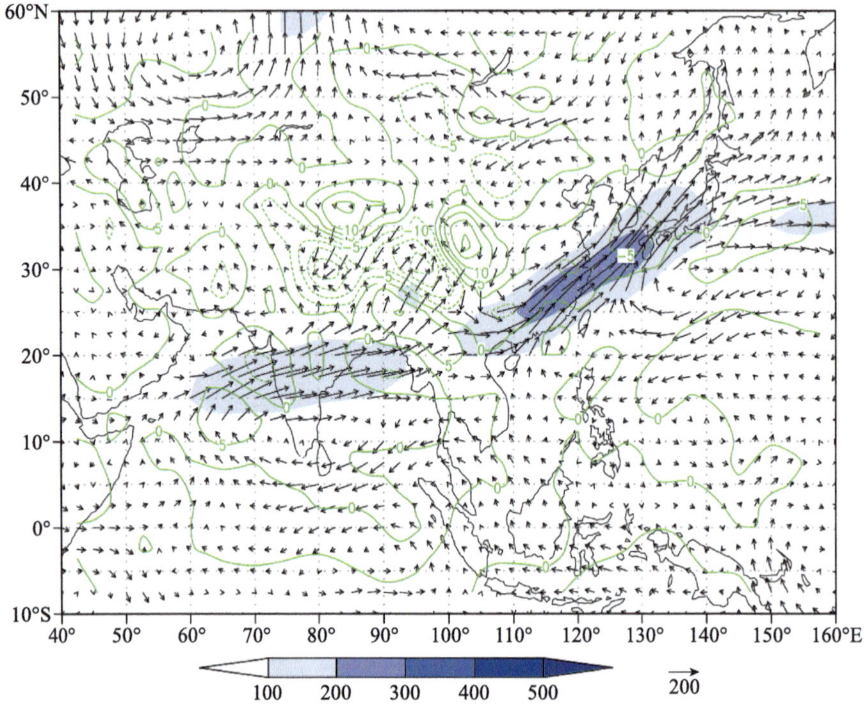

图3-5 持续性暴雨过程整层水汽通量（阴影，单位：kg/（m·s））和水汽通量散度（等值线，单位：10^{-5} kg/（m^2·s））合成距平场

从 850 hPa 水汽通量合成场看到，底层汇入湖南区域的水汽路径主要有 2 条，一条是东非索马里越赤道急流经阿拉伯海和孟加拉湾再由中南半岛向东北输送；另一条是南半球的越赤道急流，自南海南部向北输送而来，其通量大小约为 5 g /（cm·hPa·s），明显小于来自经孟加拉湾输送的水汽通量。相较 850 hPa、700 hPa 的水汽通量更小，主要的水汽来源是索马里越赤道急流从孟加拉湾向东进入湖南。各层散度场显示（图略），底层水汽通量散度呈现负值，湖南为强辐合中心，散度场负值区一直伸至 400 hPa 以上，形成深厚的水汽辐合层，对区域持续性暴雨的稳定维持非常有利（图 3-6）。

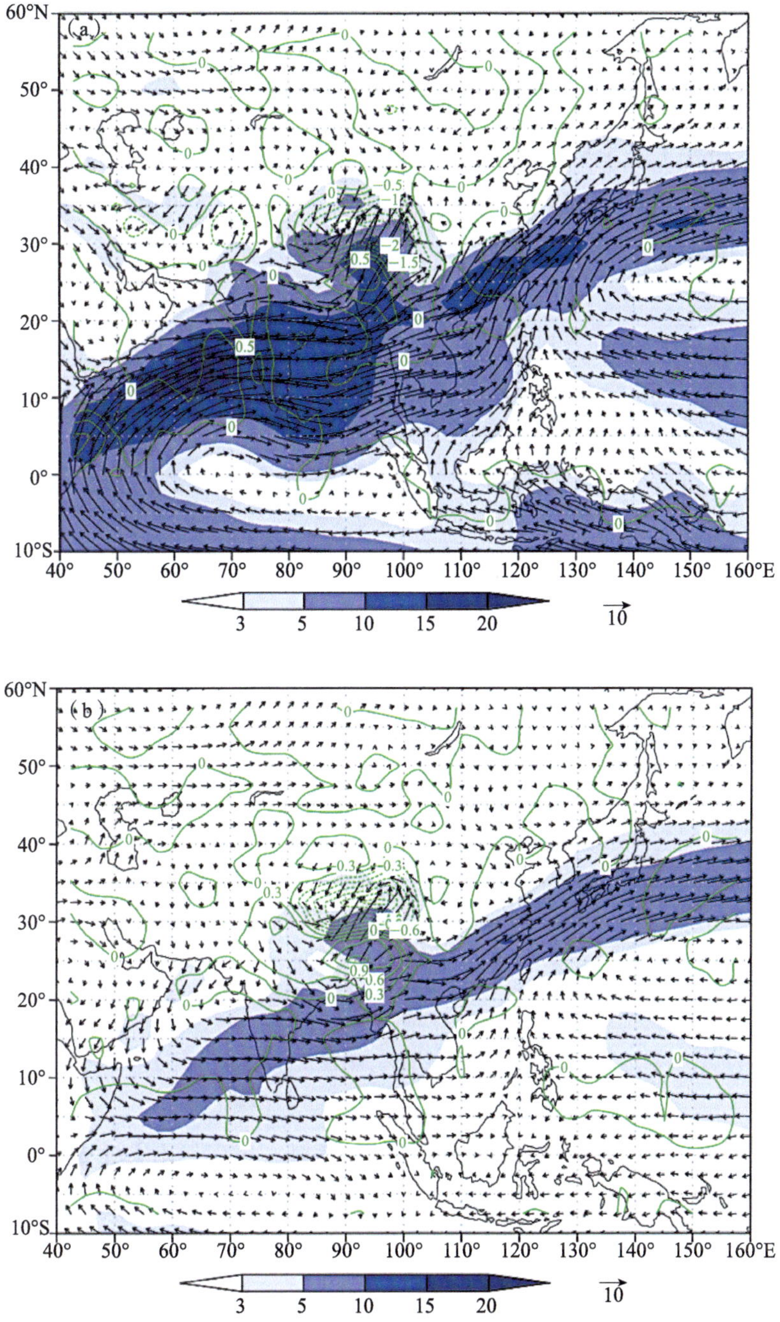

图3-6　850 hPa（a）、700 hPa（b）水汽通量（阴影，单位：g /（cm · hPa · s））和水汽通量散度（等值线，单位：10^{-7} g/（cm^2 · s · hPa））合成场

3.3.2 两槽两脊型

从水汽通量距平场合成图可以看到，与气候平均值比较，此类型异常的水汽输送路径主要是从中南半岛至南海再向北转向的水汽输送。而湖南处于强的水汽通量正距平区域和散度负距平中心，水汽辐合明显强于气候平均值，形成大范围持续性暴雨（图 3-7）。

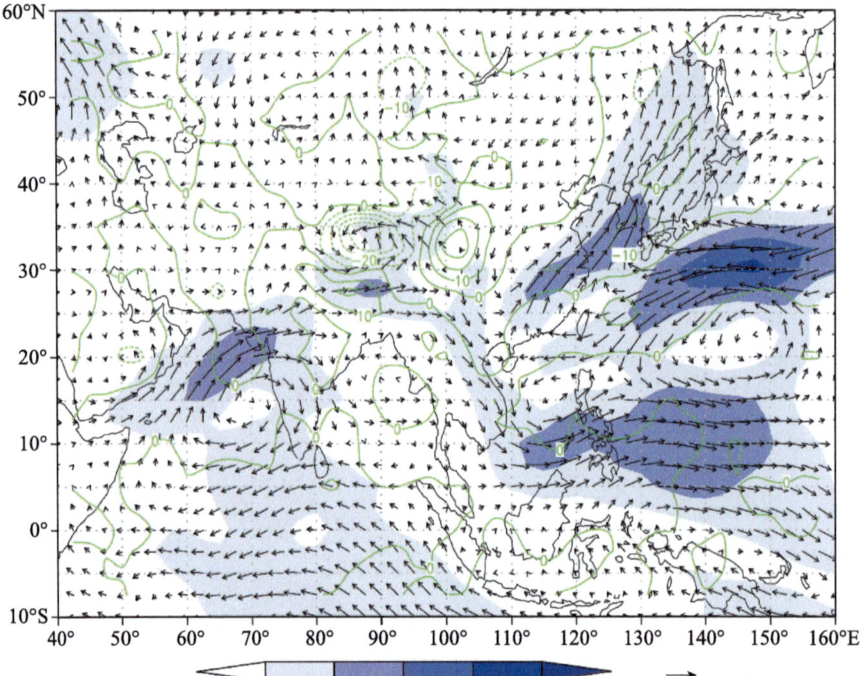

图3-7　持续性暴雨过程整层水汽通量（阴影，单位：kg/（m·s））和水汽通量散度（等值线，单位：10^{-5} kg/（m^2·s））距平场

从 850 hPa 和 700 hPa 水汽通量合成场看到，底层经由东非索马里越赤道急流向阿拉伯海和孟加拉湾输送的水汽通量非常大，和整层水汽输送特征一致，底层的水汽在经过孟加拉湾后分为三支气流，其中经中南半岛向东北输送的水汽与经南海向北转向的水汽在中国南部汇合，并继续向北输送，为湖南的持续性暴雨提供源源不断的水汽（图 3-8）。

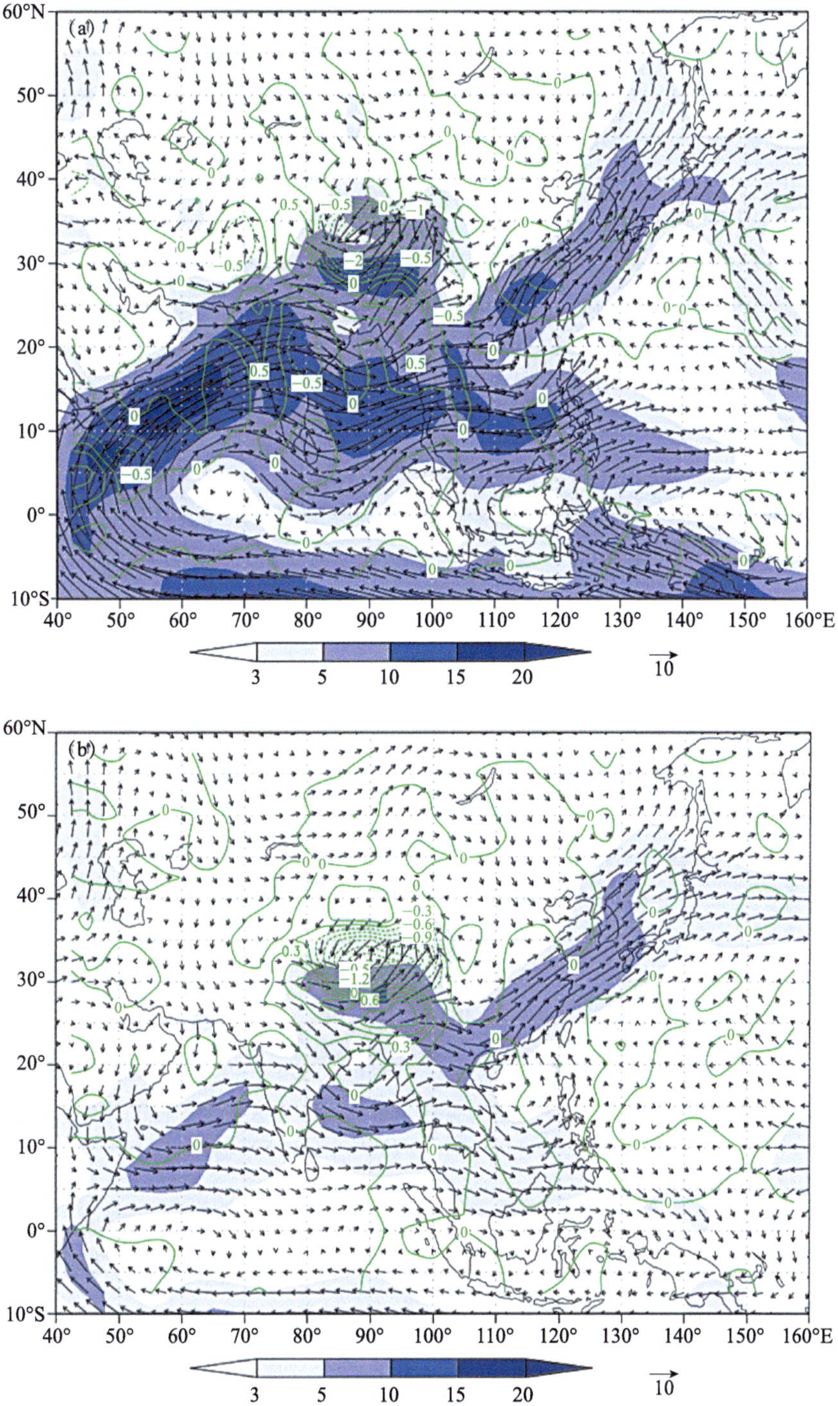

图3-8 850 hPa（a）、700 hPa（b）水汽通量（阴影，单位：g/（cm · hPa · s））和水汽通量散度（等值线，单位：10^{-7} g/（cm^2 · s · hPa））合成场

3.3.3 两脊一槽型

由两脊一槽型水汽通量距平场合成图看到，主要的异常区是来自于西太平洋进入南海后转向的水汽输送，结合前面对此类型环流特征的分析可知，由于此类型西太平洋副热带高压较强，且呈东西带状，西伸脊点异常偏西，有利于水汽沿副热带高压西南侧向中国南部输送。散度场湖南为强负值距平区，水汽辐合强，有利于暴雨的稳定维持（图 3-9）。

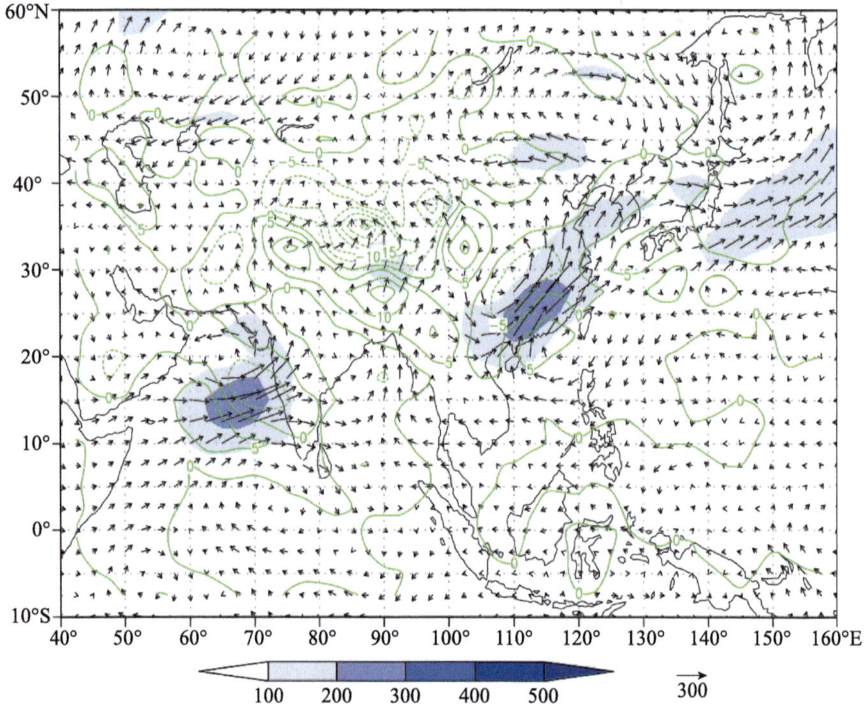

图3-9 持续性暴雨过程整层水汽通量（阴影，单位：kg/（m · s））和水汽通量散度（等值线，单位：10^{-5} kg/（m^2 · s））距平场

从 850 hPa 水汽通量合成场看到，由东非索马里越赤道急流经阿拉伯海和孟加拉湾再由中南半岛向我国输送的水汽是此类型的主要水汽来源；另外，源于南半球的越赤道急流，自南向北经由南海进入我国南部的水汽，也是此类型的水汽来源之一。700 hPa 的水汽通量显示，这一高度的水汽主要由索马里越赤道急流从孟加拉湾向东直通进入我国，形成一条自西向东的水汽输送

长廊，为湖南持续性暴雨提供充沛的水汽。配合湖南底层的强辐合，使得区域持续性暴雨得以稳定维持（图 3-10）。

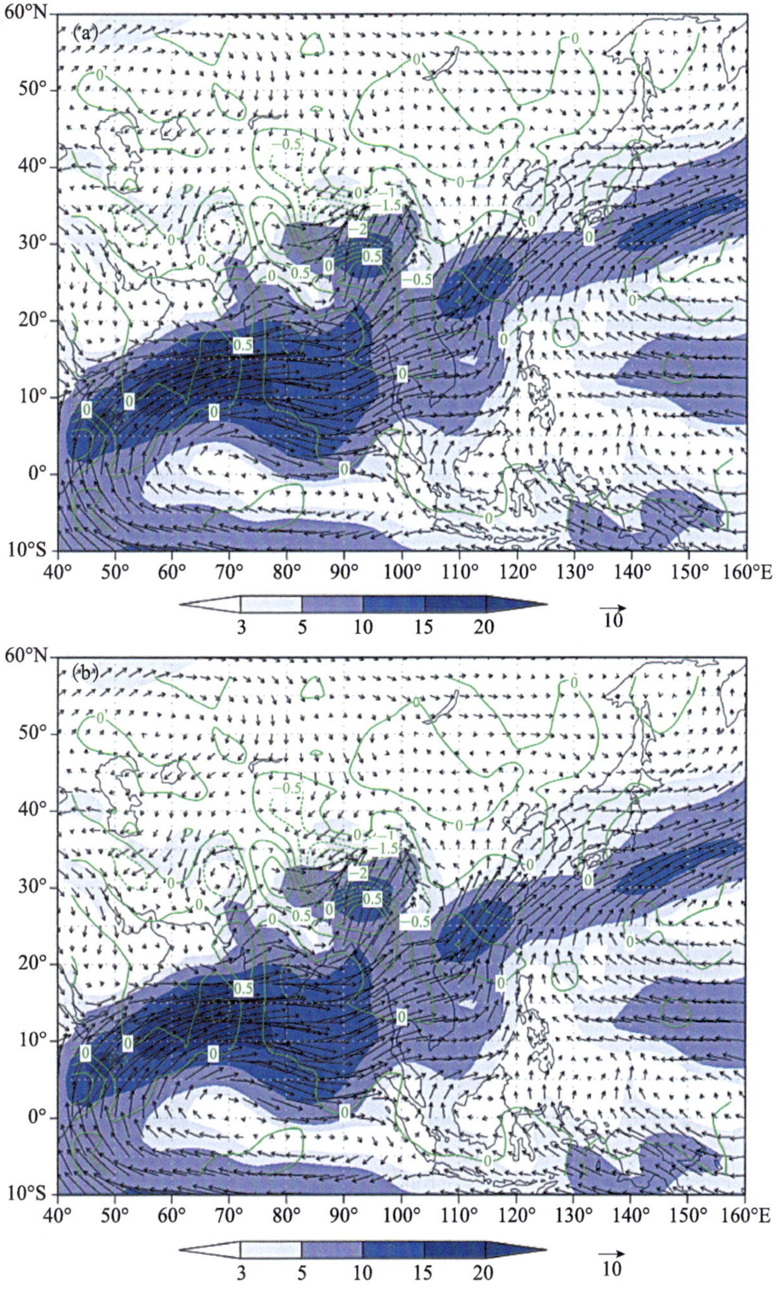

图3-10　850 hPa（a）、700 hPa（b）水汽通量（阴影，单位：g /（cm · hPa · s））和水汽通量散度（等值线，单位：10^{-7} g/（cm^2 · s · hPa））合成场

3.4 湖南汛期区域持续性暴雨过程水汽输送辐合（辐散）特征

在球坐标系中，水汽输送通量矢量的散度可由下式计算，即

$$\nabla\cdot\boldsymbol{Q}=\frac{1}{a\cos\varphi}\left[\frac{\partial Q_{\lambda}}{\partial\lambda}+\frac{\partial Q_{\varphi}\cos\varphi}{\partial\varphi}\right] \tag{3-5}$$

式中，λ、φ 分别为经度和纬度，a 是地球半径。

由式（3-4）和式（3-5）可以得到下式，即

$$\nabla\cdot\boldsymbol{Q}\frac{1}{g}\int_{100}^{P_0}\nabla\cdot(\boldsymbol{V}q)\mathrm{d}p=\frac{1}{g}\int_{100}^{P_0}\boldsymbol{V}\cdot\nabla q\mathrm{d}p+\frac{1}{g}\int_{100}^{P_0}q\cdot(\nabla\cdot\boldsymbol{V})\mathrm{d}p \tag{3-6}$$

从式（3-6）右端可知，水汽输送的散度由两部分引起：第一部分（右端第一项）由水汽平流项引起；第二部分（右端第二项）由风场辐合辐散所引起，即水汽通量散度从物理上可分解为平流输送和辐合输送两部分。

3.4.1 水汽平流所引起的水汽输送辐合（辐散）

由式（3-6）右端第一项可知，当风由比湿高的地区流向比湿低的地区，此项为负，称为湿平流，它对水汽输送的辐合有正贡献；反之，当风由比湿低的地区流向比湿高的地区，此项为正，称为干平流，它对水汽输送的辐合是负贡献，而对水汽输送的辐散是正贡献。

图 3-11 给出了各类区域持续性暴雨过程水汽通量散度的水汽平流项合成场。可以看到，在两槽一脊型持续性暴雨过程中，湖南西北方向的四川、重庆、贵州等地都是湿平流，湖南除东南部小部分区域为正值外，全省其他区域的水汽平流项均为负值，说明此时风是由比湿高的区域流向比湿低的区域，从而使得湖南大部分区域形成水汽的辐合场。

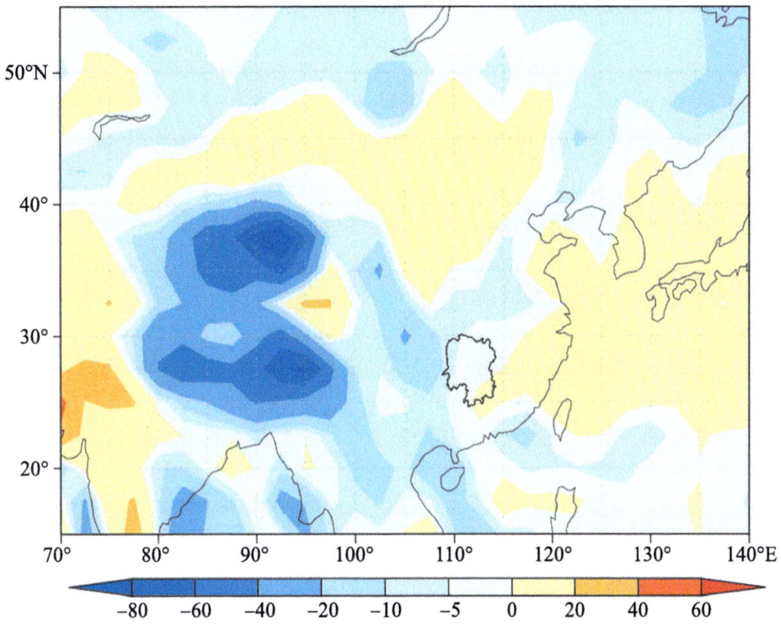

(a) 两槽一脊型

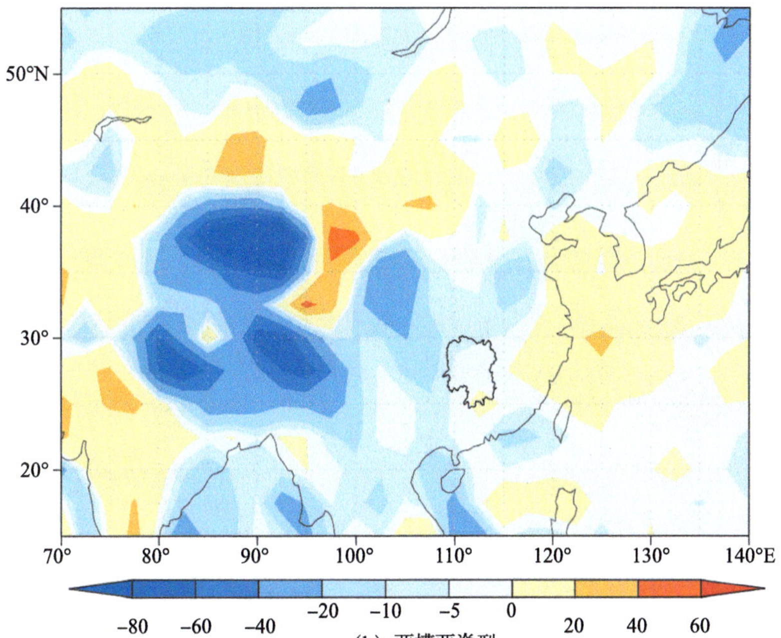

(b) 两槽两脊型

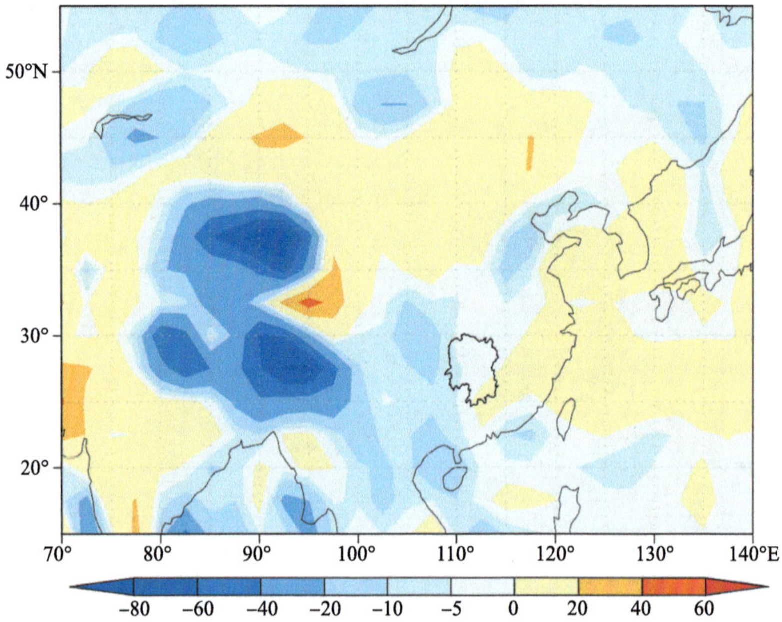

（c）两脊一槽型的贝乌型

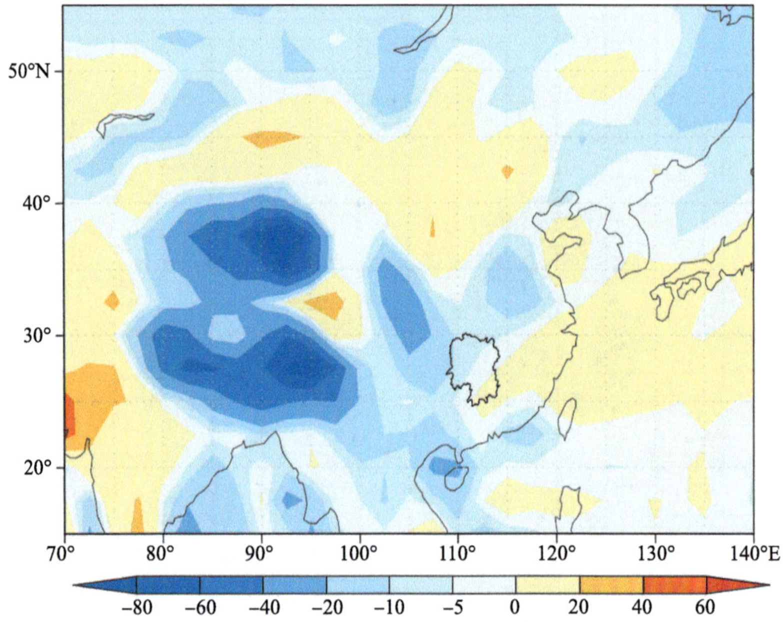

（d）两脊一槽型的鄂乌型

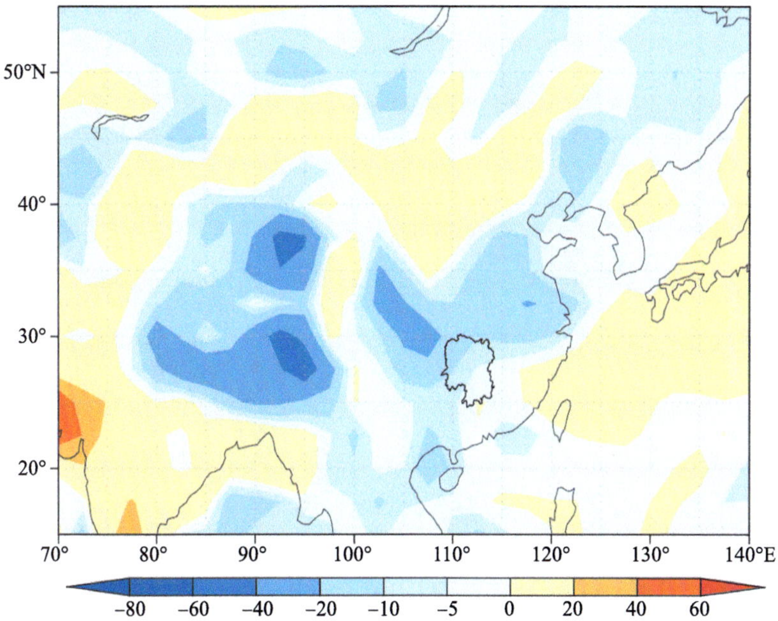

(e) 纬向波动型

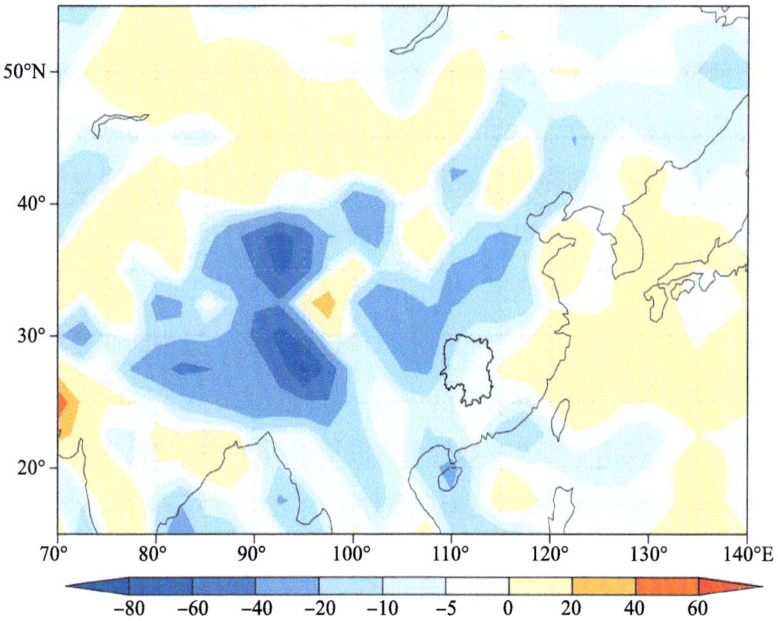

(f) 多涡旋型

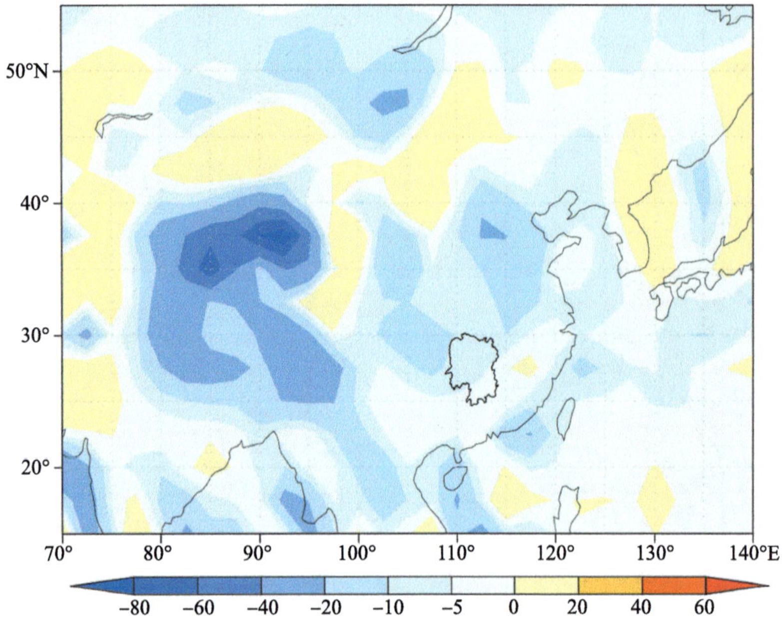

图3-11　各类区域持续性暴雨过程水汽平流项引起的整层水汽通量散度场合成（单位：10^{-5} kg/（m^2·s））

两槽两脊型由水汽平流项引起的水汽通量散度分布与两槽一脊相似，除南岭山脉附近为正值外，全省其他地区都为湿平流所引起的水汽辐合区域。两脊一槽型的贝乌型和鄂乌型除湘、赣、粤交汇处外，水汽通量散度的水汽平流项均为负值，即都是湿平流所引起的水汽辐合区域，其中鄂乌型在湖南东北部区域的强度大于贝乌型。纬向波动型、多涡旋型和台风低压型暴雨过程中，湖南全省处于湿平流引起的水汽输送辐合区，其中纬向波动型在湖南西北部的水汽辐合要强于其他所有类型。总而言之，无论哪种类型的区域持续性暴雨过程，湖南全省基本都处于由湿平流引起的水汽输送辐合区，为区域持续性暴雨的发生发展提供了有利条件。

3.4.2　风场辐合（辐散）所引起的水汽输送辐合（辐散）

由式（3-6）右端第二项可知，当风场为辐合时，则此项对水汽输送的辐合是正贡献；反之，则此项对水汽输送的辐散是正贡献。两槽一脊型暴雨过程中，湖南除湘西北边缘处为风场辐散，其他区域都为负值，且由风场辐合所引起的水汽输送通量散度大于水汽平流项产生的强度。两槽两脊型暴雨过程中，湖南全省均是风场辐合区，且辐合强度与两槽一脊型相当。两脊一槽型的贝乌型与鄂乌型暴雨过程，同样是在湖南全境表现为辐合区域，贝乌型的辐合强度与两槽一脊型相当，鄂乌型暴雨过程的风场辐合所引起的水汽输送强度明显强于前面三类暴雨过程，与湿平流引起的水汽辐合比较，强度几乎是后者的 10 倍，说明此类暴雨过程的水汽辐合主要由风场辐合引起。纬向波动型暴雨过程的风场辐合强度相对其他类型要弱一些，且在湖南西北部有风场辐散区域，这与该类型水汽平流项引起的强水汽辐合形成对比，但总体来看，该类型风场辐合引起的水汽通量散度值比水汽平流项更大。多涡旋型和台风低压型暴雨过程中，湖南全境处于风场辐合区域，其中台风低压型暴雨过程中，风场辐合引起的水汽辐合强度是所有类型中最强的（图 3-12）。

总而言之，湖南汛期持续性暴雨过程水汽平流项和风场辐合项对水汽输送的辐合都有贡献，但是风场辐合所引起的水汽输送辐合强度更大。

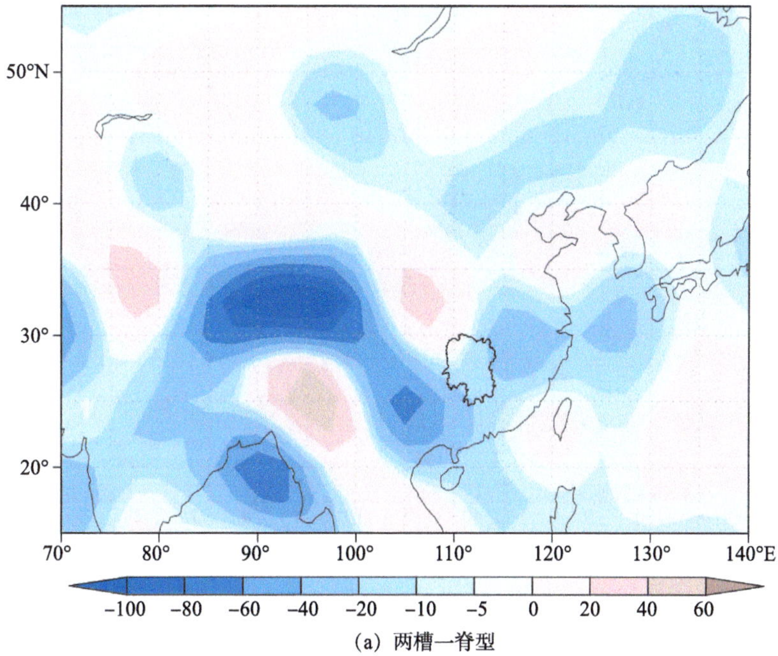

(a) 两槽一脊型

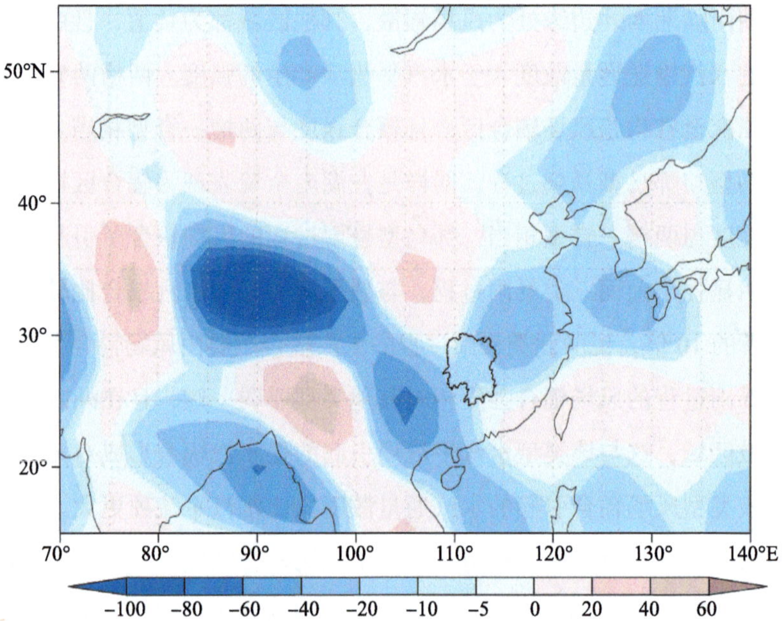

(b) 两槽两脊型

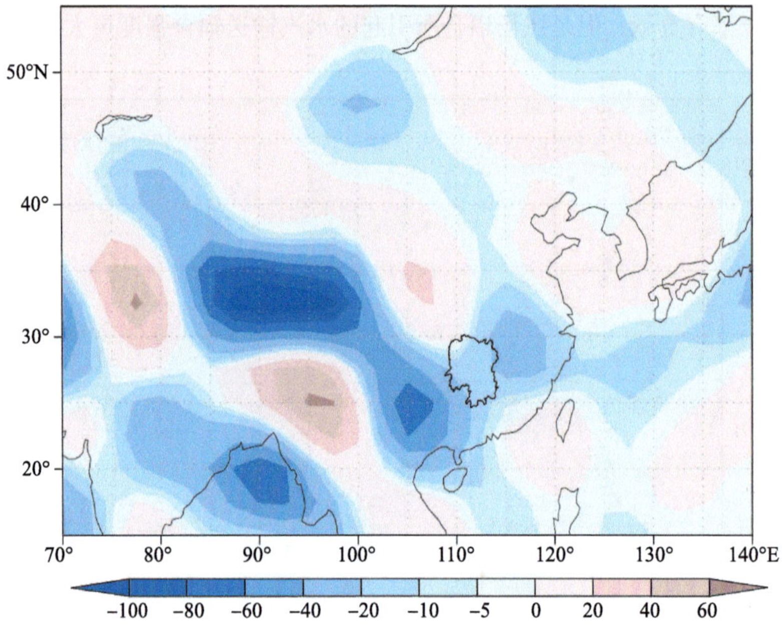

(c) 两脊一槽型的贝乌型

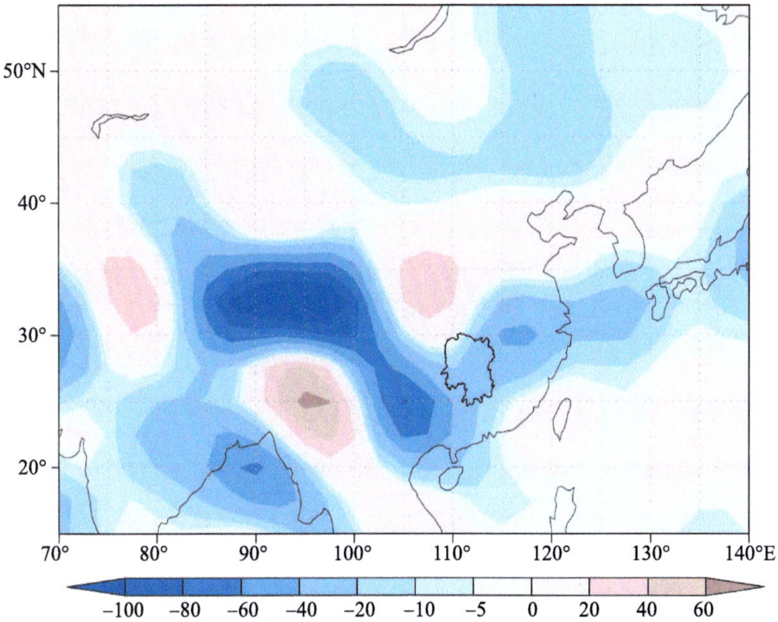

(d) 两脊一槽型的鄂乌型

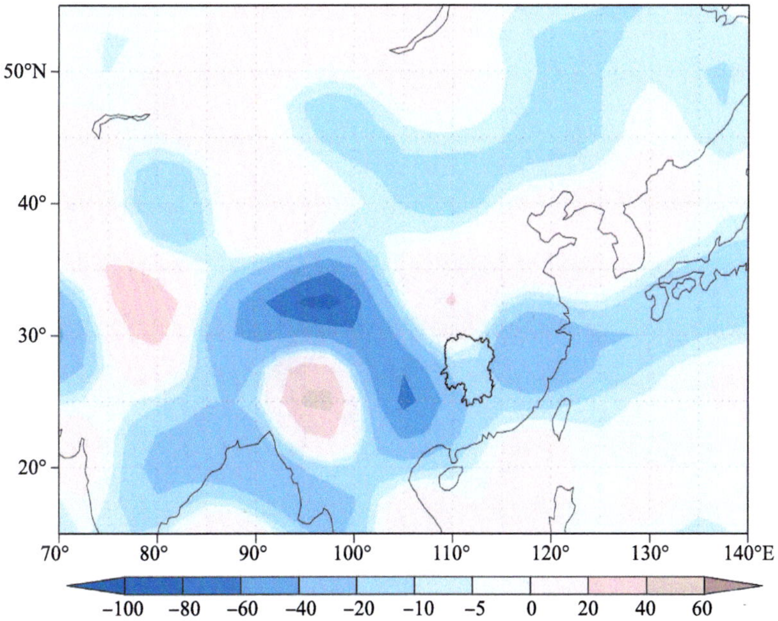

(e) 纬向波动型

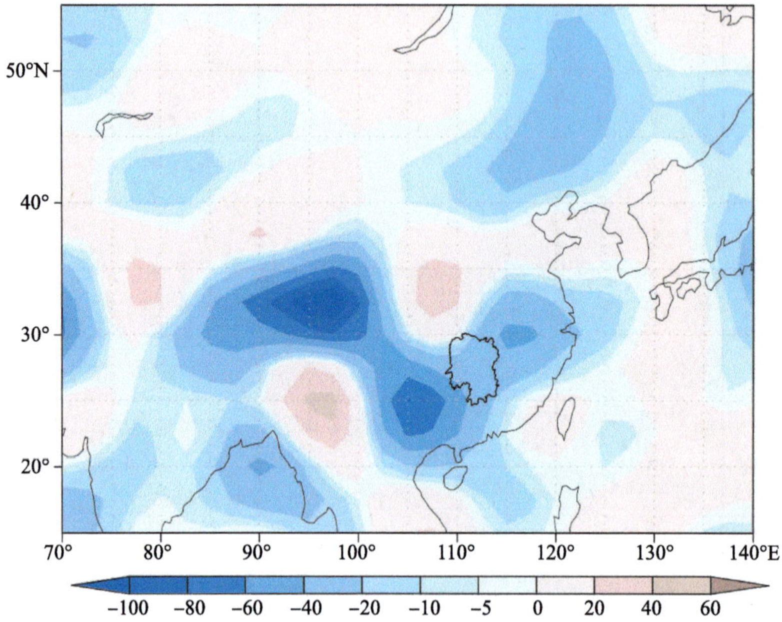

（f）多涡旋型

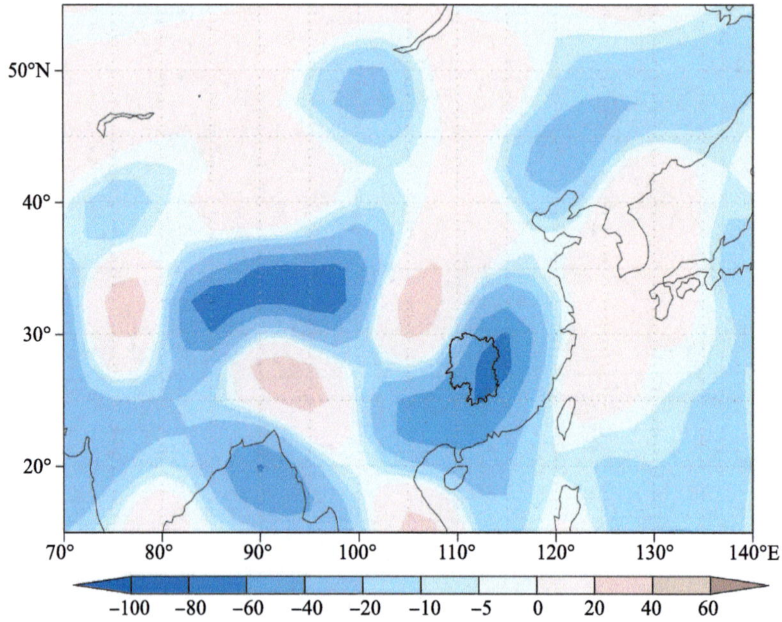

（g）台风低压型

图3-12　各类区域持续性暴雨过程风场辐合项引起的整层水汽通量散度场合成（单位：10^{-5} kg/（m^2·s））

3.5 湖南汛期区域持续性暴雨过程水汽条件定量分析

3.5.1 水汽收支

为了更好地反映湖南区域（25°—30°N，107.5°—115°E）水汽输送状况，计算了通过各边界面的水汽通量。水汽收支方程（陆尔 等，1999；Chen，1985）为：

$$\frac{\partial q}{\partial t}+\nabla\cdot vq+\frac{\partial \omega q}{\partial p}=-m \qquad (3\text{-}7)$$

式中，左边第二项为水汽通量辐合项，一般可以化为线积分计算。

$$\begin{aligned}\nabla\cdot vq=\frac{1}{\sigma}C\int v_{\mathrm{n}}q\mathrm{d}l=\frac{1}{\sigma}(&\sum_{i=1}^{m}(-\overline{v_{\mathrm{i}}}\overline{q_i})\cdot\Delta l_s+\sum_{j=1}^{n}(\overline{u_{\mathrm{i}}}\overline{q_i})\cdot\Delta l_e\\&+\sum_{i=1}^{m}(\overline{v_{\mathrm{i}}}\overline{q_i})\cdot\Delta l_n+\sum_{j=1}^{n}(-\overline{u_{\mathrm{i}}}\overline{q_i})\cdot\Delta l_w\end{aligned} \qquad (3\text{-}8)$$

式中，$v_{\mathrm{n}}q$ 是垂直于边界的法向分量，m、n 分别是计算区域内沿 x 和 y 方向的格点数，带“—”的量为每一空间步长内的平均值，Δl_s、Δl_e、Δl_n、Δl_w 是各边界上的格距。

两槽一脊型，南边界是主要水汽输入边界，边界整层水汽通量为 26.08×10^7 kg/s，西边界次之，平均为 8.33×10^7 kg/s，东边界和北边界是主要的水汽输出边界，边界整层水汽通量分别为 20.62×10^7 kg/s 和 5.44×10^7 kg/s，整层水汽净收支为 9.07×10^7 kg/s。两槽两脊型，西边界和南边界为主要的水汽输入边界，边界整层水汽通量分别为 5.81×10^7 kg/s 和 18.39×10^7 kg/s，东边界和北边界为水汽输出边界，边界整层水汽通量分别为 5.81×10^7 kg/s 和 18.39×10^7 kg/s，水汽净收支为 7.13×10^7 kg/s。两脊一槽型的贝乌和鄂乌型，同样以西边界和南边界为水汽输入边界，东边界和北边界为水汽输出边界，两类型各边界水汽输入输出量相当，净收支分别为 9.12×10^7 kg/s 和 9.7×10^7 kg/s。纬向波动型虽然同样以西、南边界为水汽输入边界，东、北边界为输出边界，但由于西、南边界的输入通量明显小于其他类型，其水汽净收支在所有类型中最小，为 6.04×10^7 kg/s。多涡旋型以南边界水汽输入为主，边界整层水汽通量为 23.72×10^7 kg/s。西边界有少量水汽汇入，为 1.57×10^7 kg/s。东边界为主要的水汽输出边界，北边界次之。台风低压型水汽收支不同于其他类型，其水汽主要来自于北边界，边界整层水汽通量为 10.17×10^7 kg/s，此外，东、南边界也是水汽输入边界，量级小于北边界，西边界是唯一的水汽输出边界，虽然各边界整层水汽通量小于其他类型，但是水汽净收支为 9.07×10^7 kg/s，仍然能为区域持续性暴雨提供充沛的水汽（图 3-13）。

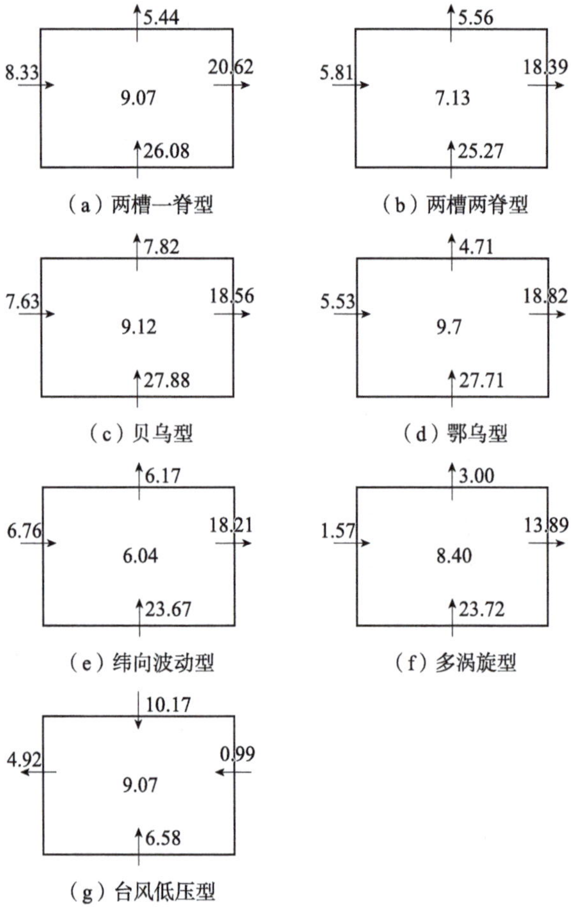

图 3-13　区域持续性暴雨垂直积分的各边界平均水汽通量（单位：10^7kg/s）

3.5.2 基于拉格朗日方法的水汽轨迹模拟

采用基于拉格朗日方法开发的轨迹追踪模式HYSPLIT的模拟方法（Draxler et al.，1997a，1997b），通过对大气中气块的移动轨迹的时间和空间上的位置矢量进行积分，由初始位置（P）和第一猜测位置（P_1）的平均速率计算得到气块的最终位置，即：

$$P_1(t+\delta t)=P(t)+V(P, t)\delta t \tag{3-9}$$

$$P(t+\delta t)=P(t)+0.5\times[V(P, t)+V(P_1, t+\delta t)]\delta t \tag{3-10}$$

式中，δt 为时间步长，此处 δt 选取 6 h。

模式中水平坐标采用输入数据的格式，垂直方向则采用地形追随坐标：

$$\sigma=\frac{(z_{\text{top}}-z_{\text{mst}})}{(z_{\text{top}}-z_{\text{gt}})} \tag{3-11}$$

式中，z_{top} 为轨迹模式坐标系统的顶部，z_{gt} 为地形高度，z_{mst} 为坐标下边界高度。

通道水汽输送贡献率计算方法为：

$$Q_s=\frac{\sum_1^m q_{\text{last}}}{\sum_1^n q_{\text{last}}}\times 100\% \tag{3-12}$$

式中，Q 为通道水汽贡献率，q_{last} 为通道上最终位置的比湿，m 为通道所包含轨迹条数，n 为轨迹总数。

轨迹模拟方案：根据每个区域持续性降水类型进行个例分类，选取每次个例降水最大站点作为轨迹模拟起始点，起始时间为该次降水的时间。垂直方向上均选取 500 m、1500 m、3000 m 作为模拟的初始高度，每个模拟个例均每隔 1 h 输出 1 次轨迹点位置，并插值得到相应位置的气块的物理属性（相对湿度、比湿、温度、高度）。根据模拟轨迹最终的落点位置，确定轨迹源区并进行分类统计。

后向轨迹分析结果表明，湖南汛期区域持续性暴雨过程的水汽输送通道主要有 3 条：第一条水汽主要来源印度洋越赤道急流经由孟加拉湾和中南半岛进入中国南部输送至湖南（即图 3-14 中的通道 A）；第二条是索马里越赤道急流从阿拉伯海穿过印度半岛，再经由孟加拉湾和中南半岛向东北输送至中国南部，最终为湖南区域持续性暴雨提供充沛的水汽（即图 3-14 中的通道 B）；第三条是从经由南海汇入中国的水汽通道（即图 3-14 中的通道 C），此条水汽通道的水汽来源一部分源于南半球的越赤道急流，另一部分源于西太平洋沿副热带高压边缘输送至南海。

从两槽一脊型轨迹的分布看，图 3-14 中的通道 A、B、C 均为该类型初始高度 500 m 的主要水汽输送通道，其中通道 C 的水汽贡献率最高，超过 70%。初始高度 1500 m 的水汽通道较 500 m 增加了一条来自地中海—欧洲平原的西北路径（图 3-14a 中的通道 D），但其水汽贡献率明显低于其他路径，只有 0.58%，此高度上另外 3 条通道（A、B、C）的水汽贡献率在 30% 左右。初始高度 3000 m 的水汽通道与 1500 m 相似，但以通道 B 的水汽贡献率最高，为 55.79%，通道 A 次之，为 33.64%。

从两脊一槽型的贝乌型的轨迹分布来看，不同初始高度主要水汽输送通道相同，均为图 3-14 中的通道 A、B、C，其中通道 C 以源于南半球的越赤道急流为主。初始高度 500 m 通道 C 的水汽贡献率最大，为 68.77%，通道 A 次之，为 25.41%。初始高度 1500 m 三条通道的水汽贡献率相当，为 30% 左右。初始高度 3000 m 通道 B 水汽贡献率最大，为 56.19%，通道 A 次之，为 29.50%。

两脊一槽型的鄂乌型的主要水汽路径与贝乌型一致，初始高度 500 m 以通道 A、B、C 为主，通道 C 水汽贡献率最大，为 58.74%，通道 A 次之，为 32.75%。初始高度 1500 m 三条通道的水汽贡献率相当，为 30% 左右。初始高度 3000 m 通道 B 水汽贡献率最大，为 66.09%，通道 A 次之，为 23.49%。

两槽两脊型初始高度 500 m 的主要水汽输送通道为 A、B、C，其中通道 C 水汽贡献率最大，为 52.17%，通道 A 次之，为 46.84%。初始高度 1500 m 和 3000 m 以通道 A、B 为主，通道 B 水汽贡献率最大，分别为 47.3% 和 67.27%。

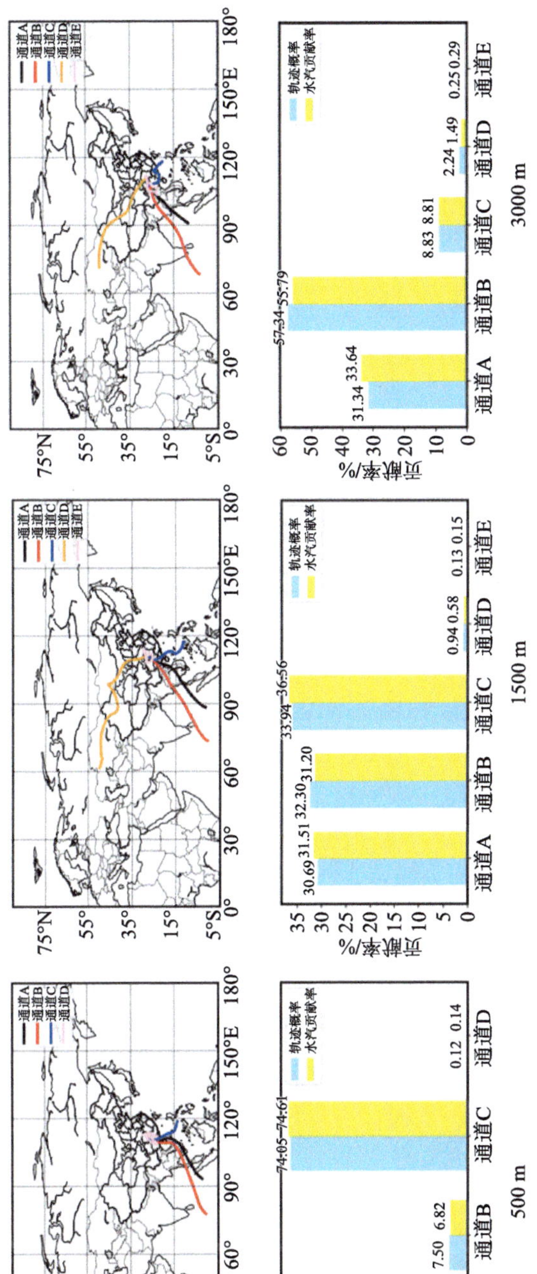

通道A
通道B
通道C
通道D
通道E
75°N
55°
35°
15°
5°S
0°
30°
60°
90°
120°
150°E
180°
轨迹概率
水汽贡献率
贡献率/%
18.33
18.43
7.50
6.82
74.05
74.61
0.12
0.14
500 m
30.69
31.51
32.30
31.20
33.94
36.56
0.94
0.58
0.13
0.15
1500 m
31.34
33.64
57.34
55.79
8.83
8.81
2.24
1.49
0.25
0.29
3000 m

(a) 两槽一脊型

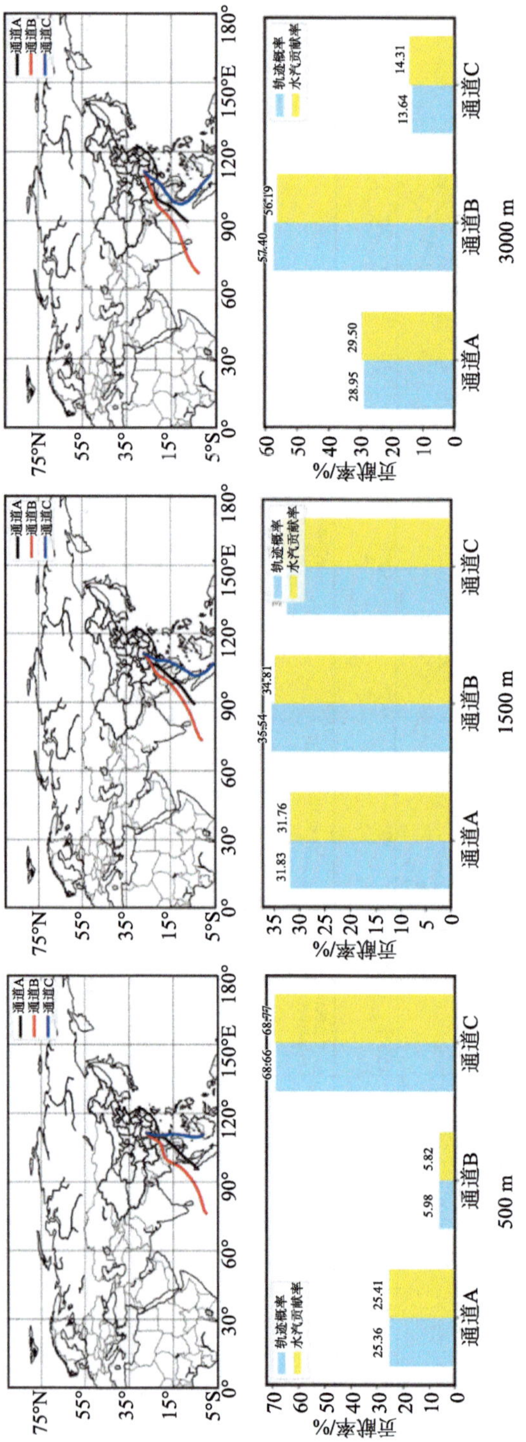

通道A
通道B
通道C
轨迹概率
水汽贡献率
百分率/%
500 m
25.36
25.41
5.98
5.82
68.66
68.77
1500 m
31.83
31.76
35.54
34.81
3000 m
28.95
29.50
57.40
56.19
13.64
14.31

（b）两脊一槽型的贝乌型

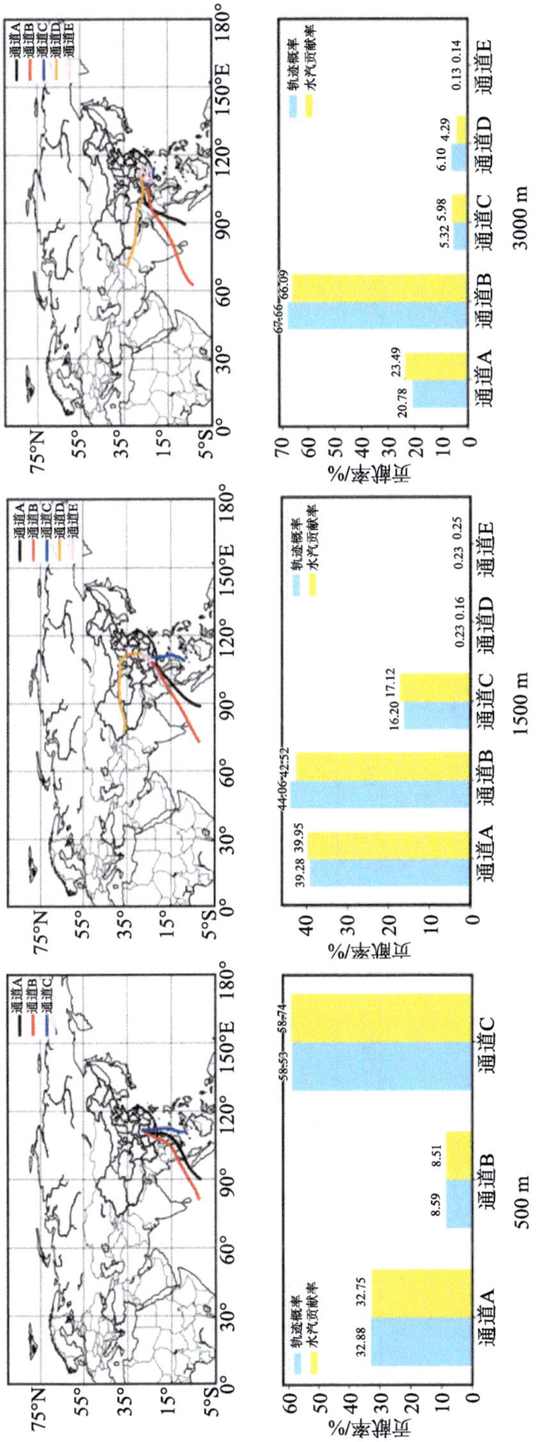
500 m
1500 m
3000 m
轨迹概率
水汽贡献率
贡献率/%
通道A
通道B
通道C
通道D
通道E
32.88
32.75
8.59
8.51
58.53
58.74
39.28
39.95
44.06
42.52
16.20
17.12
0.23
0.16
0.23
0.25
20.78
23.49
67.66
66.09
5.32
5.98
6.10
4.29
0.13
0.14

（c）两脊一槽型的鄂乌型

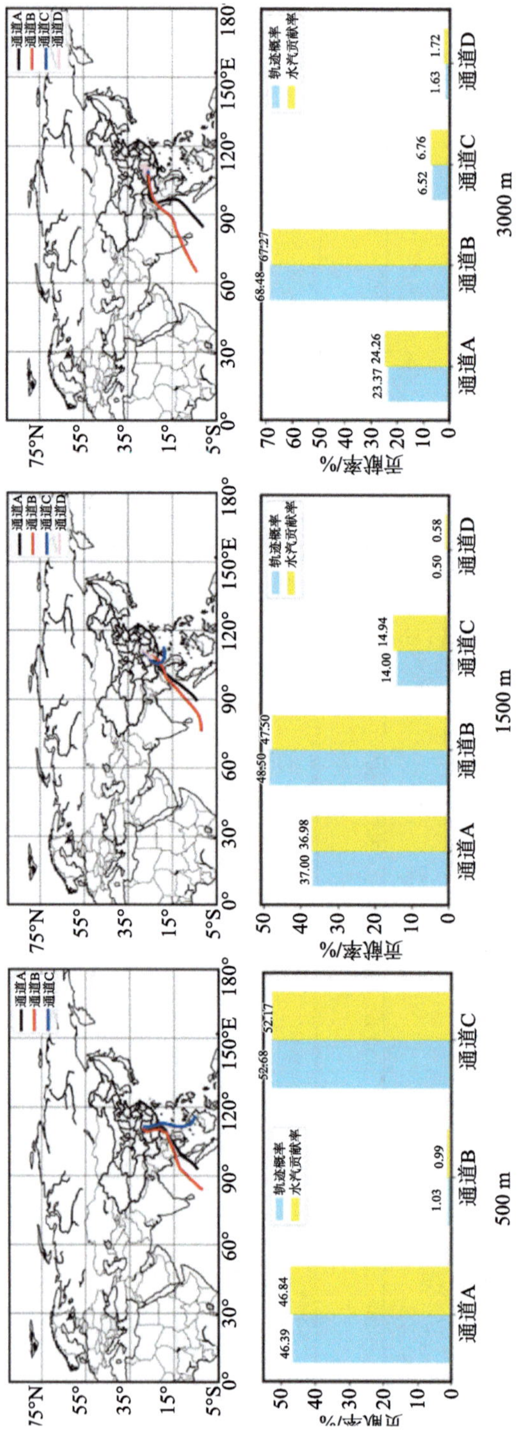
75°N
55°
35°
15°
5°S
0°
30°
60°
90°
120°
150°E
180°
通道A
通道B
通道C
通道D
轨迹概率
水汽贡献率
贡献率/%
500 m
46.39
46.84
1.03
0.99
52.68
52.17
1500 m
37.00
36.98
48.50
47.50
14.00
14.94
0.50
0.58
3000 m
23.37
24.26
68.48
67.27
6.52
6.76
1.63
1.72

（d）两槽两脊型

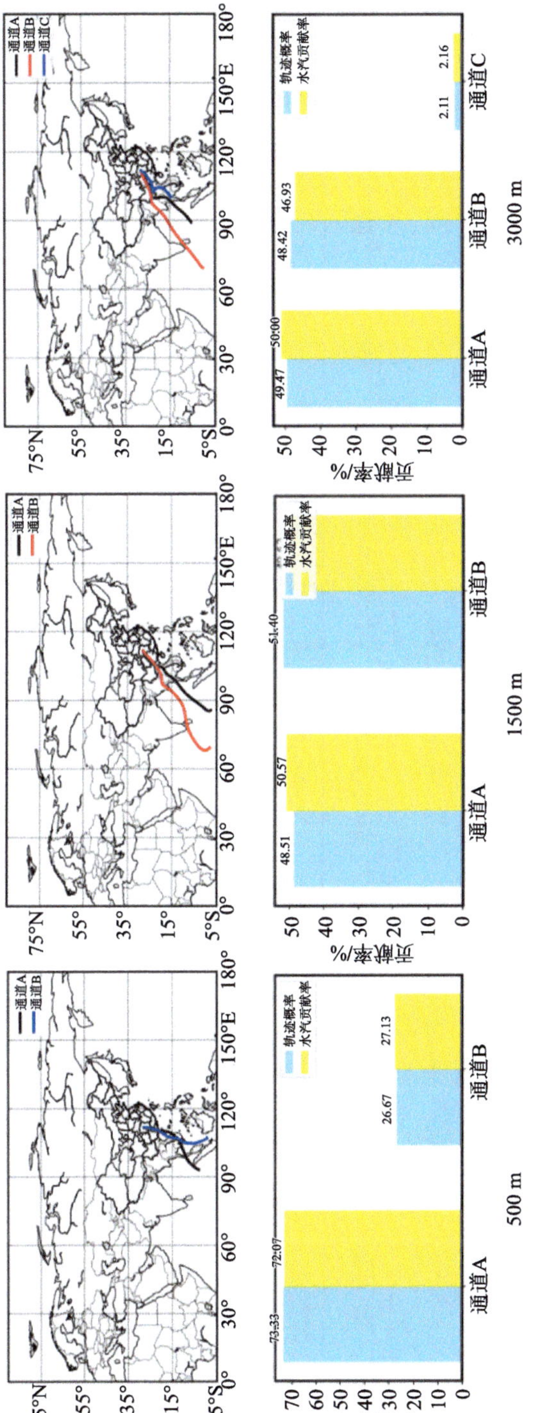

500 m
1500 m
3000 m
通道A
通道B
通道C
轨迹概率
水汽贡献率
贡献率/%
73.33
72.07
26.67
27.13
48.51
50.57
51.40
49.47
50.00
48.42
46.93
2.11
2.16
75°N
55°
35°
15°
5°S
0°
30°
60°
90°
120°
150°E
180°

（e）纬向平均型

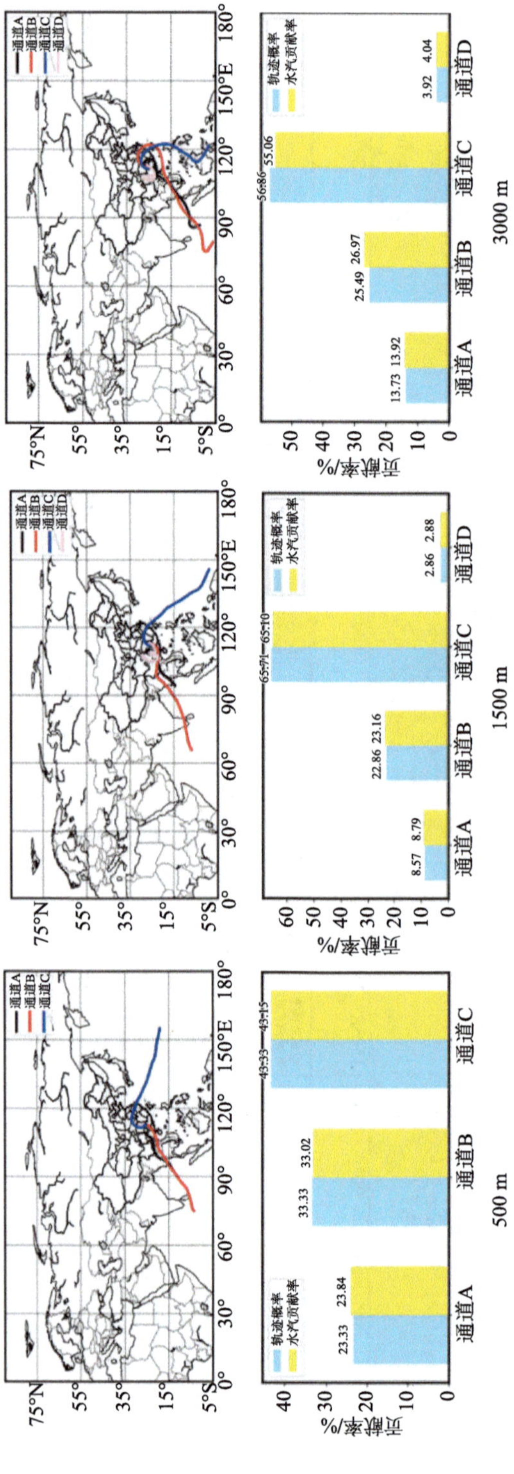

（f）台风低压型

图3-14 区域持续性暴雨不同环流型水汽输送轨迹和水汽贡献率

纬向平均型初始高度 500 m 的主要水汽通道为 A 和 B，水汽贡献率分别为 72.07% 和 27.13%。初始高度 1500 m 和 3000 m 以通道 A、B 为主，前者通道 B 水汽贡献率最大，为 49.63%，后者通道 A 水汽贡献率最大，为 50.00%。

台风低压型轨迹分布表明，主要的水汽通道为 A、B、C，且各高度均以通道 C 水汽贡献率最大，分别为 43.15%（500 m 高度）、65.10%（1500 m 高度）、55.06%（3000 m 高度），其中底层以纬向输送为主，源于赤道西太平洋，高层以经向输入为主，源于菲律宾群岛附近。

参考文献

丁一汇, 胡国权, 2003.1998 年中国大洪水时期的水汽收支研究[J].气象学报, 61 (2): 129-145.

黄荣辉, 张振洲, 黄刚, 等, 1998. 夏季东亚季风区水汽输送特征及其与南亚季风区水汽输送的差别[J].大气科学, 22(4): 460-469.

雷雨顺, 1981. 经向型持续性特大暴雨的合成分析[J].气象学报, 39 (2): 168- 181.

陆尔, 丁一汇, 陈仲良, 1999.GAME/HUBEX试验期的东亚夏季风//见: 赵柏林, 丁一汇.淮河流域能量与水分循环研究 (一) [M].北京: 气象出版社.

CHEN T C, 1985. Global water vapor flux and maintenance during FGGE[J]. Monthly Weather Review(113): 1801-1819.

DRAXLER R R, HESS G D, 1997a. An overview of HYSPLIT 4 modeling system for trajectories dispersion and deposition[J]. Australian Meteorological Magazine(47): 295-308.

DRAXLER R R, HESS G D, 1997b. Description of the HYSPLIT 4 modeling system [J]. Noaa Techincal Memorandum ERI. ARL 224.

第4章 湖南区域持续性暴雨形成的动力学分析

4.1 湖南区域持续性暴雨过程传统物理量诊断分析

戴泽军等（2019）的研究指出，湖南区域持续性暴雨过程主要集中在6月，因此，以6月为研究时段，收集了1979年以来，湖南88个国家气象站20—20时及08—08时降水资料。利用ECMWF ERA-Interim（分辨率为0.75°×0.75°）再分析资料，从相关性、敏感性、代表性3个方面考察筛选出与暴雨关联密切的18个物理因子：表征水汽条件的比湿（500 hPa、700 hPa、850 hPa）、水汽通量散度（850 hPa、925 hPa）和大气可降水量，表征动力抬升条件的涡度（850 hPa、925 hPa）、散度（200 hPa、850 hPa、925 hPa）与垂直速度（850 hPa、925 hPa），表征热力及不稳定条件的假相当位温（850 hPa）、温度平流（700 hPa、850 hPa、925 hPa）及K指数等进行分析。考虑各个站点出现暴雨的时间及持续时间并不统一，若将各参数进行日平均处理，会使一些极值被平滑掉，从而造成空报，若取一天中最大或最小的参数值（根据天气学原理确定性质，低层散度、水汽通量散度、垂直速度取最小，其他物理量取最大），则可能会造成漏报。为了减少空报和漏报，取20—20时间隔6 h对应的5个时次的参数中最大或最小的2个时次的平均值作为该物理参数的日要素值，分析湖南区域持续性暴雨过程的物理量分布特征，探讨区域持续性暴雨过程中不同量级降水站的物理量特征及其与非区域持续性暴雨过程中的暴雨站（简称一般暴雨站）的物理量特征差异。

4.1.1 传统物理量统计特征分析

基于1979—2016年湖南6月33个区域持续性暴雨过程，从暴雨发生、发展的3个条件（水汽、抬升和不稳定）入手，对区域持续性暴雨预报的基本物理量进行分析诊断，探讨有利于区域持续性暴雨发生、发展的特征因子。

1. 水汽条件

充足的水汽是暴雨产生的必要条件，因此，区域持续性暴雨发生的各种配料中，表征水汽含量的比湿、大气可降水量和表征水汽辐合辐散的水汽通量散度成为必选配料。对区域持续性暴雨的各层比湿（图4-1）进行分析发现，各层比湿的中位值接近平均值，分布比较对称，且越往高层，比湿主体分布更为集中、比湿值迅速减小，低层850 hPa比湿不低于11.75 g/kg，其主体分布在14.88～16.33 g/kg，平均值达15.63 g/kg，与曹晓岗等（1996）统计的区域强暴雨过程850 hPa比湿大小相当，可见区域持续性暴雨的发生与其他暴雨一样都需要极高的低层含水量。区域持续性暴雨的大气可降水量（图4-1）主体分布较集中，在61.96～68.89 kg/m^2，平均值达65.25 kg/m^2，当大气可降水量低于49.39 kg/m^2时出现区域持续性暴雨的概率极小。

对低层850 hPa和925 hPa水汽通量散度（图4-1）进行对比分析，发现两者分布都比较对称，其中850 hPa水汽通量散度为一致负值，即区域持续性暴雨点的850 hPa为一致水汽辐合区，主体分布较925 hPa更集中，位于$-5.95 \sim -2.52 \times 10^{-7}$ g/(s·cm^2·hPa)，平均值-4.48×10^{-7} g/(s·cm^2·hPa)，比周慧等（2013）统计的湖南大暴雨区水汽通量散度值-2.2×10^{-7} g/(s·cm^2·hPa)更低，说明区域持续性暴雨需要更加持续充沛的水汽供应，部分暴雨站的925 hPa水汽通量散度表现为正值，比较而言，850 hPa水汽通量散度对区域持续性暴雨的指示意义更明显。

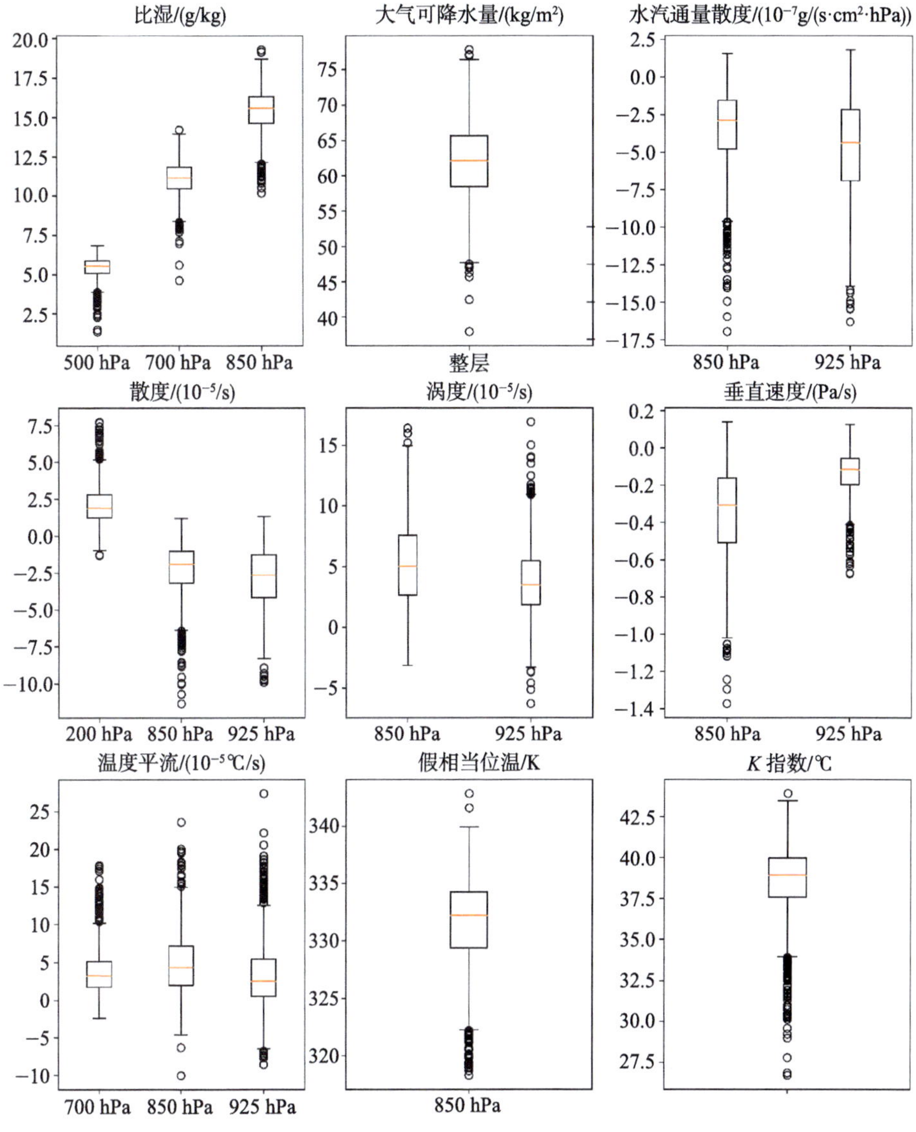

图4-1 1979—2016年湖南6月区域持续性暴雨的比湿、大气可降水量、水汽通量散度、散度、涡度、垂直速度、温度平流、假相当位温、K指数的箱线图

箱线图中虚线的上下端表示统计的最大和最小值，箱体内的三条横线自下而上依次为第25%、50%、75%分位数，“×”为平均值

2. 动力条件

综合散度、涡度等表征动力的配料来看，区域持续性暴雨表现为“低层辐合正涡度而高层辐散”的有利配置，且垂直上升运动明显。其中对比各层散度分布（图 4-1）来看，越往高层，散度主体分布更为集中，高层 200 hPa 散度主体位于（1.47～3.36）$\times 10^{-5}$/s，以辐散为主，低层 850 hPa 散度的主体位于（-3.69～-1.61）$\times 10^{-5}$/s，以辐合为主，平均值为-2.81$\times 10^{-5}$/s，925 hPa 散度的平均值较 850 hPa 更低，这种“高层强辐散、低层强辐合”的结构，利于抽吸作用，使上升运动更加剧烈，同时有利于强降水的持续。王晓芳等（2011）指出，高原上东传的低值系统是造成南方区域持续性暴雨过程的重要系统，对比区域持续性暴雨的低层涡度分布（图 4-1）来看，925 hPa 涡度的主体分布较 850 hPa 更集中些，其主体位于（2.75～7.13）$\times 10^{-5}$/s，这说明大部分区域持续性暴雨的低层 925 hPa 存在较明显的气旋性涡旋，加之降水与低涡的发展之间的正反馈作用，有利于降水的长时间维持。可见，低层 925 hPa 涡度和高层 200 hPa 散度等反映大尺度强迫的配料有利于上升运动的维持及强降水的持续，对区域持续性暴雨的发生发展有较好的指示性；从低层垂直速度的分布（图 4-1）来看，虽然 850 hPa 垂直速度的平均值较 925 hPa 要明显偏强，但 925 hPa 垂直速度的主体分布更集中，能更好地反映区域持续性暴雨。

3. 热力及不稳定条件

以温度平流、假相当位温和 K 指数等作为表征区域持续性暴雨热力及不稳定的配料。从中低层 700～925 hPa 温度平流（图 4-1）分布来看，区域持续性暴雨的中低层以暖平流为主，各层温度平流分布较对称，且越往高层主体分布越集中，700 hPa 温度平流主体分布在（2.58～5.93）$\times 10^{-5}$ ℃/s；从区域持续性暴雨的 850 hPa 假相当位温分布来看，其平均值为 331.96 K，与杨晓霞等（2018）统计的区域性强降水的 850 hPa 假相当位温大小相当，可见，区域持续性暴雨的发生与其他强降水一样需要较好的热力条件；区域持续性暴雨的 K 指数都在 31.09 ℃ 以上，其主体分布在 38.15 ～ 40.35 ℃，平均值可达 39.23 ℃，比周慧等（2013）统计的 6—8 月湖南大暴雨 K 指数更高，可见区域持续性暴雨的发生需要更高的不稳定性。

4.1.2 不同类型降水物理量特征差异分析

在基本物理量特征分析基础上，分别对一般暴雨过程和区域持续性暴雨过程的暴雨站各物理量特征进行分析，探讨区域持续性暴雨与一般暴雨的区别。同时对比区域持续性暴雨过程中暴雨站与非暴雨站各物理量变化差异，识别有利于区域持续性暴雨发生的物理因子，发展基于物理量诊断的暴雨预报技术。

与一般暴雨过程的暴雨站点相比，区域持续性过程的暴雨站，其 18 个基本物理参数平均值的绝对值更大，其中区域持续性暴雨的整层可降水量较一般暴雨明显偏大，850 hPa 水汽通量散度较一般暴雨明显偏小，850 hPa 涡度达 7.36×10^{-5}/s，较一般暴雨偏高 2.04×10^{-5}/s，925 hPa 温度平流较一般暴雨偏高 0.7×10^{-5} ℃ /s 以上，说明区域持续性暴雨较一般暴雨体现出更充沛的水汽供应、更持续强烈的动力抬升条件、更暖湿的低层环境条件。此外，区域持续性暴雨的比湿、可降水量、850 hPa 水汽通量散度、低层散度、温度平流、假相当位温及 K 指数等 12 个物理参数的标准差较一般暴雨更小，说明这些物理参数取值范围更集中，有利于区域持续性暴雨过程的识别。

区域持续性暴雨过程中的暴雨站与其他量级降水站相比，基本物理量的平均值绝对值随着降水量级的增大而变大（表 4-1），说明 18 个基本物理量在区域持续性暴雨发生、发展期间具有明显变化特征，对于不同量级降水具有较好敏感性，对这些物理参数的分析可更客观地诊断区域持续性暴雨过程中的降水量级。

表4-1 区域持续性暴雨过程中不同量级降水站点及一般暴雨站点物理量的平均值（Ave）和标准差（σ）

物理量	层次/hPa	无雨		小雨与中雨		大雨		区域持续性暴雨		一般暴雨	
		Ave	σ	Ave	σ	Ave	σ	Ave	σ	Ave	σ
比湿/（g/kg）	500	4.67	0.98	5.54	0.71	5.8	0.59	5.86	0.59	5.42	0.65
	700	9.53	1.56	10.77	1.18	11.41	0.91	11.54	0.90	11.12	1.00
	850	14.48	1.93	14.85	1.72	15.47	1.28	15.63	1.14	15.41	1.34
可降水量/（kg/m^2）	—	55.69	6.77	61.42	6.19	64.4	5.27	65.25	5.17	62.12	5.51
水汽通量散度/（10^{-7}g/（s·cm^2·hPa））	850	-1.39	1.40	-2.37	1.90	-3.67	2.24	-4.48	2.51	-3.46	2.62
	925	-1.89	2.27	-2.83	2.83	-4.53	3.24	-5.33	3.43	-4.78	3.32
散度/（10^{-5}/s）	200	1.47	1.11	1.93	1.27	2.29	1.41	2.52	1.49	2.14	1.34
	850	-0.89	0.80	-1.51	1.17	-2.29	1.38	-2.81	1.57	-2.29	1.73
	925	-1.08	1.34	-1.66	1.67	-2.66	1.87	-3.14	1.96	-2.87	2.00
涡度/（10^{-5}/s）	850	0.66	2.79	3.65	3.64	6.08	3.97	7.36	4.11	5.32	3.44
	925	0.75	2.23	2.55	2.90	4.32	3.21	5.08	3.18	3.81	2.85
垂直速度/（Pa/s）	850	-0.08	0.16	-0.18	0.20	-0.32	0.23	-0.41	0.26	-0.35	0.24
	925	-0.03	0.10	-0.07	0.11	-0.12	0.12	-0.15	0.14	-0.14	0.12
温度平流/（10^{-5}℃/s）	700	3.46	2.93	3.54	2.63	4.18	2.52	4.47	2.54	3.86	2.97
	850	2.34	4.06	3.81	3.58	5.25	3.70	5.73	3.62	5.0	4.10
	925	2.42	5.15	3.56	4.46	4.05	4.29	4.09	4.40	3.35	4.45
假相当位温/K	850	331.1	4.35	330.6	4.11	331.6	3.32	332.0	3.00	331.7	3.66
*K*指数/℃	—	35.52	4.66	37.45	3.38	38.85	2.05	39.23	1.83	38.58	2.29

为了进一步识别区域持续性暴雨过程中暴雨站的物理量特征，在表4-1不同降水站物理参数特征分析基础上，进一步对本研究中降水样本的物理量分布特征进行分析（图4-2）。可以看到，随着降水的出现及降水量级的增加，所有物理参数的平均值都呈递增（或递减）的线性变化趋势。暴雨区比湿和大气可降水量明显高于非暴雨区域，其中大气可降水量比无雨区多了约10 kg/m^2，说明暴雨往往出现在水汽含量更高的区域，且散点分布更集中，有利于物理

量诊断识别；850 hPa 和 925 hPa 水汽通量散度明显小于非暴雨区域，其中 850 hPa 水汽通量散度比无雨区偏低 3×10^{-7} g/（s·cm^2·hPa）以上，可见暴雨区低层水汽辐合同样强于非暴雨区域，是区域持续性暴雨过程中表征水汽的重要配料；850 hPa 散度同样小于其他量级降水区域，其取值范围均小于 0，低层强烈的辐合上升运动是区域持续性暴雨的典型特征；850 hPa 涡度比无雨区大了约 7×10^{-5}/s，说明暴雨更容易出现在低层正涡度较大的区域，有利于识别不同量级降水；*K* 指数达 39 ℃ 左右，较无雨区偏高约 4 ℃，表明对流层中低层高温高湿的不稳定层结使区域持续性暴雨得以发生和维持，且其散点

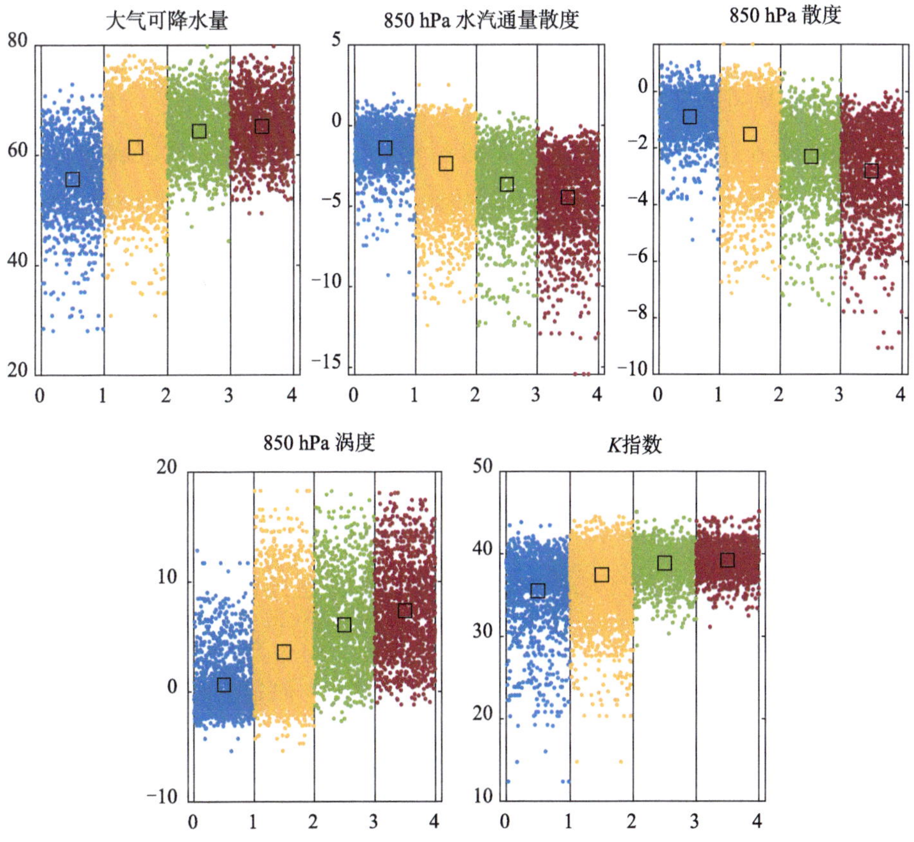

图4-2　无雨（蓝色）、小雨与中雨（黄色）、大雨（绿色）、区域持续性暴雨（红色）的850 hPa 水汽通量散度（单位：10^{-7}g/（s·cm^2·hPa））、850 hPa 散度（单位：10^{-5}/s）和925 hPa 温度平流（单位：10^{-5}℃/s）的散点图

黑色“口”代表相应物理量的均值

分布较其他量级降水更集中，是区域持续性暴雨过程中表征不稳定条件的重要因子。

4.1.3 典型个例物理量特征解析

从前面的分析来看，大部分物理量在区域持续性暴雨站点有着区别于其他降水站的特征，但暴雨本身是非常复杂的过程，尤其是区域持续性暴雨过程，一定是大尺度环流形势与中小尺度天气过程共同作用所造成的，不同环流形势下的区域持续性暴雨过程，其天气系统的配置和物理量特征也存在差异。两槽一脊和两脊一槽（鄂乌型）为湖南出现区域持续性暴雨过程的主要环流型，现选取这两种不同类型的湖南区域持续性暴雨个例，简单讨论不同类型下的区域持续性暴雨与其物理量的配置关系。

2019 年 6 月 21 日 08 时至 23 日 08 时发生在湖南境内的一次区域持续性暴雨过程，根据对区域持续性暴雨过程的环流分型，此次过程属于两槽一脊型，过程累计降水主要集中在湘中及以北区域，最大累计降水量出现在怀化市溆浦站，达 201.9 mm。对这次过程的主要影响系统进行分析，发现湘中一带处于副热带高压边缘，同时贵州一带地面低压发展旺盛，低压倒槽延伸到湘中地区，从而触发降水，热力作用强于天气尺度抬升。这次过程物理量特征如图 4-3 所示，可以看出暴雨区与 850 hPa 水汽通量散度和散度的辐合区有一定的对应关系，湖南区域的 850 hPa 水汽通量散度中心值达 -16×10^{-7} g /（s · cm^2 · hPa）以下，较前面所统计的区域持续性暴雨相应物理量阈值 -4.48×10^{-7} g /（s · cm^2 · hPa）偏低 11.52×10^{-7} g /（s · cm^2 · hPa）以上，850 hPa 散度中心值达 -10×10^{-5}/s 以下，较其阈值偏低 7.19×10^{-5}/s 以上，但暴雨区与 850 hPa 水汽通量散度和散度的辐合中心存在一定的偏差，仍有部分暴雨站的相应物理量值并未达到前面所统计的该物理量阈值。而从 850 hPa 假相当位温和 925 hPa 温度平流的分布来看，暴雨站点与两物理量的大值中心吻合较好，且大部分暴雨站点的 850 hPa 假相当位温值在 358 K 以上，此次过程中降水量最大的溆浦站正处于 850 hPa 假相当位温大值中心附近，其值达 362 K，较所统计的相应阈值偏高达 30 K；925 hPa 暖平流中心值达 20×10^{-5} ℃ /s 以上，溆浦站同样处于该中心附近。周慧等（2013）同样指出，对于副热带高压边缘型降水，大暴雨与水汽通量散度关系不是很密切，而假相当位温能一定程度表征大暴雨落区。可见，对于此种类型的区域持续性暴雨，850 hPa 假相当位温和 925 hPa 温度平流对暴雨落区的指示性较其他物理量更明显。

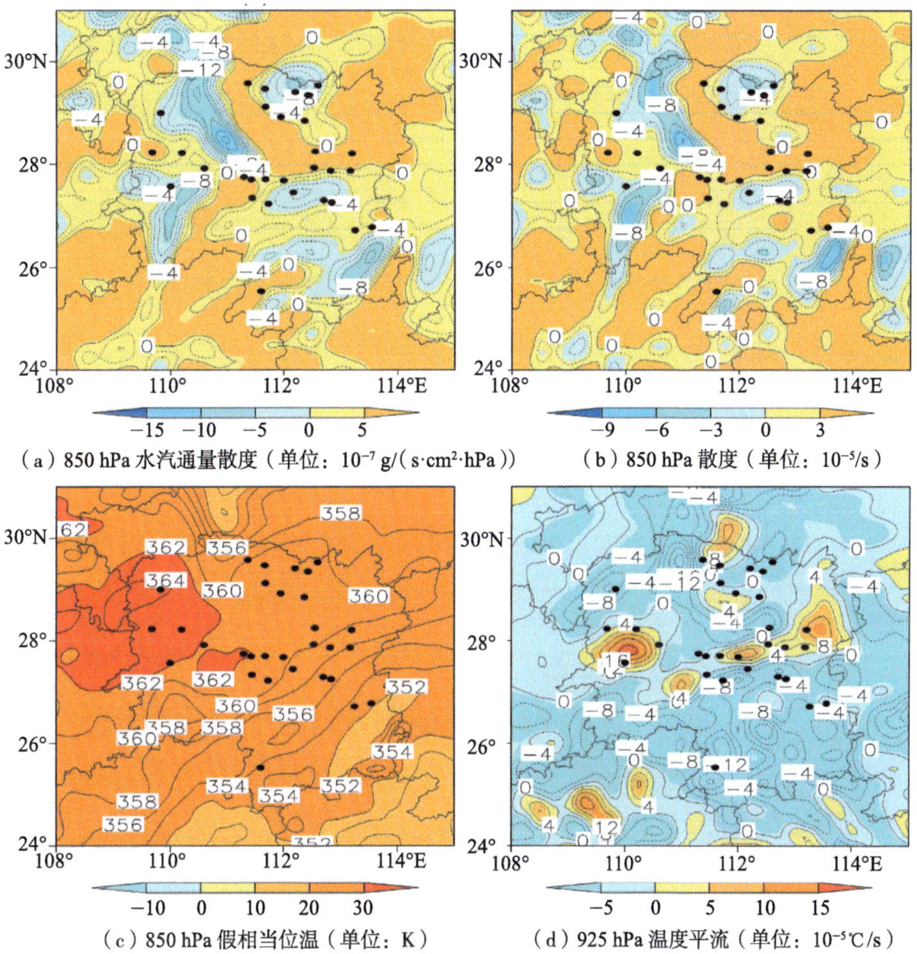

（a）850 hPa 水汽通量散度（单位：10^{-7} g/(s·cm²·hPa)）　（b）850 hPa 散度（单位：10^{-5}/s）

（c）850 hPa 假相当位温（单位：K）　（d）925 hPa 温度平流（单位：10^{-5}℃/s）

图4-3　2019年6月21日08时物理量（等值线）及其与区域持续性暴雨该物理量阈值的差值（阴影）（黑点为暴雨站点）

2020 年 7 月 9 日 08 时至 11 日 08 时发生的区域持续性暴雨过程属于两脊一槽型的鄂乌型，过程降水主要集中在湘中一带，过程最大累计降水量达

203.5 mm，出现在邵阳市隆回站。降水自南向北发展，9 日 08 时至 10 日 08 时，影响湖南的 500 hPa 高空槽经向度大，动力作用超过热力作用影响。10 日 08 时至 11 日 08 时，中低层急流发展加强，急流轴北抬至湘中及以北地区，急流的脉动造成暴雨的出现。这次过程物理量特征如图 4-4 所示，可以看出，此次过程中降水量最大的隆回站正处于 850 hPa 水汽通量散度和散度的最低值中心附近，且过程中出现暴雨的站点基本都分布在 850 hPa 水汽通量散度和散度的辐合中心带上；湖南 850 hPa 假相当位温虽然都超过了其阈值，但暴雨

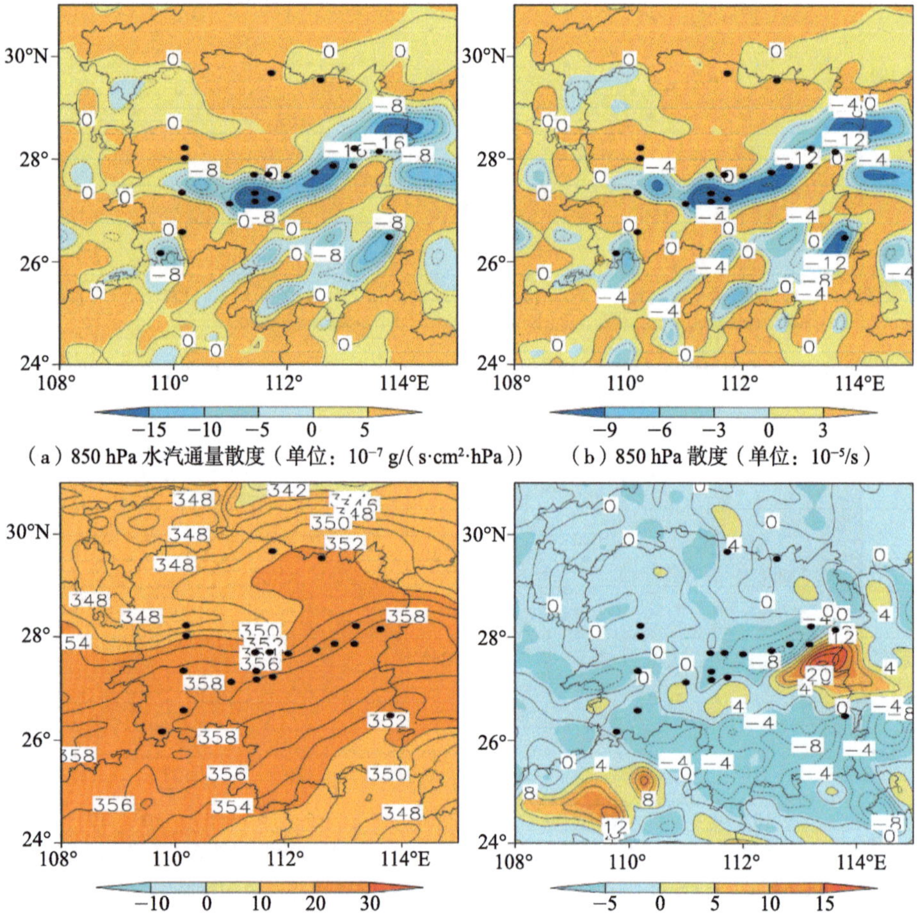

（a）850 hPa 水汽通量散度（单位：10^{-7} g/（s·cm²·hPa））（b）850 hPa 散度（单位：10^{-5}/s）

（c）850 hPa 假相当位温（单位：K）（d）925 hPa 温度平流（单位：10^{-5} °C/s）

图4-4 2020年7月9日08时物理量（等值线）及其与区域持续性暴雨该物理量阈值的差值（阴影）（黑点为暴雨站点）

站点主要分布在 850 hPa 假相当位温分布较密集的锋区附近；从 925 hPa 温度平流的分布来看，虽然在湘东地区存在一个 20×10^{-5} ℃ /s 以上的暖平流中心，但大部分暴雨站点附近暖平流不是很明显，其值较相应阈值以偏低为主。对于此种类型的区域持续性暴雨，850 hPa 水汽通量散度和散度对暴雨落区的指示性更明显。

可见，不同类型的区域持续性暴雨过程，其主要影响物理量因子存在差异，在暴雨过程预报和诊断分析时，需要综合考虑。

4.2 湖南区域持续性暴雨过程物理量异常度分析

根据天气学原理和预报经验，暴雨系统发生、发展的 3 个主要条件是水汽、动力抬升和不稳定性。结合预报经验，选取能反映 3 个主要条件的动力、热力指标，如散度、涡度、比湿、水汽通量散度、假相当位温、垂直运动、大气可降水量等 24 个物理量，作为湖南发生区域持续性暴雨的影响因子。气象上通常以偏离某气象要素标准差的程度来衡量该要素的异常程度，为了确定区域持续性暴雨事件中影响因子的异常程度和特征，采用异常度的方法对各因子进行异常度分析，具体计算方法如下。

标准化的异常度（Standardized Anomaly，SA），即将某气象要素的观测值与气候平均值的差值用气候标准差标准化：

$$\mathrm{SA}(x,t)=\frac{\mathrm{OBS}(x,t)-\mathrm{MEAN\_clim}(x,t)}{\mathrm{SD\_clim}(x,t)} \tag{4-1}$$

式中，标准化的异常度是空间点 x 和时间 t 的函数。标准化异常度 SA（x，t）就用该要素的观测值 OBS（x，t）和实际大气的气候平均 MEAN_clim（x，t）和气候标准差 SD_clim（x，t）即用式（4-1）计算。SA 的绝对值越大，表明该要素与历史同期平均值的偏离程度越高。以 6 月湖南区域持续性暴雨过程为例，对湖南区域持续性暴雨过程物理量异常度进行分析。

4.2.1 湖南区域持续性暴雨过程物理量异常度特征

表4-2中给出1979—2016年湖南6月33个区域持续性暴雨过程中（共77个暴雨日）24个物理量异常度的统计量。从表4-2中可知，925 hPa、850 hPa、200 hPa 散度，700 hPa、850 hPa 垂直速度，850 hPa 涡度，850 hPa、925 hPa 水汽通量散度异常度平均值的绝对值均超过2.0，异常明显；925 hPa、700 hPa 涡度，700 hPa 散度，700 hPa 水汽通量散度异常度平均值的绝对值均超过1.5，异常程度较大；850 hPa 比湿，850 hPa、925 hP 假相当位温，925 hPa 比湿异常度平均值的绝对值均不足1.0，无明显异常；其他因子异常度平均值的绝对值在1.0 ~ 1.5。异常度平均值的绝对值在1.5和2.0以上的物理量以散度、涡度、垂直速度、水汽通量散度为主，温度平流和假相当位温的异常度平均值的绝对值多在1.0 ~ 1.5，这说明区域持续性暴雨的发生与其低层水汽辐合、低层垂直速度、低层风场辐合及气旋性涡度、高层风场辐散的异常密切相关，动力抬升条件和水汽条件的气候异常程度较不稳定条件更明显。

表4-2 1979—2016年湖南6月区域持续性暴雨过程物理量异常度统计量

物理量	平均值	标准差	中位值
925 hPa 散度	-3.25	1.37	-3.06
850 hPa 散度	-3.09	1.23	-2.92
700 hPa 垂直速度	-2.85	1.11	-2.88
200 hPa 散度	2.64	1.50	2.36
850 hPa 涡度	2.52	0.96	2.45
850 hPa 垂直速度	-2.31	0.90	-2.33
850 hPa 水汽通量散度	-2.25	0.76	-2.27
925 hPa 水汽通量散度	-2.08	0.93	-2.05
925 hPa 涡度	1.99	0.86	2.05
700 hPa 涡度	1.97	1.12	1.79

续表

物理量	平均值	标准差	中位值
700 hPa 散度	−1.78	1.23	−1.64
700 hPa 水汽通量散度	−1.59	1.02	−1.53
925 hPa 垂直速度	−1.47	0.78	−1.45
700 hPa 温度平流	1.39	0.80	1.34
850 hPa 温度平流	1.32	0.65	1.28
大气可降水量	1.31	0.37	1.31
700 hPa 比湿	1.26	0.36	1.28
500 hPa 比湿	1.23	0.37	1.29
700 hPa 假相当位温	1.13	0.46	1.20
925 hPa 温度平流	1.09	0.56	1.06
850 hPa 比湿	0.95	0.47	0.97
850 hPa 假相当位温	0.65	0.62	0.68
925 hPa 比湿	0.65	0.74	0.67
925 hPa 假相当位温	0.22	0.81	0.34

4.2.2 不同量级降水物理量异常度特征

为了研究暴雨日时，出现区域持续性暴雨、非区域持续性暴雨（简称一般暴雨）、大雨等不同量级降水站点各物理量的差异性，统计了 1979—2016 年湖南 6 月所有暴雨日中各量级降水物理量异常度（表 4-3）。从表 4-3 中可以发现，从无降水到大雨，随着降水量级的提升，除 925 hPa 假相当位温外，其他物理量的异常度平均值的绝对值都呈现递增的变化趋势。大雨和一般暴雨的各物理量的异常度平均值比较接近，不存在明显差异，通过异常度平均值的大小很难将这两个量级的降水区分开来。

表4–3 1979—2016年湖南6月各量级降水物理量异常度平均值

物理量	区域持续性暴雨	一般暴雨	大雨	中雨	小雨	无降水
925 hPa 散度	-3.25	-2.31	-2.29	-2.11	-1.79	-1.49
850 hPa 散度	-3.09	-2.04	-2.01	-1.78	-1.46	-1.09
700 hPa 垂直速度	-2.85	-1.77	-1.81	-1.55	-1.21	-0.84
200 hPa 散度	2.64	2.02	2.06	1.90	1.71	1.45
850 hPa 涡度	2.52	1.48	1.58	1.35	1.04	0.50
850 hPa 垂直速度	-2.31	-1.51	-1.52	-1.36	-1.12	-0.87
850 hPa 水汽通量散度	-2.25	-1.48	-1.50	-1.35	-1.12	-0.83
925 hPa 水汽通量散度	-2.08	-1.44	-1.47	-1.34	-1.15	-0.97
925 hPa 涡度	1.99	1.23	1.30	1.16	0.93	0.56
700 hPa 涡度	1.97	0.95	1.10	0.94	0.79	0.51
700 hPa 散度	-1.78	-1.23	-1.25	-1.15	-1.11	-0.97
700 hPa 水汽通量散度	-1.59	-1.06	-1.09	-0.99	-0.95	-0.81
925 hPa 垂直速度	-1.47	-1.11	-1.13	-1.04	-0.91	-0.75
700 hPa 温度平流	1.39	0.96	1.02	0.94	0.84	0.78
850 hPa 温度平流	1.32	1.06	1.08	1.06	0.99	0.82
大气可降水量	1.31	1.03	1.06	0.99	0.85	0.53
700 hPa 比湿	1.26	1.02	1.05	0.98	0.86	0.53
500 hPa 比湿	1.23	0.92	0.97	0.91	0.81	0.51
700 hPa 假相当位温	1.13	0.95	0.98	0.91	0.79	0.53
925 hPa 温度平流	1.09	0.95	1.05	1.04	1.00	0.85
850 hPa 比湿	0.95	0.96	0.96	0.92	0.82	0.67
850 hPa 假相当位温	0.65	0.76	0.74	0.72	0.64	0.59
925 hPa 比湿	0.65	0.78	0.76	0.78	0.76	0.71
925 hPa 假相当位温	0.22	0.42	0.40	0.46	0.49	0.60

区域持续性暴雨的各物理量中除了925 hPa和850 hPa层的比湿和假相当位温外，其他物理量的异常度平均值的绝对值明显大于其他量级降水的相应值，特别是散度、垂直速度、水汽通量散度和涡度这4类物理量异常程度更突出（图4-5～图4-8），可采用阈值法与其他量级的降水来进行区分。从各层次各量级降水的比湿的异常度平均值来看，当有降水发生时，925 hPa和850 hPa层的水汽都较充足，各量级降水异常度平均值的差异性较小，当出现区域持续性暴雨时，700 hPa和500 hPa层水汽较其他量级降水明显偏多，这说明区域持续性暴雨发生时，整层的水汽都比较充沛，特别是中低层的水汽，异常特征明显。

从各量级降水物理量异常度平均值的数值来看，总体上，表征动力条件的物理量的数值大于表征水汽条件的物理量，表征水汽条件物理量的数值大于表征不稳定条件的物理量。这些数值的大小虽然反映了某个物理量相对于本身的气候态的一个异常程度，但不能完全反映出在某量级降水中哪个因子表现更异常，如在区域持续性暴雨中，虽然925 hPa散度的异常度平均值的绝对值最大，但不代表在区域持续性暴雨中925 hPa散度一定是最异常的因子。

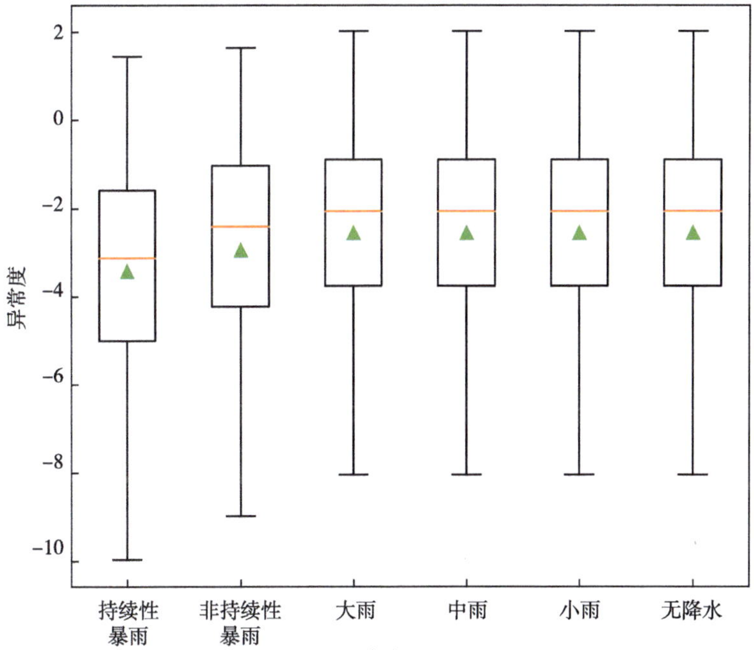

（a）925 hPa

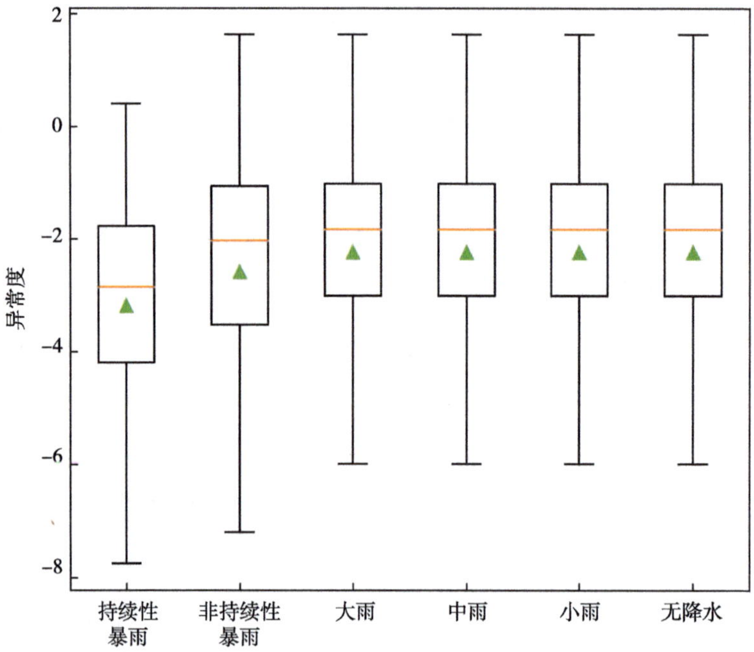

（b）850 hPa

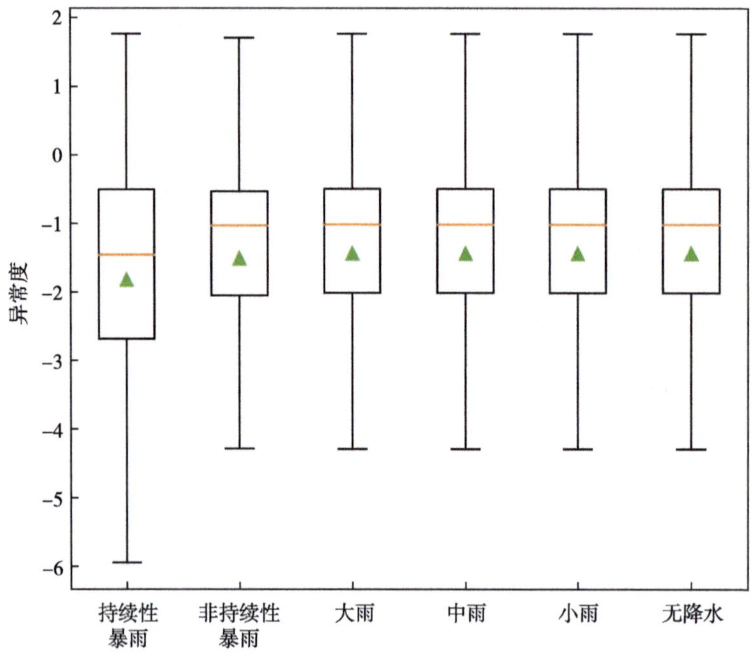

（c）700 hPa

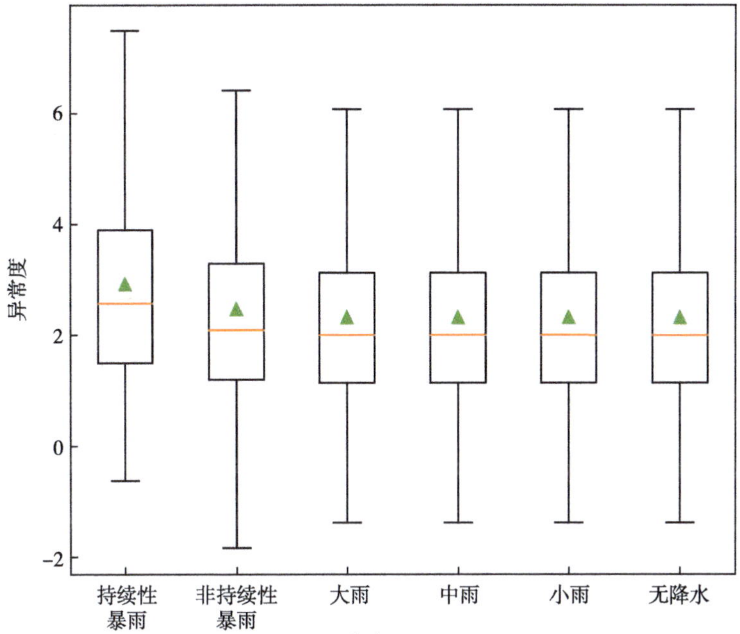

（d）200 hPa

图4-5　各等级降水各层次散度异常度箱线分布图

注：图中箱子自下至上的三条横线分别表示25%、50%和75%百分位值，中间的绿色三角形表示均值，上下端的横线分别表示除异常点以外数据中的最大值和最小值，上下端的横线外为异常值区

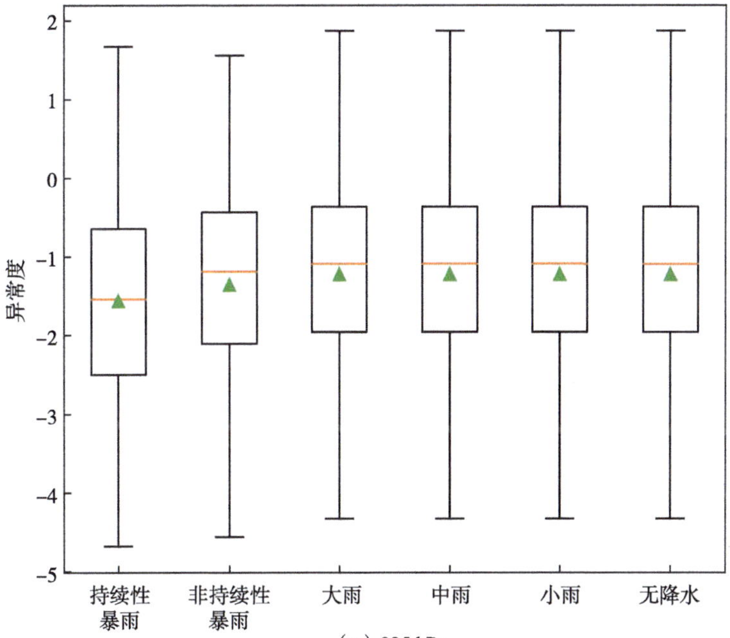

（a）925 hPa

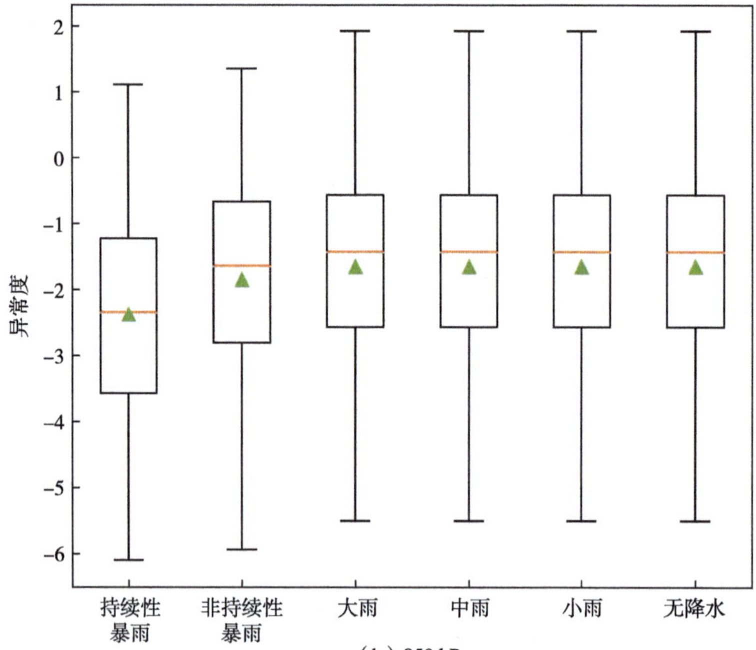

（b）850 hPa

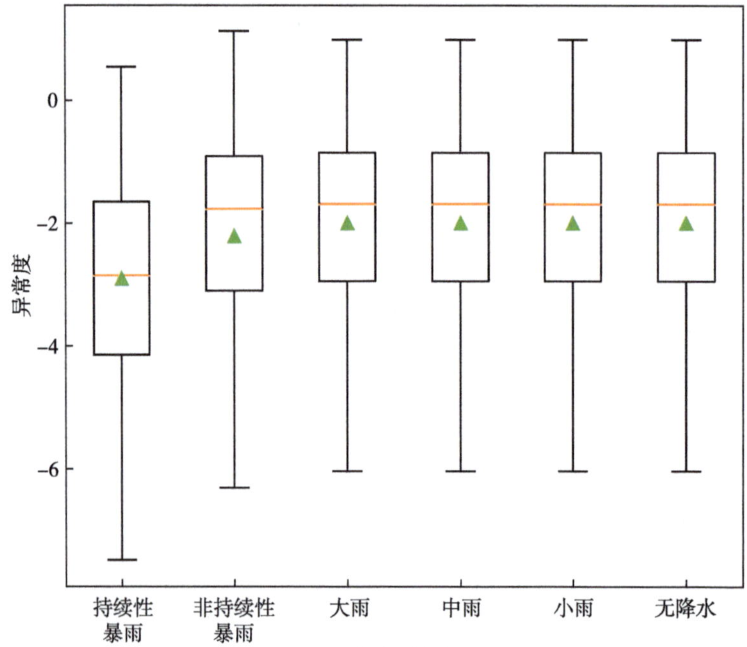

（c）700 hPa

图4-6　各等级降水各层次垂直速度异常度箱线分布图

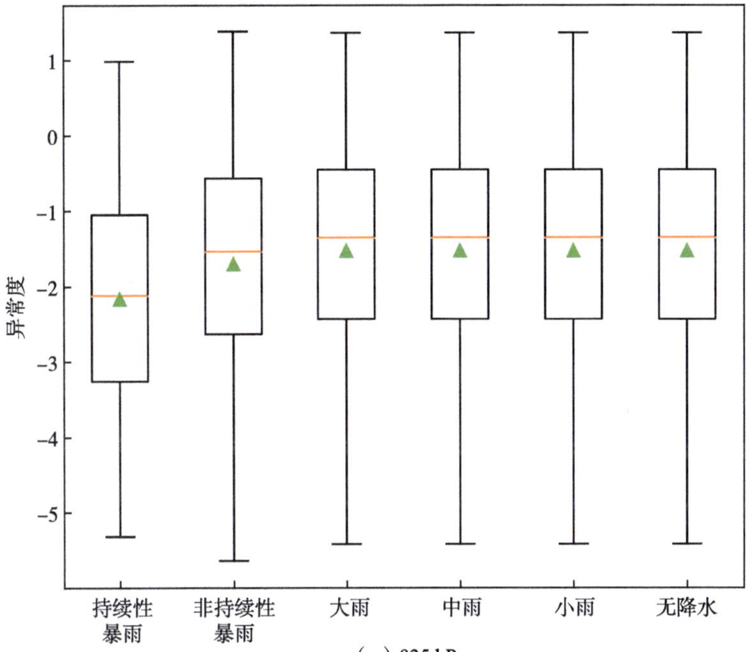

（a）925 hPa

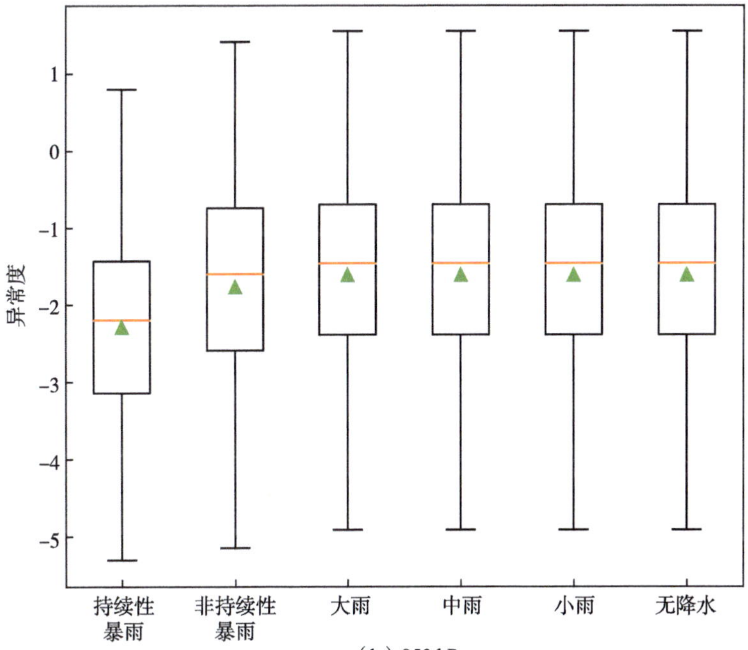

（b）850 hPa

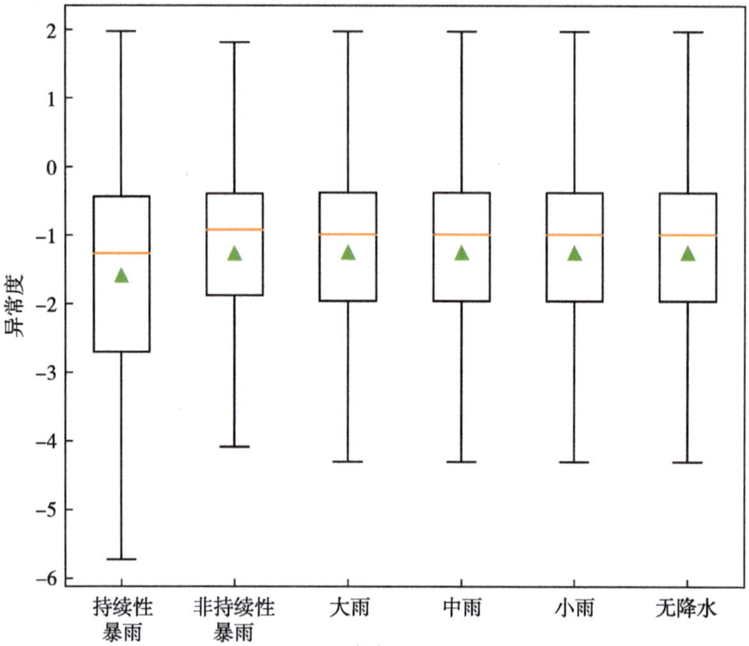

（c）700 hPa

图4-7　各等级降水各层次水汽通量散度异常度箱线分布图

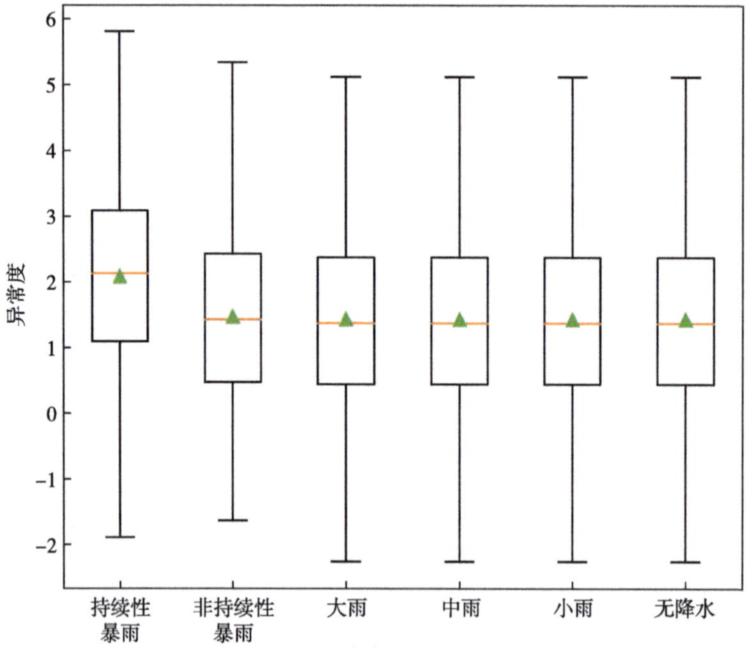

（a）925 hPa

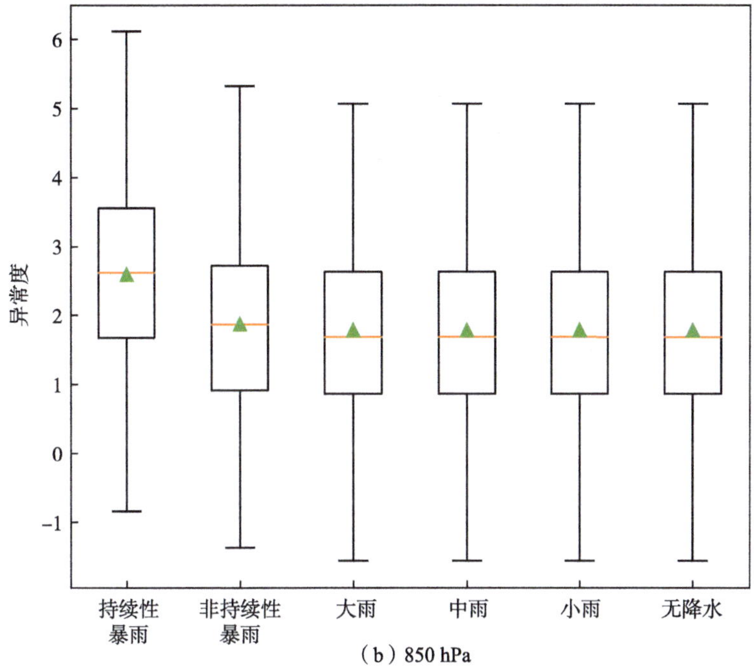

（b）850 hPa

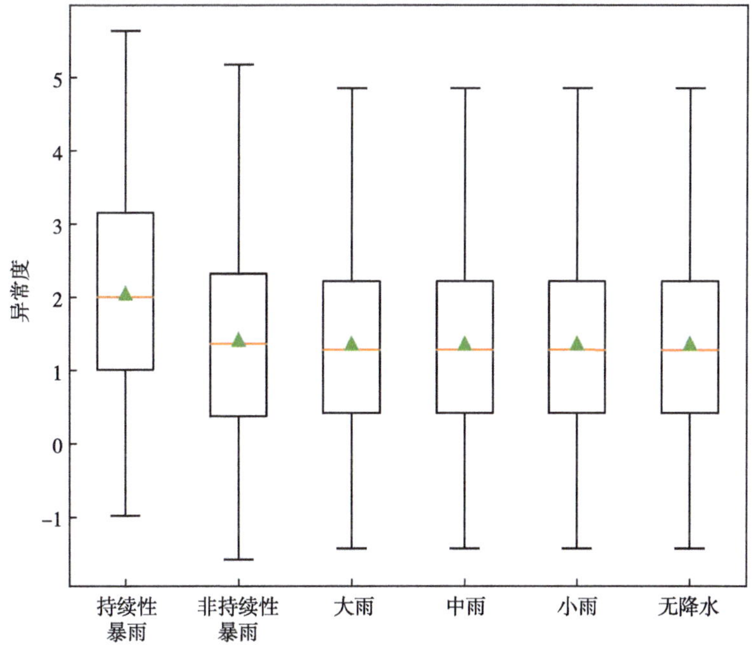

（c）700 hPa

图4-8　各等级降水各层次涡度异常度箱线分布图

表 4-4 统计了各量级降水物理量异常度距平百分率，从表 4-4 中可以看出，无降水、小雨、中雨、大雨和一般暴雨的各物理量的异常度距平百分率多为负值，说明这些物理量在这些等级降水中异常度平均值的绝对值偏小，异常特征不明显。在区域持续性暴雨中，大部分物理量的异常度距平百分率为较大正值，说明这些物理量的异常度平均值的绝对值偏大，异常特征明显。其中 700 hPa 涡度异常度的距平百分率为 59.2%，是表现最为异常的物理量，其次为 850 hPa 涡度、700 hPa 垂直速度、850 hPa 散度、925 hPa 涡度、850 hPa 水汽通量散度，这些物理量的异常度的距平百分率均超过 40%。与各物理量的异常度平均值一样，都是散度、涡度、垂直速度和水汽通量散度这 4 类物理量的异常程度更加突出，这表明当区域持续性暴雨发生时，表征动力条件的物理量最为异常。

表4–4　各量级降水物理量异常度距平百分率/%

物理量	区域持续性暴雨	一般暴雨	大雨	中雨	小雨	无降水
925 hPa 散度	33.9	−7.9	−8.7	−15.9	−28.6	−40.6
850 hPa 散度	43.9	−10.3	−11.6	−21.8	−35.8	−52.1
700 hPa 垂直速度	46.9	−11.4	−9.4	−22.5	−39.5	−58.0
200 hPa 散度	30.0	−9.4	−7.6	−14.8	−23.3	−35.0
850 hPa 涡度	50.4	−13.2	−7.3	−20.8	−39.0	−70.7
850 hPa 垂直速度	39.9	−10.0	−9.4	−18.9	−33.2	−48.1
850 hPa 水汽通量散度	40.6	−10.9	−9.7	−18.7	−32.6	−50.0
925 hPa 水汽通量散度	33.0	−9.4	−7.5	−15.7	−27.6	−38.9
925 hPa 涡度	43.2	−12.1	−7.1	−17.1	−33.5	−60.0
700 hPa 涡度	59.2	−28.6	−17.3	−29.3	−40.6	−61.7
700 hPa 散度	33.2	−13.8	−12.4	−19.4	−22.2	−32.0
700 hPa 水汽通量散度	34.8	−14.4	−12.0	−20.1	−23.3	−34.6
925 hPa 垂直速度	26.4	−5.4	−3.7	−11.4	−22.5	−36.1

续表

物理量	区域持续性暴雨	一般暴雨	大雨	中雨	小雨	无降水
700 hPa 温度平流	29.7	−13.1	−7.7	−14.9	−24.0	−29.4
850 hPa 温度平流	20.5	−7.2	−5.5	−7.2	−13.3	−28.2
大气可降水量	26.2	−2.7	0.1	−6.5	−19.7	−49.9
700 hPa 比湿	23.3	−1.2	1.7	−5.1	−16.7	−48.7
500 hPa 比湿	27.4	−6.7	−1.6	−7.7	−17.9	−48.3
700 hPa 假相当位温	19.7	0.7	3.8	−3.6	−16.3	−43.8
925 hPa 温度平流	9.2	−8.2	1.4	0.5	−3.4	−17.9
850 hPa 比湿	3.8	8.3	8.3	3.8	−7.5	−24.4
850 hPa 假相当位温	−7.9	15.4	12.3	9.3	−2.8	−10.4
925 hPa 比湿	−13.5	11.2	8.4	11.2	8.4	1.2
925 hPa 假相当位温	−49.8	15.1	9.6	26.0	34.2	64.4

4.2.3　湖南不同类型区域持续性暴雨物理量异常度特征

不同的区域持续性暴雨过程，其动力条件、水汽条件和不稳定条件的匹配具有一定的差异性，甚至同一过程中不同暴雨日间的 3 类条件的匹配也存在较大的差异。对物理量具有显著差异的暴雨事件采用统一标准进行分析，容易造成动力学结构特征被掩盖，物理量的异常度特征不明显；对具有物理量特征相似的暴雨事件进行分类分析，能够更好地揭示其共性特征。

聚类分析是一种客观分类的方法，已在气象研究中得到了广泛应用。采用 kmeans 聚类方法将 77 个持续性暴雨日根据 24 个影响因子进行分类，并根据轮廓系数来确定最佳类别数。从图 4-9 可以看出，轮廓系数在 2 ～ 3 的畸变程度最高，所以将持续性暴雨日分为 3 类最为合理。

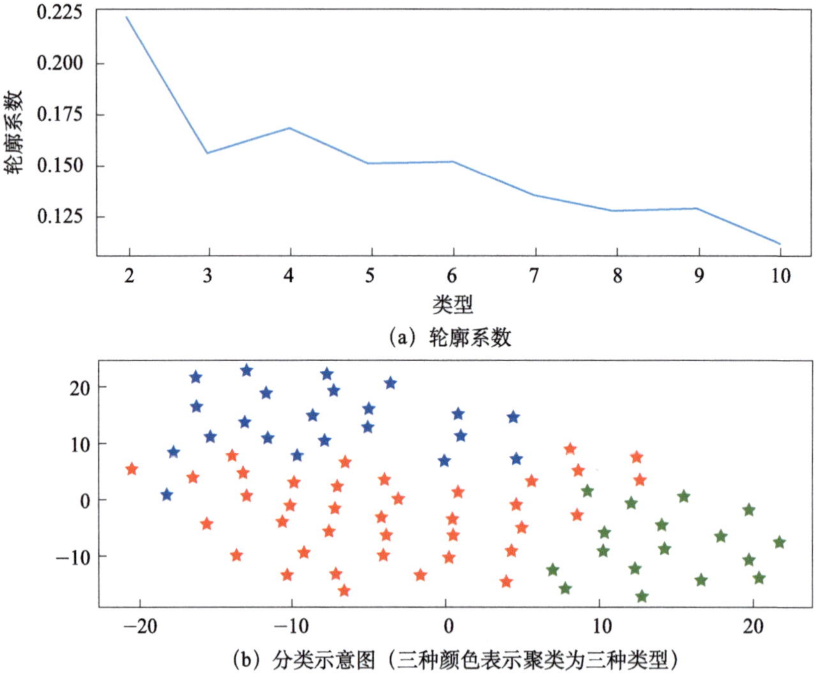

图4-9　湖南区域持续性暴雨日聚类分析示意图

表 4-5 给出了不同类型区域持续性暴雨物理量异常度平均值和距平百分率，从表 4-5 中可以看出，3 类暴雨中，类型 3 占比最多，约占 46.8%；其次是类型 1，占 31.2%，不同类型暴雨间的物理量异常度平均值间存在明显的差异。

表4-5　湖南不同类型区域持续性暴雨物理量异常度平均值和距平百分率

物理量	类型1（占31.2%）		类型2（占22.0%）		类型3（占46.8%）	
	平均值	距平百分率	平均值	距平百分率	平均值	距平百分率
925 hPa 散度	−1.83	27.1	−4.79	90.9	−3.46	37.9
850 hPa 散度	−2.27	−0.2	−4.65	104.4	−2.90	27.5
700 hPa 垂直速度	−1.84	−7.9	−4.00	100.1	−2.97	48.6
200 hPa 散度	2.17	−2.7	4.40	97.3	2.13	−4.5
850 hPa 涡度	1.55	−9.1	3.37	97.7	2.77	62.5
850 hPa 垂直速度	−1.33	−20.7	−3.15	87.8	−2.56	52.6

续表

物理量	类型1（占31.2%）		类型2（占22.0%）		类型3（占46.8%）	
	平均值	距平百分率	平均值	距平百分率	平均值	距平百分率
850 hPa 水汽通量散度	−1.67	0.5	−3.13	88.4	−2.21	33.0
925 hPa 水汽通量散度	−1.13	−28.9	−2.84	78.8	−2.37	49.2
925 hPa 涡度	1.15	−17.8	2.57	83.7	2.29	63.7
700 hPa 涡度	1.14	−14.3	3.31	148.9	1.90	42.9
700 hPa 散度	−1.33	−6.7	−2.76	93.5	−1.61	12.9
700 hPa 水汽通量散度	−1.23	−0.7	−2.29	84.9	−1.49	20.3
925 hPa 垂直速度	−0.69	−41.2	−2.04	73.8	−1.72	46.5
700 hPa 温度平流	1.38	24.9	1.64	48.4	1.28	15.8
850 hPa 温度平流	1.22	6.8	1.68	47.0	1.23	7.7
大气可降水量	1.12	5.8	1.56	47.3	1.33	25.6
700 hPa 比湿	1.11	7.5	1.44	39.5	1.27	23.0
500 hPa 比湿	1.11	12.5	1.46	48.0	1.20	21.7
700 hPa 假相当位温	0.91	−3.6	1.29	36.7	1.19	26.1
925 hPa 温度平流	1.00	−3.4	1.38	33.3	1.01	−2.4
850 hPa 比湿	0.83	−6.3	0.85	−4.1	1.08	21.9
850 hPa 假相当位温	0.53	−19.5	0.49	−25.6	0.80	21.4
925 hPa 比湿	0.38	−45.8	0.58	−17.3	0.86	22.6
925 hPa 假相当位温	−0.05	−113.7	0.16	−56.2	0.44	20.5

类型 2 暴雨物理量的气候异常特征最为显著，有 13 个物理量异常度平均值的绝对值在 2 以上，其中 8 个物理量异常度绝对值超过 3，4 个超过了 4。发生此类暴雨时，表征动力条件的物理量气候异常最明显，各低层的散度、涡度、垂直速度和高层散度异常度平均值的绝对值多在 3 以上，以 925 hPa 散度、850 hPa 散度、700 hPa 垂直速度和 200 hPa 散度最为突出，异常度平均值的绝对值均在 4 以上，低层辐合，高层辐散的特征非常明显。表征水汽条件

的各低层的水汽通量散度的异常也很明显，异常度平均值的绝对值都在 2 以上，850 hPa 水汽通量散度异常最突出，异常度平均值的绝对值超过 3，大气可降水量的异常度也较大，达到了 1.56。表征不稳定条件的各物理量的气候异常程度总体来说虽不及动力因子和水汽因子表现那么显著，但部分因子的异常特征也比较明显，如 850 hPa 和 700 hPa 的温度平流的异常度平均值均在 1.6 以上。结合各物理量异常度的距平百分率来看，类型 2 持续性暴雨中，动力条件占主导地位，其次是水汽条件，排前 5 的物理量中主要包含涡度、散度和垂直速度这 3 类因子（图 4-10）。

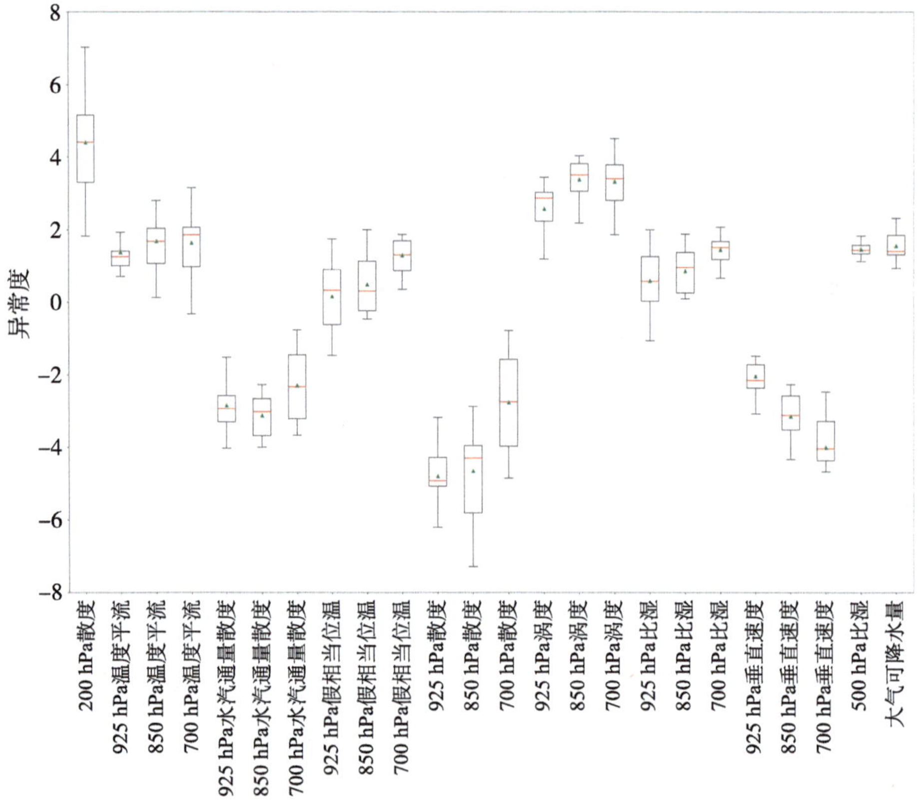

图4-10　类型2持续性暴雨24个物理量异常度箱线分布图

类型 3 暴雨各物理量的气候异常特征也较明显，且与类型 2 暴雨的物理量异常度特征具有一致性，都是表征动力条件的物理量气候异常最明显，其次是表征水汽条件的物理量，再次为表征不稳定条件的物理量，只是异常度的平均值在量级上较类型 2 暴雨整体偏小，物理量异常度平均值的绝对值在 2 以上的有 9 个，超过 3 的只有 1 个。结合各物理量异常度的距平百分率来看，与类型 2 暴雨一样，类型 3 暴雨中，动力条件仍是最主要的影响因子，水汽条件次之，排前 5 的物理量中主要包含涡度、垂直速度和水汽通量散度这 3 类因子（图 4-11）。

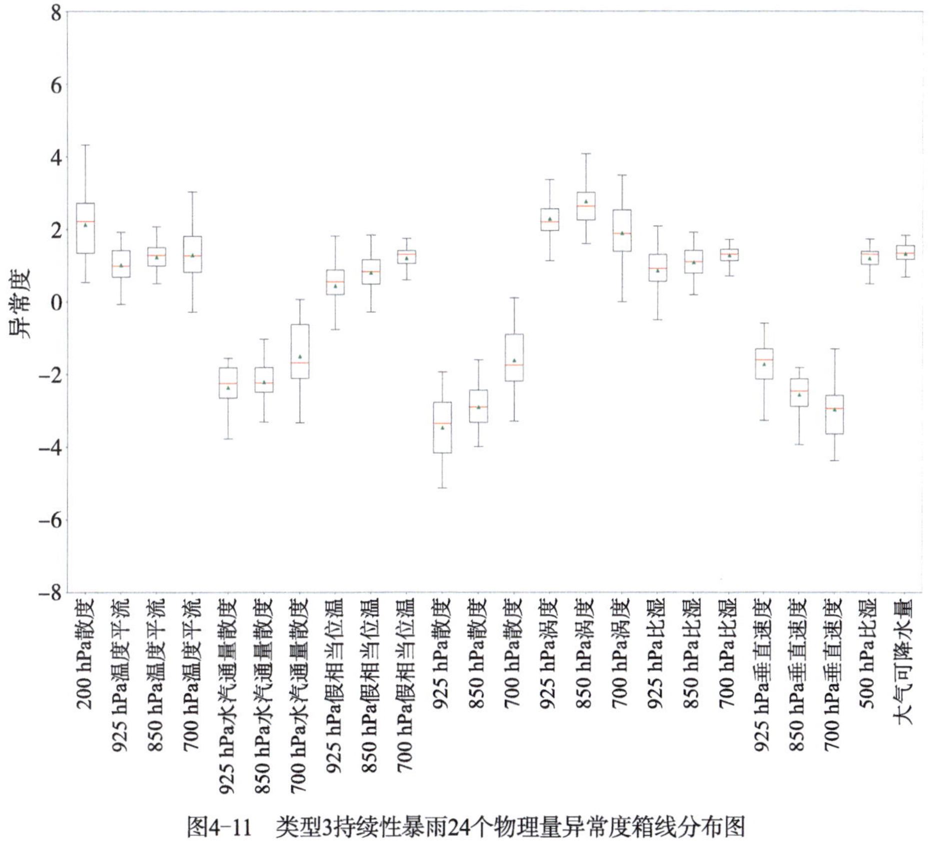

图4-11　类型3持续性暴雨24个物理量异常度箱线分布图

类型 1 暴雨各物理量的异常度特征不如其他两类明显，异常度平均值的绝对值在 2 以上的物理量仅有 2 个，超过 1.5 的也才有 6 个。结合各物理量异常度的距平百分率来看，在这一类型的暴雨中，表征动力条件的各物理量无明显异常特征，表征水汽条件和不稳定条件的物理量异常特征也不如其他两类暴雨显著，与一般暴雨等其他量级降水相比仅在700 hPa温度平流、850 hPa温度平流、大气可降水量、700 hPa比湿和500 hPa比湿这5个物理量上表现出了异常特征。在类型1暴雨中，不稳定条件和水汽条件的贡献大于动力条件（图4-12）。

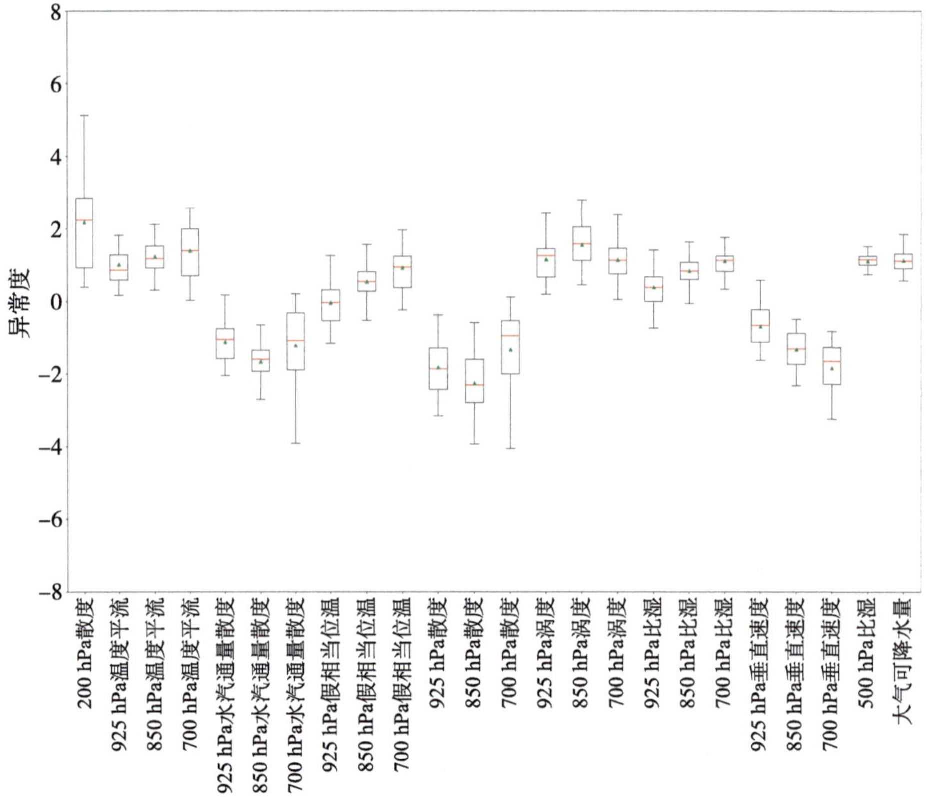

图4-12 类型1持续性暴雨24个物理量异常度箱线分布图

通过对以上3类区域持续性暴雨的异常度特征分析可知，类型2和类型3持续性暴雨的异常特征明显（占所有样本的68.8%），都是动力条件影响占主导，水汽条件为辅，实则可合并为一大类；类型1持续性暴雨各物理量的异常特征总体来说不如其他两类典型，仅有部分物理量与不同量级降水间存在明显的差别，不稳定条件和水汽条件在这类暴雨中较动力条件影响更大。

4.3 湖南区域持续性暴雨过程动力因子分析

4.3.1 动力因子介绍

在暴雨预报热力动力诊断研究中，高守亭等（2013）研究了能够准确描述湿空气热力状态的广义位温理论以及表征中尺度系统发展演变的中尺度波流相互作用理论（Ran et al.，2009），在这个基础上，建立了多个包含动力、热力和水汽等信息的综合性动力因子，如热力螺旋度和湿热力平流参数等。这些动力因子对暴雨落区的预报能力在多个地区多个暴雨个例中得到了验证（赵宇 等，2008；牛立强 等，2013；许娈 等，2013；冉令坤 等，2013，2014；楚艳丽 等，2013；杨帅 等，2013；王成鑫 等，2013；汪亚萍 等，2015；李琴 等，2016），其预报评分略优于全球预报系统（Global Forecast System，GFS）模式的自身预报，对地面观测降水有一定的指示作用。

选取对暴雨有一定指示意义的湿热力平流参数、热力螺旋度、散度垂直通量、水汽散度通量、热力波作用密度 5 个动力因子。

湿热力平流参数表达式为

$$\mathrm{mtp} = \nabla_h (v \cdot \nabla \theta) \cdot \nabla_h \ \theta^* \tag{4-2}$$

式中，$\theta^* = \theta \exp\left[\left(\frac{q_v}{q_s}\right)^k L_v q_s / \left(c_p T_c\right)\right]$为广义位温，$q_v$为水汽比湿，$q_s$为饱和水汽比湿，$k$是反映大范围凝结状态与局地凝结现象有关的权重函数的计算系数，一般取k=9（Gao et al.，2004）。该参数综合描述了在锋区附近冷、暖气团中的动力、热力和水汽特征（Wu et al.，2011）。

热力螺旋度为

$$\mathrm{helth} = \omega \left[\frac{\partial \left(v\theta^* \right)}{\partial x} - \frac{u\theta^*}{\partial y} \right] \tag{4-3}$$

式中，ω 为 p 坐标系下的垂直速度。该参数包含了大气动力学特征和大气湿斜压性特征。

散度垂直通量的表达式为

$$\mathrm{wdiv} = \frac{\omega}{\rho}\left[\frac{\partial u}{\partial x} + \frac{\partial v}{\partial y}\right] \tag{4-4}$$

该参数代表水平散度的垂直通量，辐合区的上升（下沉）运动和辐散区的下沉（上升）运动分别意味着负水平散度的向上（下）输送和正水平散度的向下（上）输送（冉令坤 等，2009）。

水汽散度通量的表达式为

$$\mathrm{wqvdiv} = \frac{\omega}{\rho}\left[\frac{\partial}{\partial x}[uq_v] + \frac{\partial}{\partial y}[vq_v]\right] \tag{4-5}$$

该参数综合地表征了垂直上升运动和水汽通量的辐合效应。正值区表征了垂直上升运动和水汽通量的辐合，负值区主要与上升运动和水汽通量辐散有关。水汽散度通量在很大程度上反映了散度通量在对流层中低层的特征，水汽在本质上对水平散度具有权重调节的作用，弱化对流层高层和非雨区的动力场结构（冉令坤 等，2009）。

Gao 等（2009）把扰动垂直速度与扰动广义位温的雅可比定义为热力波作用密度，表达式为

$$\mathrm{Wavepte} = \frac{\partial w_e}{\partial y}\frac{\partial \theta_e^*}{\partial x} - \frac{\partial w_e}{\partial x}\frac{\partial \theta_e^*}{\partial y} \tag{4-6}$$

式中，下标 e 为扰动态，w_e 为垂直速度扰动，θ_e^* 为广义位温扰动。热力波作用密度与暴雨的发生发展密切相关（高守亭 等，2013）。

由于动力因子在 850 ～ 500 hPa 表现出强信号，则对上述 5 个动力因子（D）从 850 hPa 到 500 hPa 进行质量垂直积分，即为 $\int_{850\mathrm{hPa}}^{500\mathrm{hPa}} \rho |D| \mathrm{d}z$。

4.3.2　湖南区域持续性暴雨过程动力因子特征分析

为说明发生区域持续性暴雨过程时上述 5 个动力因子能否将发生暴雨的

站点区别开，下面选取湿热力平流参数、热力螺旋度、散度垂直通量、水汽散度通量、热力波作用密度 5 个动力因子，计算给出其在 2007—2016 年 6 月区域持续性暴雨过程中不同量级降水站及一般暴雨站物理量的平均值（表 4-6）。由表 4-6 可知，5 个动力因子在不同量级降水反映出的物理量大小不同，即降水量级越大，物理量的值也越大，发生区域持续性暴雨时，除了热力波作用密度，其他各物理量的均值均大于一般暴雨的均值。说明选取的 5 个动力因子可以作为暴雨区分其他量级降水的预报因子。

表4-6 2007—2016年6月湖南区域持续性暴雨过程中不同量级降水站及一般暴雨站物理量的平均值

序号	因子	单位	因子均值					
			小雨（<10 mm）	中雨（10~25 mm）	大雨（25~50 mm）	暴雨（≥50 mm）	一般暴雨	区域持续性暴雨
1	湿热力平流参数	$Pa \cdot K^2/(m^2 \cdot s)$	1.45×10^{-8}	2.22×10^{-8}	2.67×10^{-8}	3.2×10^{-8}	2.96×10^{-8}	3.49×10^{-8}
2	热力螺旋度	$K \cdot kg^3/(m^5 \cdot s^6)$	174.0536	276.3028	392.8848	506.4179	436.7318	591.8040
3	散度垂直通量	$m^3 \cdot Pa/(kg \cdot s^2)$	0.314171	0.470361	0.614005	0.745208	0.664916	0.843588
4	水汽散度通量	$m^3 \cdot Pa/(kg \cdot s^2)$	0.003422	0.005161	0.006672	0.008325	0.007248	0.009644
5	热力波作用密度	$K \cdot Pa/(m^2 \cdot s)$	1.04×10^{-5}	1.52×10^{-5}	1.72×10^{-5}	2.06×10^{-5}	2.16×10^{-5}	1.94×10^{-5}

利用 GFS 模式分析场资料，插值计算出 2007 年—2016 年 6 月湖南发生区域持续性暴雨站上的 5 个动力因子值，并利用核密度估计确定湖南出现区域持续性暴雨时各动力因子的累积概率分布函数。在累积概率分布函数确定后，可计算超过任意给定动力因子阈值的累积概率，亦可算出相应累计概率

超过某百分位值对应的动力因子值。图 4-13 为湖南出现不同量级降水和区域持续性、一般暴雨时各动力因子的累积概率密度。如图 4-13a 所示，对于区域持续性暴雨样本，超过 56% 的湿热力平流参数值小于发生区域持续性暴雨时湿热力平流参数的均值 3.5×10^{-8} Pa·K²/（m²·s），即湿热力平流参数超过 3.5×10^{-8} Pa·K²/（m²·s）的概率不到 44%。采用同样的方法，对其他量级降水的各动力因子也进行概率密度估计，对比不同量级降水各动力因子累积概率密度分布差异。当动力因子在同一值上时，随着降水量级的降低，发生各量级降水的累积概率密度变大。如当湿热力平流参数值为 3.5×10^{-8} Pa·K²/（m²·s）时，发生区域持续性暴雨的累积概率密度为 56%，发生一般暴雨的累积概率密度为 69%，发生大雨的累积概率密度为 71%，发生中雨的累积概率密度为 77%，发生小雨的累积概率密度为 88%，无降水的累积概率密度为 96%。因此，动力因子可以区分暴雨和其他量级降水。

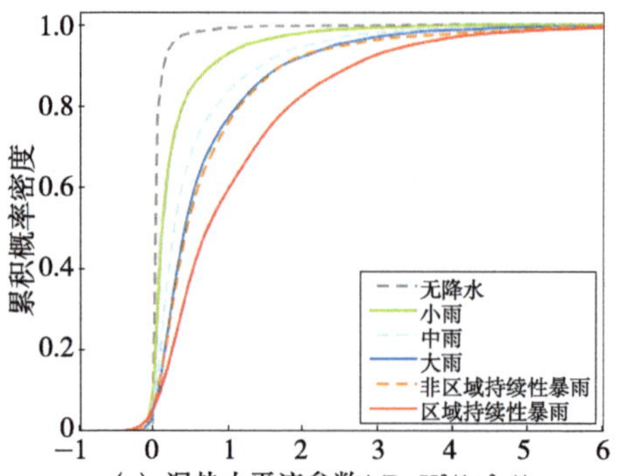

(a) 湿热力平流参数/ (Pa·K²/(m²·s))

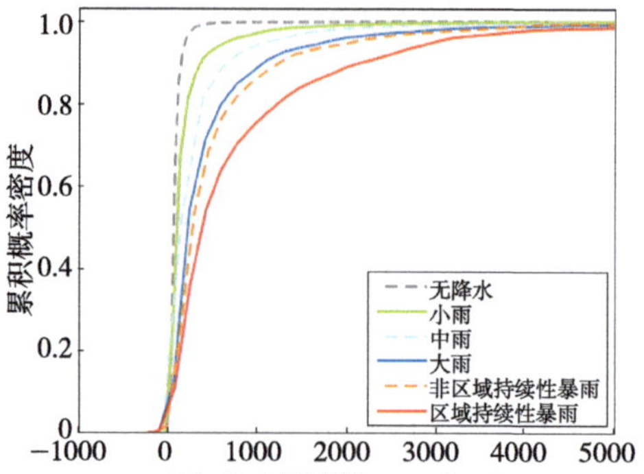

(b) 热力螺旋度/ (K·kg³/(m⁵·s⁶))

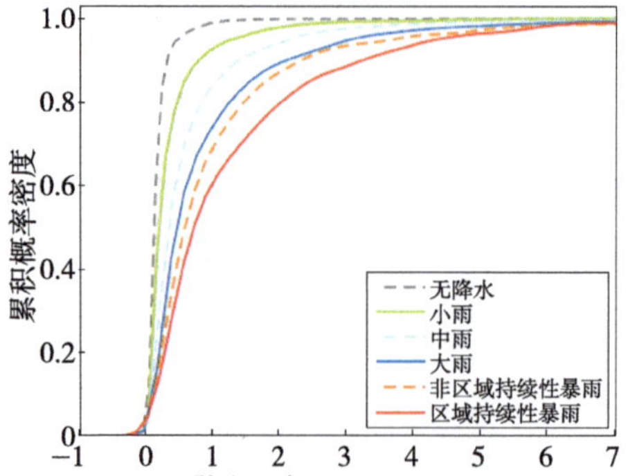

(c) 散度垂直通量/(m³·Pa²/(kg·s²))

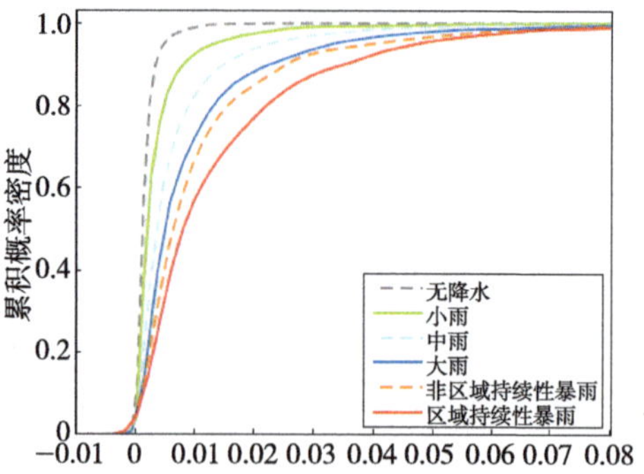

(d) 水汽散度通量/(m³·Pa²/(kg·s²))

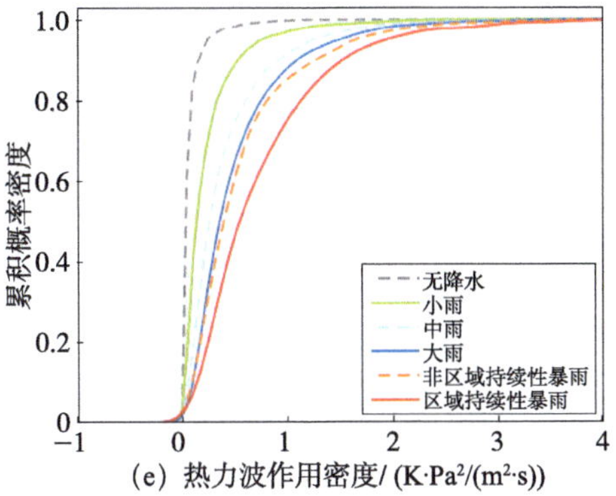

图4-13　2007年—2016年6月湖南出现不同量级降水和区域持续性暴雨、一般暴雨时各动力因子的累积概率密度图

4.3.3　典型区域持续性暴雨过程动力因子垂直结构特征分析

为了更清楚地了解动力因子对区域持续性暴雨的指示作用，以 2017 年一次区域持续性暴雨为例分析该 5 个动力因子的垂直结构特征。2017 年 6 月 22 日—7 月 2 日湖南发生了近年来历时最长、范围最广、强度最大的持续性暴雨过程。图 4-14 为 2017 年 6 月 22 日 20 时—7 月 2 日 20 时湖南暴雨过程降水量空间分布，根据降水强度和区域分布特征，暴雨过程可分为 3 个时段：第一个时段为 6 月 22 日 20 时—6 月 25 日 20 时，强降水集中分布在湘中以北的地区（图 4-14a），第二个时段为 6 月 25 日 20 时—6 月 28 日 20 时，强降水分布在湘南地区（图 4-14b），第三个时段为 6 月 28 日 20 时—7 月 2 日 20 时，强降水集中分布在湘西南以及湘中以北地区（图 4-14c）。

2017 年 6 月 23 日、27 日、29 日分别为区域持续性暴雨过程 3 个降水时段中出现较大降水量的时间，图 4-15 ～图 4-19 为湿热力平流参数、热力螺旋度、散度垂直通量、水汽散度通量和热力波作用密度 5 个动力因子在本次持续性暴雨过程 3 个时段关键时间点沿 111°E 经向一垂直剖面图（等值线）以及纬向平均（108°—114°E）的 6 h 观测累计降水量（直方图）。

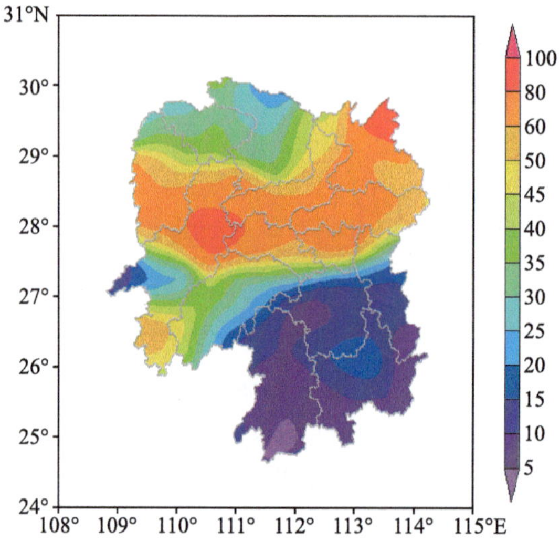

（a）6月22日20时—6月25日20时

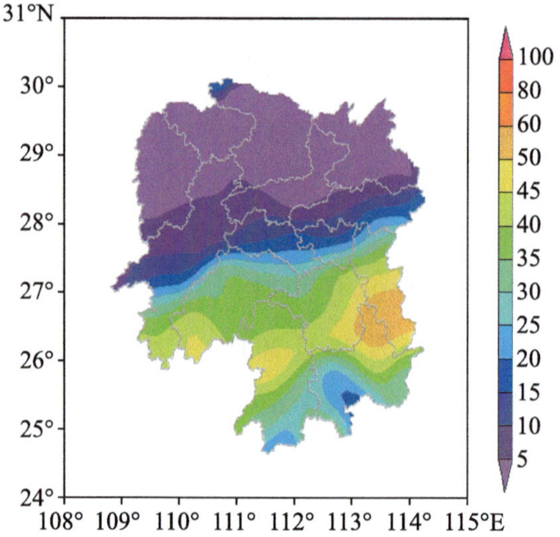

（b）6月25日20时—6月28日20时

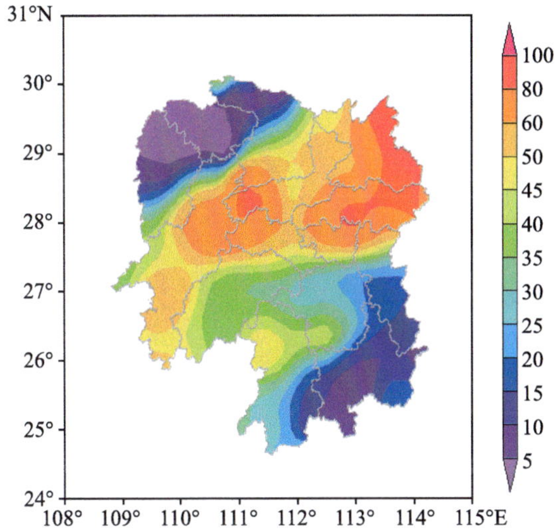

（c）6月28日20时—7月2日20时

图4-14　2017年6月22日20时—7月2日20时湖南暴雨过程降水量空间分布（单位：mm）

湿热力平流参数综合表征了水平锋生和凝结潜热效应，能够较好地反映降水区上空垂直暖平流和等熵面水平梯度显著的动力、热力垂直结构特点。如图 4-15a 所示，本次持续性暴雨第一时段 6 月 23 日 08 时降水出现在 28°—30°N 纬度带内，即为湘北地区，该区域上空 900 ～ 400 hPa 均表现为湿热力平流参数负值区，其中负的大值中心出现在 30°N 上空 700 hPa 附近，与地面最强降水中心相对应，低值或值为 0 的地方降水较弱。到 27 日 08 时（图 4-15b），降水南移，湿热力平流参数负值区位于 25°—28°N 纬度带，最强降水中心上空等值线密集，大值中心位于降水上空南侧。到了 29 日 08 时（图 4-15c），降水向北移动至湘中以北地区，湿热力平流参数负值区也整体北抬至降水落区上空，大值中心位于最大降水上空 800 ～ 500 hPa。由以上分析可以看出，湿热力平流参数从 900 hPa 到 400 hPa 为一致负的大值区，负高值中心位于降水中心上空 700 hPa 或其南侧，这种分布形态对本次暴雨落区有一定的指示意义，等值线为 0 的地方无降水或降水较弱。

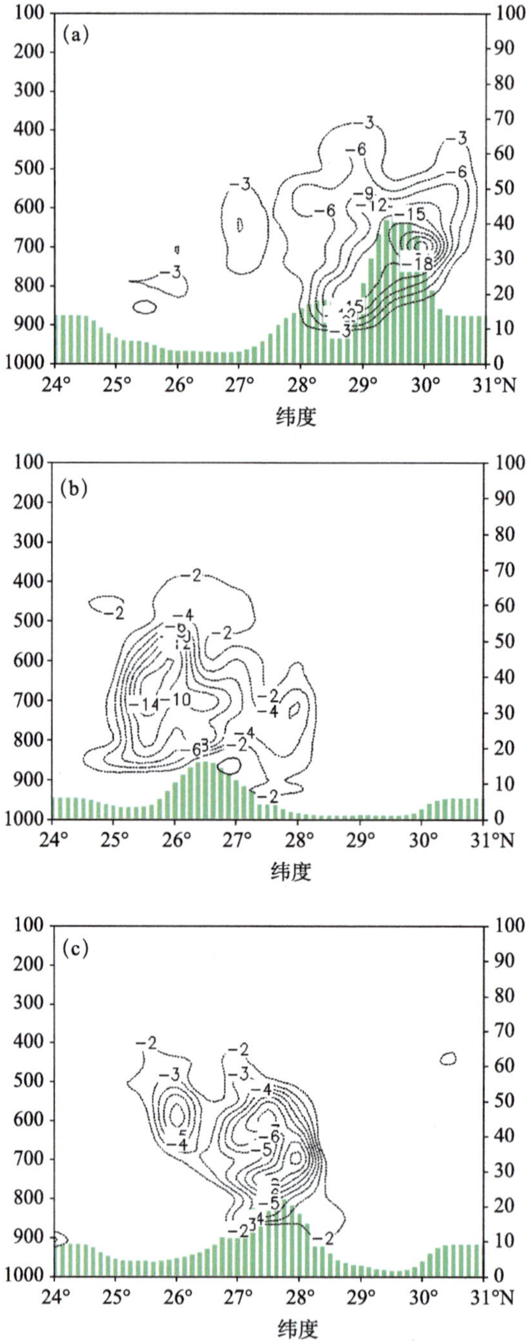

图4-15　2017年6月23日08时（a）、6月27日08时（b）、6月29日08时（c）湿热力平流参数（单位：$10^{-13}K^2/(m^2 \cdot s)$）在沿111°E经向-垂直剖面内的分布。直方图代表6 h观测累计降水量（单位：mm）

热力螺旋度体现了垂直热量通量与相对垂直涡度的耦合作用和大气湿斜压性，也就是暖湿空气旋转和沿旋转轴方向运动的强弱程度（高守亭 等，2013）。区域持续性暴雨第一时段，热力螺旋度28°—30°N上空400～900 hPa为负值区，表明有较强的热量向上输送，对应着地面降水最强（图4-16a）。第二时段降水落区上空（25.5°—27.5°N）600～900 hPa的负值区和300～600 hPa的正值区形成倾斜的交界面，表明有强的热量在此交汇（图4-16b）。第三时段降水落区上空热力螺旋度的分布与第二时段相似，对流层中高层的正值中心和中低层的负值中心在700 hPa附近交汇（图4-16c）。由此看出，热力螺旋度400～900 hPa一致的负值区和600 hPa以下为负值中心以上为正值中心的两种分布形态均对本次暴雨落区有指示意义。

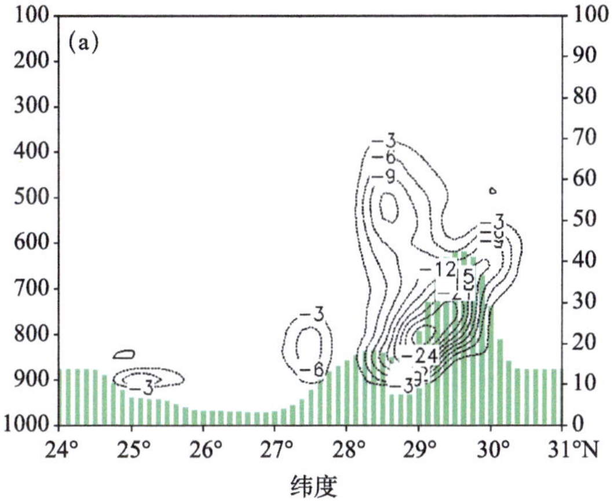

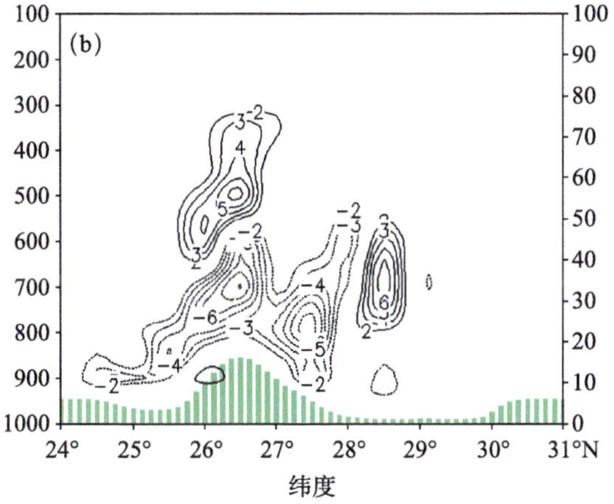

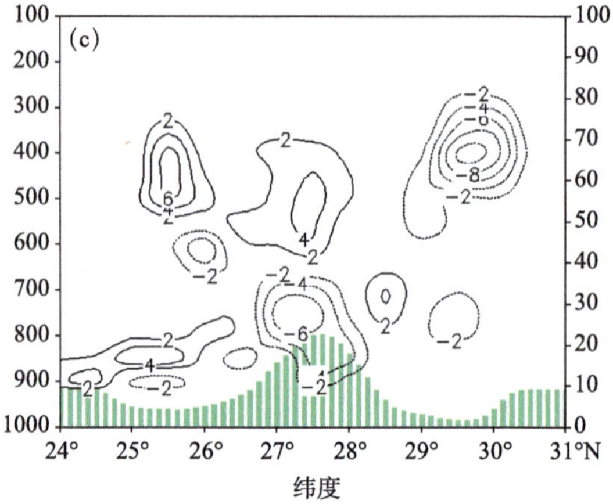

图4-16　2017年6月23日08时（a）、6月27日08时（b）、6月29日08时（c）热力螺旋度（单位：10^{-3}K·kg^3/（m^5·s^6））在沿111°E经向–垂直剖面内的分布。直方图代表6 h 观测累计降水量（单位：mm）

散度垂直通量代表辐合辐散区的垂直上升下沉运动，由图4-17可见，在区域持续性暴雨的三个时段，散度垂直通量均表现为降水落区上空900～600 hPa等值线较密集的正值中心和600～200 hPa的负值中心，600 hPa以下的正值区表示散度负值中心(即强辐合区域)有强烈的垂直向上运动，其上的负值区表示散度正值中心(即强辐散区域)强烈地向上输送，低层辐合和高层辐散加强，有利于持续性降水的发生发展。由此可见，同一区域上空散度垂直通量在对流层中低层为正值中心和对流层中高层为负值中心的分布形态，促进了本次强降水的发生发展。

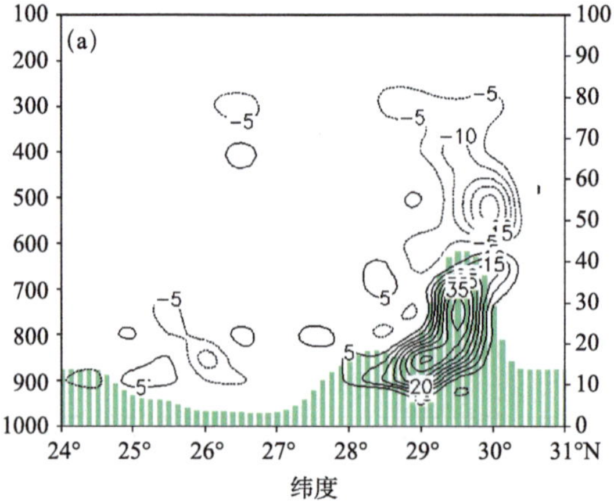

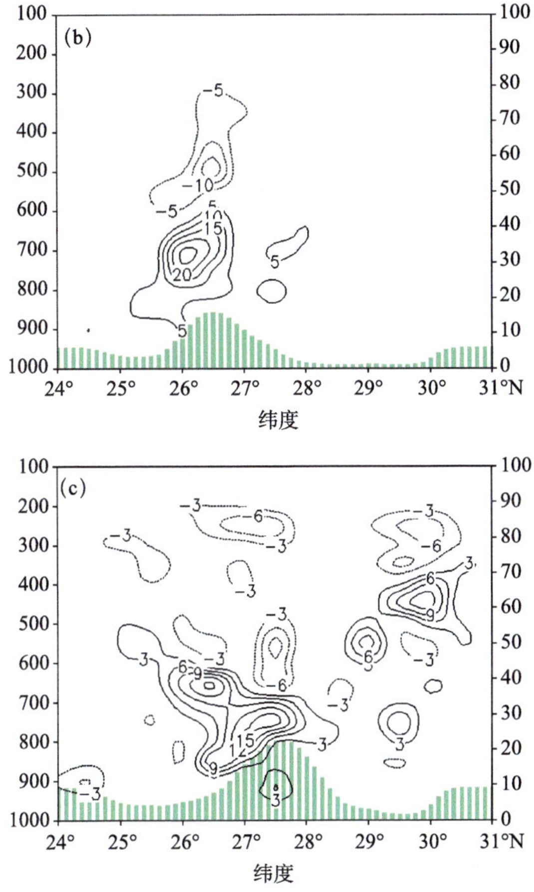

图4-17　2017年6月23日08时（a）、6月27日08时（b）、6月29日08时（c）散度垂直通量（单位：$10^{-6}m^3 \cdot Pa/(kg \cdot s^2)$）在沿111°E经向-垂直剖面内的分布。直方图代表6 h 观测累计降水量（单位：mm）

散度通量与水汽相结合，即为水汽散度通量，对暴雨发生发展的指示作用会更加明显。与散度通量不同的是，由于对流层高层水汽含量少，水汽散度通量的大值区均出现在对流层中低层。由图 4-18a 可见，持续性暴雨第一时段，水汽散度通量在 900 ～ 600 hPa 表现为正的大值中心，其上空还存在一个弱的负值中心，说明该时段不仅有强烈的上升运动，水汽状况也比较深厚，因此，该时段降水较大。第二时段和第三时段水汽散度通量在 600 hPa 以下均表现为正值中心（图 4-18b、图 4-18c），说明该区域亦有强烈的上升运动和水汽通量辐合，有利于强降水发生。比较发现，3 个时段强降水区上空均有水汽散度通量正值区与之对应。

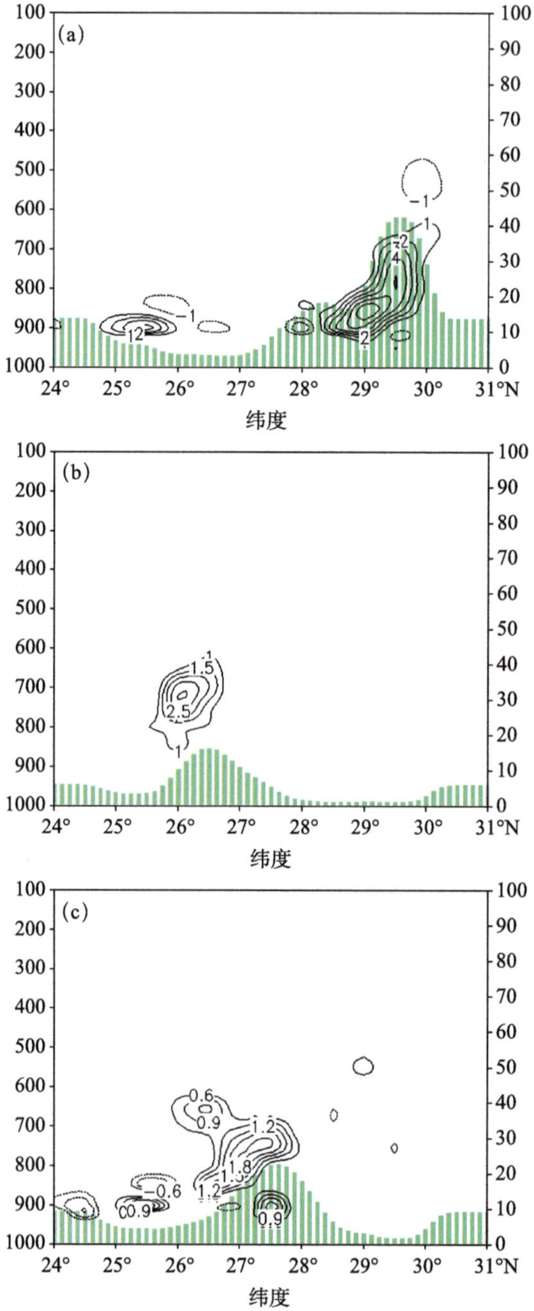

图4-18 2017年6月23日08时（a）、6月27日08时（b）、6月29日08时（c）水汽散度通量（单位：$10^{-9}m^3\cdot Pa/(kg\cdot s^2)$）在沿111°E经向–垂直剖面内的分布。直方图代表6 h 观测累计降水量（单位：mm）

热力波作用密度能够描述暴雨过程中雨区上空动力场和热力场典型的垂直结构特征，指示暴雨区发展移动（林青 等，2014）。由图 4-19 可见，持续性暴雨 3 个时段降水落区上空 900 ～ 500 hPa 热力波作用密度均表现为正负值相间波列活动。相比较，第一时段正负波列向上伸展得更高，说明垂直速度水平梯度及广义位温水平梯度更明显，即降水周围上升运动和下沉补偿运动更强烈，造成的结果则是第一时段的降水相对其他两个时段较大。由此可见，热力波作用密度在对流层中下层出现正负值相间波列活动特征易引发强降水发生，且伸展越高对应的降水越大。

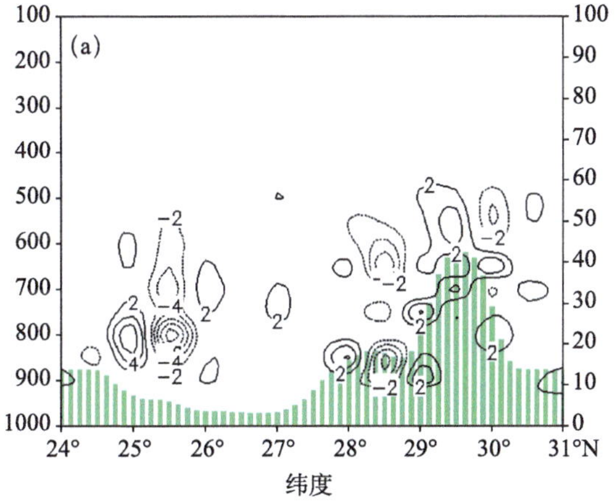

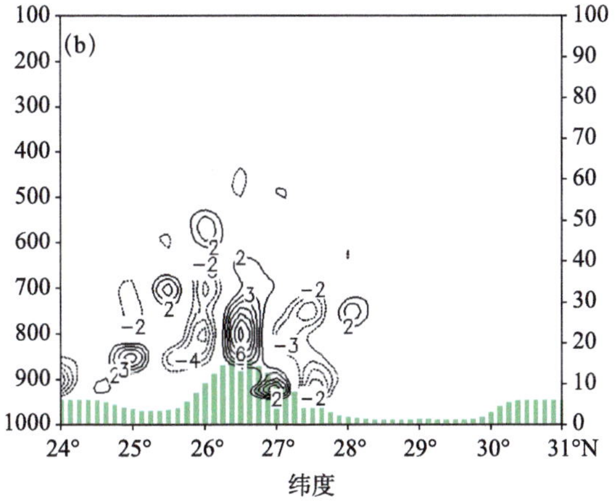

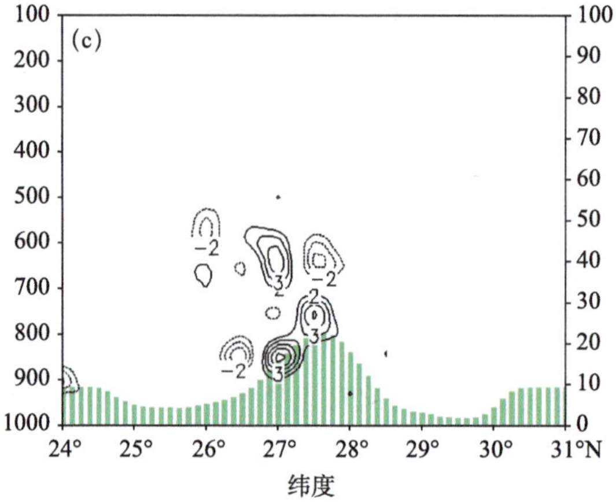

图4-19　2017年6月23日08时（a）、6月27日08时（b）、6月29日08时（c）热力波作用密度（单位：10^{-10}K・Pa/（m^2・s））在沿111°E经向-垂直剖面内的分布。直方图代表6 h观测累计降水量（单位：mm）

综合可知，该区域持续性暴雨过程的3个阶段，5个动力因子均对强降水有指示作用，其中湿热力平流参数在强降水上空400～900 hPa为负的大值区，负高值中心位于降水中心上空700 hPa或其南侧；热力螺旋度在400～900 hPa为一致的负值区以及600 hPa以下为负值中心、以上为正值中心的两种分布形态对应着降水落区；散度垂直通量在对流层中低层的正值中心和对流层中高层的负值中心相对应分布形态的出现，有利于强降水的发生发展；水汽散度通量在600 hPa以下出现的正值区与强降水相对应；热力波作用密度在强降水落区上空对流层中下层以正负值相间波动特征出现，且伸展越高指示的降水越大。

参考文献

曹晓岗, 王田民, 尹洁, 等, 1996.江西区域强暴雨的热力和动力条件诊断分析[J].气象, 22 (4) : 37-40.

楚艳丽, 王振会, 冉令坤, 等, 2013.台风“莫拉克” (2009) 暴雨过程中位势切变形变波作用密度诊断分析和预报应用[J].物理学报, 62 (9) : 99-201.

戴泽军, 蔡荣辉, 彭莉莉, 等, 2019.湖南区域持续性暴雨气候特征及暴雨落区分型[J].高原气象, 38 (3) : 573-582.

高守亭, 冉令坤, 李娜, 等, 2013.集合动力因子暴雨预报方法研究[J].暴雨灾害, 32 (4) : 289-302.

李琴, 杨帅, 崔晓鹏, 等, 2016.四川暴雨过程动力因子指示意义与预报意义研究[J].大气科学, 40 (2) : 341-356.

林青, 沈新勇, 高守亭, 2014.台风“莫拉克”登陆期间的中尺度波动特征分析[J].气候与环境研究, 19 (5) : 536-546.

牛立强, 陈长胜, 马洪波, 2013.集合动力因子预报系统及其对一场切变暴雨落区的预报检验[J].吉林气象 (3) : 12-16, 29.

冉令坤, 楚艳丽, 2009.强降水过程中垂直螺旋度和散度通量及其拓展形式的诊断分析[J].物理学报, 58 (11) : 8094-8106.

冉令坤, 刘璐, 李娜, 等, 2013.台风暴雨过程中位势散度波作用密度分析和预报应用研究[J].地球物理学报, 56 (10) : 3285-3301.

冉令坤, 齐彦斌, 郝寿昌, 2014.“7・21”暴雨过程动力因子分析和预报研究[J].大气科学, 38 (1) : 83-100.

汪亚萍, 崔晓鹏, 冉令坤, 等, 2015.动力因子对2006“碧利斯”台风暴雨的诊断分析[J].大气科学, 39 (4) : 747-756.

王成鑫, 高守亭, 梁莉, 等, 2013.动力因子对地形影响下的四川暴雨落区的诊断分析[J].大气科学, 37 (5) : 1099-1110.

王晓芳, 黄华丽, 黄治勇, 2011.2010年5—6月南方持续性暴雨的成因分析[J].气象, 37 (10) : 1206-1215.

许变, 何金海, 高守亭, 等, 2013.集合动力因子对登陆台风“莫拉克”(0908) 暴雨落区的诊断与预报研究[J].大气科学, 37 (1) : 23-35.
杨帅, 陈斌, 高守亭, 2013.水汽螺旋度和热力螺旋度在华北强“桑拿天”过程中的分析及应用[J].地球物理学报, 56 (7) : 2185-2194.
杨晓霞, 高留喜, 宋佳嘉, 等, 2018.山东夏季强降水的影响系统和物理量特征[J].海洋气象学报, 38 (3) : 57-66.
赵宇, 高守亭, 2008.对流涡度矢量在暴雨诊断分析中的应用研究[J].大气科学, 32 (3) : 444-456.
周慧, 杨令, 刘志雄, 等, 2013.湖南省大暴雨时空分布特征及其分型[J].高原气象, 32 (5) : 1425-1431.
GAO S T, WANG X R, ZHOU Y S, 2004.Generation of generalized moist potential vorticity in a frictionless and moist adiabatic flow[J]. Geophys Res Lett (31) : L12113.
GAO S T, RAN L K, 2009.Diagnosis of wave activity in a heavy—rainfall event[J]. Journal of Geophysical Research, 114 (D8) : D08119.
RAN L K, ABDUL R, AL R, 2009.Diagnosis of wave activity over rain band of landfall typhoon[J].Joumal of Tropical Meteorology, 15 (2) : 121-129.
WU X D, RAN L K, CHU Y L, 2011.Diagnosis of a moist thermodynamic advection parameter in heavy—rainfall events [J]. Advances in Atmospheric Sciences, 28 (4) : 957-972.

第5章 湖南区域持续性暴雨预报模型

异常的大气环流稳定维持，造成冷暖空气持续交绥于某一地区是持续性暴雨发生的主要原因（陶诗言，1980；Ding et al.，1982；Lau et al.，2012）。大尺度环流条件制约暴雨的发生发展，在长波系统较稳定期，天气尺度和中尺度系统在同一地区出现或沿同一路径移动，以致造成持续性暴雨（丁一汇，1994）。因此，在研究湖南区域持续性暴雨预报模型时分为两个步骤，构建了一个两层嵌套类的预报模型。第一步，从长持续时间的大尺度环流异常出发，建立湖南区域持续性暴雨预报概念模型，对是否会发生区域持续性暴雨进行判识，如果具备发生区域持续性暴雨的大尺度环流条件，那么进入到第二步，利用多个物理量作为影响因子，建立湖南区域持续性暴雨落区概率预报模型，明确区域持续性暴雨的落区和发生概率。由于气候背景场各月有所变化，区域持续性暴雨的环流异常特征也随月份有所变化，本章以湖南 6 月区域持续性暴雨为研究对象，详细描述湖南 6 月区域持续性暴雨预报模型的构建过程，并对构建的模型进行应用和效果检验。

5.1 湖南区域持续性暴雨预报概念模型构建

基于湖南 6 月区域持续性暴雨典型环流的 6 种类型，使用 1961—2016 年 NCEP/NCAR 再分析资料的高度场、风场、比湿场，采用异常度方法（当

SA ＞ 0时定义为异常高值系统，当SA ＜ 0时定义为异常低值系统）对中高纬度环流型进行客观识别，结合发生区域持续性暴雨区域动力上升条件和水汽输送条件，寻找湖南区域持续性暴雨发生信号并进行量化表征，从而建立湖南区域持续性暴雨发生的定量化预报模型。

5.1.1　湖南区域持续性暴雨过程判识条件

1. 湖南区域持续性暴雨过程中高纬环流判识条件

持续性暴雨的发生往往对应着长持续时间的大尺度环流异常。为了确定各类区域持续性暴雨中高纬环流型的判别指标，对6月各类区域持续性暴雨中高纬环流型个例位势高度的异常度场进行合成分析，并划定环流异常关键区，最后确定了各类区域持续性暴雨发生中高纬环流型临界指标，实现区域持续性暴雨环流型的客观识别。

以两槽一脊环流型区域持续性暴雨为例。图5-1a是500 hPa位势高度的异常度场合成。由图5-1a可见，区域持续性暴雨发生时，西太平洋副热带高压加强西伸，自太平洋中部西伸至中南半岛东部。乌拉尔山地区为一低槽，贝加尔湖及以西为阻塞高压或者高压脊，其东侧东亚地区为一深槽，且南伸至湖南，东亚深槽后部的偏北风携带的干冷空气源源不断地向南侵入南方，与南方来的暖湿空气持续交绥，稳定的对峙导致持续性暴雨发生。两槽一脊环流型区域位势高度异常特征在区域持续性暴雨发生期间明显，且均通过了显著性检验，因此，位势高度显著异常区域可作为区域持续性暴雨发生两槽一脊环流型关键区域的待选区。

为避免合成分析时由于某个个例极其异常导致合成的结果偏向于该个例的环流形势，统计了区域持续性暴雨发生期间各个异常高、低值系统出现的空间地域概率，这样的概率可在一定程度上反映异常系统的稳定性（陈阳，2013）。从图5-1b中可以看出，14次两槽一脊环流型区域持续性暴雨发生期间，在贝加尔湖及以西出现高压脊和在乌拉尔山地区出现低槽的概率都在

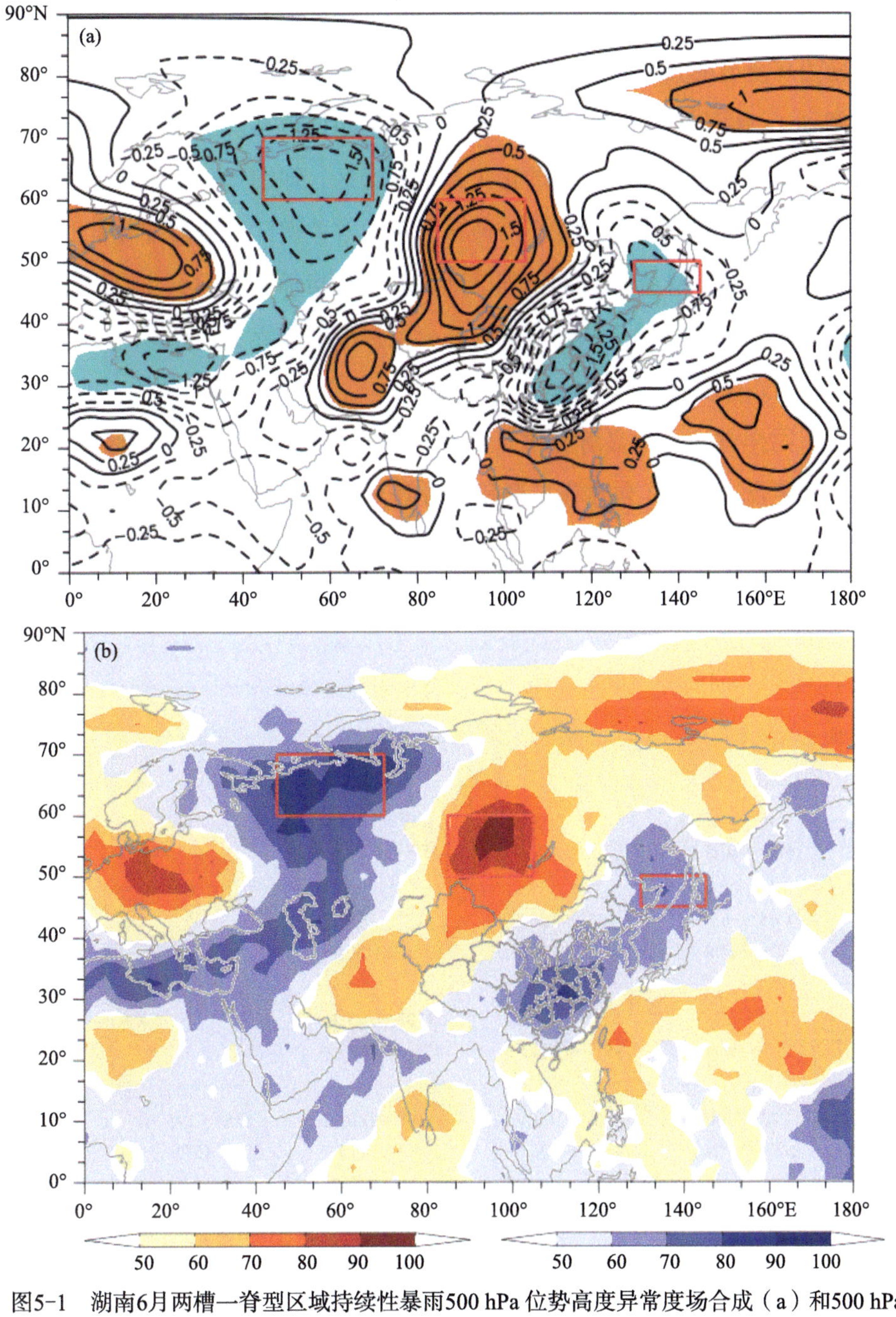

图5-1 湖南6月两槽一脊型区域持续性暴雨500 hPa位势高度异常度场合成（a）和500 hPa异常高低值系统概率分布（b）

（a）黄色、蓝色阴影区代表正负异常度t-检验通过α=0.05显著性检验；（b）红色为高值系统概率，蓝色为低值系统概率，%；红色矩形框为该环流型的位势高度异常关键区

80% 左右，东亚深槽出现概率在 60 % 以上。概率分析说明两槽一脊区域持续性暴雨环流型配置并非由某单一异常个例造成，具有一定的普适性。因此，综合图 5-1a 和图 5-1b 中显著异常区域与异常高低值系统出现的高概率区环流特征，划定两槽一脊环流型的正负异常关键区，即图 5-1 中的矩形框，用正异常关键区位势高度异常度平均值减去负异常关键区位势高度异常度平均值，作为该环流型计算机自动识别的环流型量化指标。进一步分析该型所有历史过程的环流型指标值，确定达到环流型标准的临界值，经回代分析得到该环流型的达标临界值为 3。

参照同样方法，将显著异常区域与高低值系统出现的高概率区相结合，分别提取两脊一槽型（包含鄂乌型和贝乌型）、两槽两脊型、纬向波动型、多涡旋型的环流异常关键区和达标临界值，结果见表 5-1 湖南 6 月各环流型区域持续性暴雨 500 hPa 中高纬环流关键区及指标临界值。

表5-1　湖南6月各环流型区域持续性暴雨500 hPa中高纬环流关键区及指标临界值

环流型	关键区1	关键区2	关键区3	关键区4	指标临界值
两槽一脊型	（45°—70°E，60°—70°N）－	（85°—105°E，50°—60°N）＋	（130°—145°E，45°—50°N）－		3
鄂乌型	（45°—65°E，52°—62°N）＋	（105°—120°E，52°—60°N）－	（145°—165°E，53°—63°N）＋		2
贝乌型	（50°—68°E，50°—58°N）＋	（50°—75°E，35°—43°N）－	（110°—125°E，47°—55°N）＋		3
两槽两脊型	（75°—88°E，52°—58°N）－	（90°—100°E，42°—50°N）＋	（110°—120°E，30°—45°N）－	（135°—145°E，32°—45°N）＋	6
纬向波动型	（65°—90°E，50°—60°N）－	（115°—130°E，40°—47°N）＋	（117°—127°E，25°—35°N）－		3
多涡旋型	（50°—65°E，35°—55°N）－	（90°—120°E，35°—45°N）－			−5

根据表5-1中各环流型区域持续性暴雨500 hPa中高纬环流的关键区及指标临界值，采用计算机进行自动判别。当输入某日500 hPa位势高度场后，首先计算各环流型各关键区内位势高度异常度场的平均值，判断是否符合某类环流型基本分布，即如果是两槽一脊型的，那么各关键区应符合“- + -”的基本分布，然后再计算各环流型的环流型指标，对照环流型指标临界值的大小，当某环流型指标大于临界值，则判别该中高纬环流型达标。只要某日及第二天的位势高度场都符合5种环流型中的某一类，就认为湖南具备发生区域持续性暴雨的环流形势。当然，中高纬环流型只是区域持续性暴雨发生的可能大背景，具体到湖南能否出现暴雨过程、能否持续以及过程什么时间发生，需要结合局地的动力条件、水汽条件进一步判断。

2. 湖南区域持续性暴雨过程中低纬动力抬升判识条件

研究湖南大暴雨过程的天气特征时发现，西风带低槽配合低涡切变、锋面的降水是湖南初夏主要大暴雨天气型，（100°—115°E，25°—35°N）为高空槽的关键影响区，此类暴雨过程多为持续性大暴雨过程（周慧 等，2013）。低槽为降水提供了动力上升条件，西风槽越深，动力上升条件越强。从各类环流型区域持续性暴雨过程看，基本有一个共同特点，即在湖南区域（107°—115°E，25°—32°N）为显著的位势高度负异常（图5-2），正位于发生大暴雨的低槽关键影响区内。因此，可将此区域作为湖南区域持续性暴雨预报的关键区。

通过历史个例回代检验发现，43次过程中，有8次过程不满足关键区为负异常这一条件，若只用该条件进行判别，将会产生18.6%的漏报率。进一步分析上述不满足判别条件的8次过程发现，这8次过程中，湖南实际上也处于相对槽区或槽前。例如，1990年6月14—15日持续性暴雨过程，西太平洋副热带高压较强，588 dagpm等值线覆盖了华南大部，湖南上空500 hPa位势高度值比气候平均值偏高，但湖南处于槽前和副热带高压边缘的不稳定上升区（图5-3a）。1998年6月13—14日持续性暴雨过程，同样是湖南上

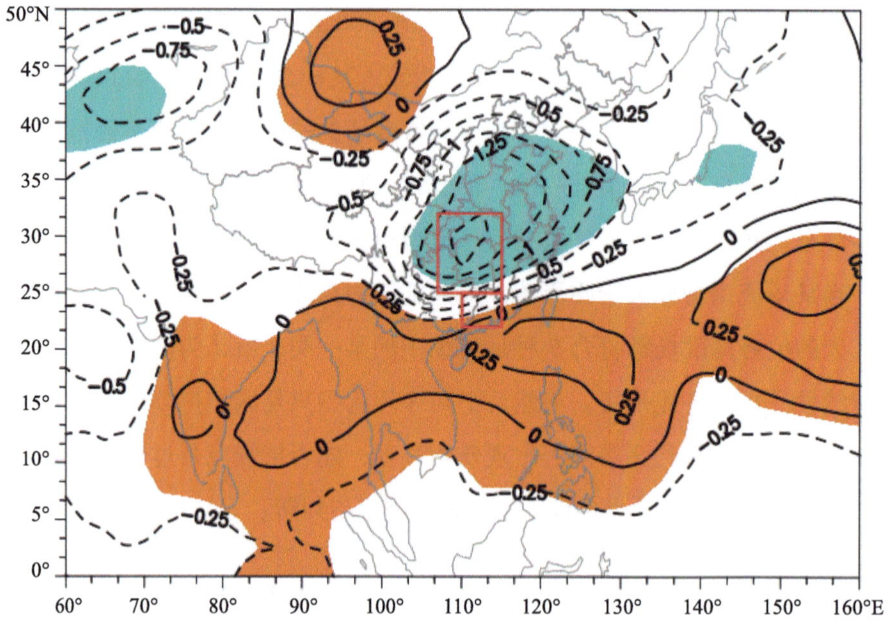

图 5-2　湖南6月区域持续性暴雨500 hPa 位势高度异常度场合成图

黄色、蓝色阴影区代表正负异常度t-检验通过α=0.05显著性检验

空 500 hPa 位势高度值高于气候平均值，西太平洋副热带高压偏强明显偏西，588 dagpm 等值线覆盖华南及中南半岛，但同时东亚西风槽也较强，湖南处于西风槽底（图 5-3b）。由此可见，在西太平洋副热带高压较强、湖南区域 500 hPa 位势高度为正异常情况下，当湖南处于槽前或槽底时，仍然可能产生暴雨过程。因此，为减少漏报现象，有必要增加考虑这种情形的暴雨过程。根据以上分析结果，将湖南区域持续性暴雨的动力条件判别指标设计为：当湖南区域（107°—115°E，25°—32°N）500 hPa 位势高度异常度平均值为负值或者副热带高压影响关键区（110°—120°E，20°—23°N）500 hPa 位势高度最大值≥ 588 dagpm 并持续 2 d 或以上，则认为满足湖南区域持续性暴雨的动力条件。普查 43 次历史过程发现，所有过程均满足条件。

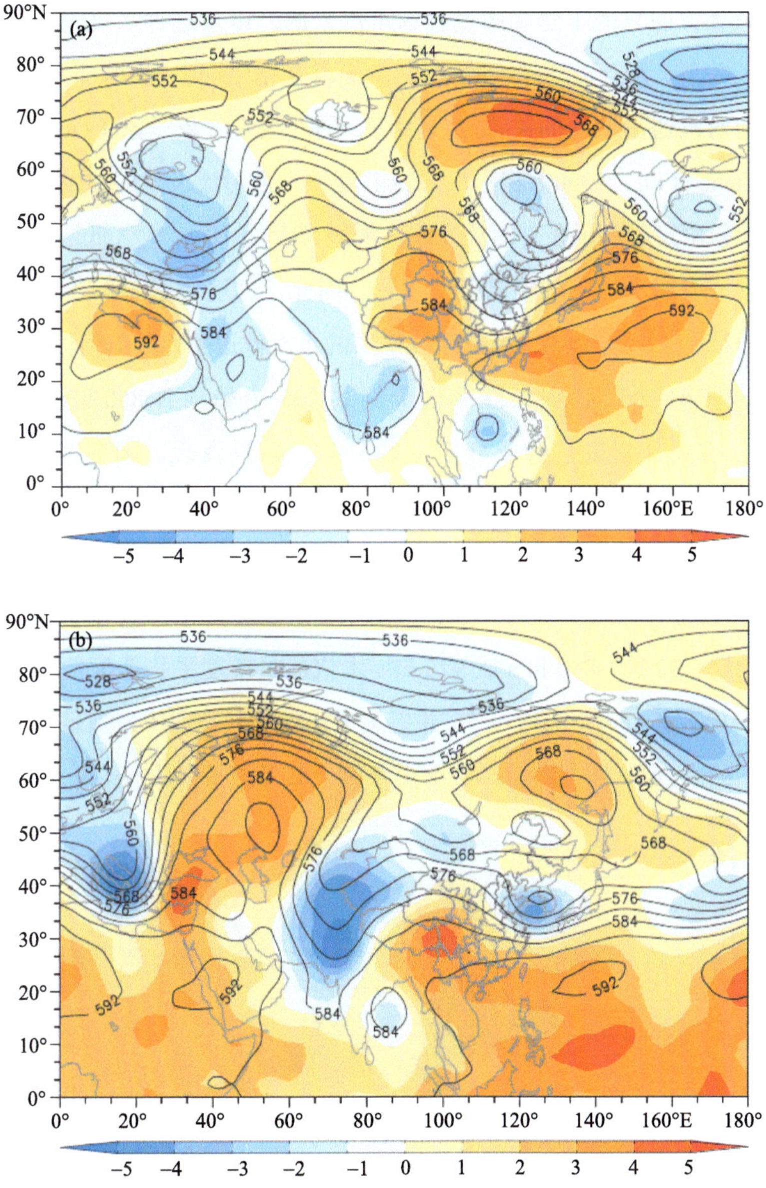

图5-3　1990年6月14日（a）和1998年6月13日（b）500 hPa 位势高度（等值线单位：dagpm）与异常度（色斑）

3. 湖南区域持续性暴雨过程水汽判识条件

水汽输送通常用水汽通量与水汽通量散度进行定量表征。一般从水汽通量的数值和方向只能了解暴雨过程的水汽来源，以及这种水汽输送和某些天气系统的关系，至于水汽在何处汇集，暴雨究竟出现在何处，降水量有多大等，则与水汽通量散度的关系更为密切。国外很多气象学家（Ducrocq et al.，1998；Calas et al.，2000）将水汽通量散度作为强对流天气的触发因子，在研究湖南大暴雨过程触发条件时亦发现（周慧 等，2018），大气低层的水汽通量散度是形成湖南大暴雨的重要条件之一。因此，这里选用 850 hPa 或 925 hPa 的水汽通量散度作为湖南区域持续性暴雨的水汽输送条件判别指标。

对 6 月 43 个区域持续性暴雨个例共 105 个暴雨日 850 hPa 和 925 hPa 水汽通量散度分别进行合成分析（图 5-4），结果发现，湖南范围（110°—115°E，25°—30°N）为明显的水汽辐合上升区，特别是 925 hPa 层特征最为明显。根据计算出的 43 个历史个例湖南范围水汽通量散度的平均值和最小值，将湖南区域持续性暴雨的水汽条件判别指标设计为：当湖南范围（110°—115°E，25°—30°N）850 hPa 或 925 hPa 水汽通量散度平均值为负值且最小值 $\leqslant -0.3\times10^{-5}$ g/（cm^2·hPa·s），并持续 2 d 或以上，则认为满足湖南区域持续性暴雨的水汽条件。普查 43 次历史个例，42 次个例满足条件。

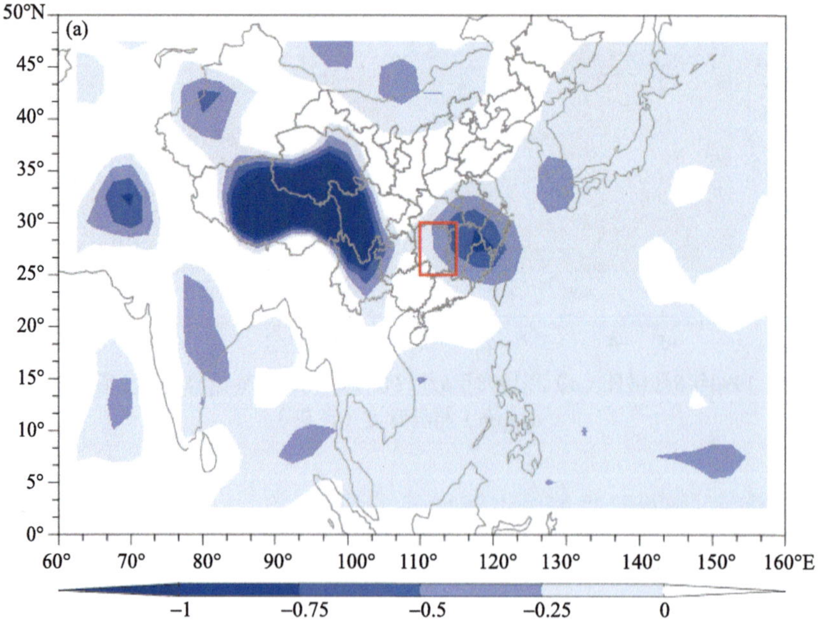

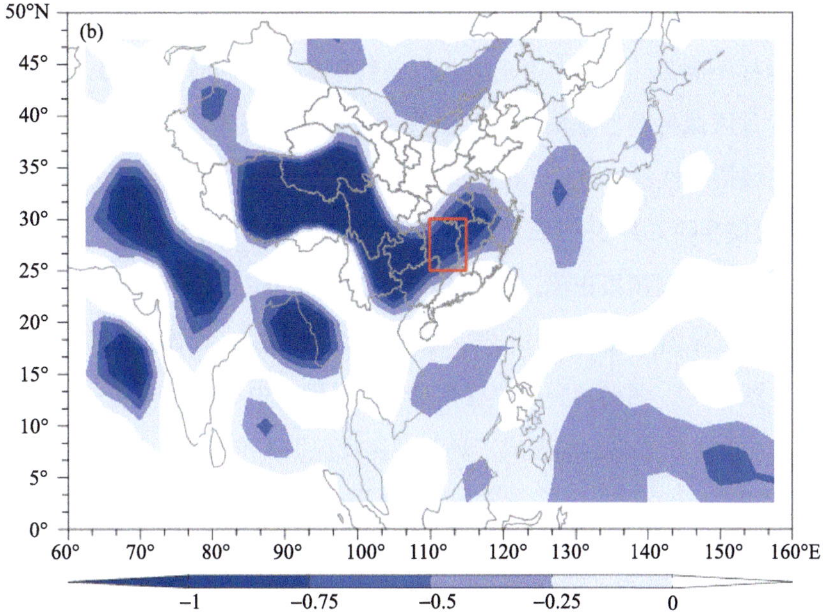

图 5-4　湖南6月区域持续性暴雨个例850 hPa（a）和925 hPa（b）水汽通量散度合成（单位：10^{-5}g/(cm^{2} · hPa · s)）

5.1.2　持续性暴雨预报模型构建及历史个例回代检验

综合已有分析，建立 3 层指标逐级判识的汛期区域持续性暴雨预报模型：第一步，判断 500 hPa 欧亚中高纬度环流型，当某一环流型达标且持续 2 d 或以上，则进入下一步判断。第二步，在环流型达标期间，根据湖南区域（107°—115°E，25°—32°N）500 hPa 位势高度异常度平均值或者副热带高压影响关键区（110°—120°E，20°—23°N）500 hPa 位势高度最大值，判断动力条件是否达标，当动力条件达标且持续 2 d 或以上，则进入第三步判断。第三步，在第二步达标的时段内，根据湖南范围（110°—115°E，25°—30°N）850 hPa 或 925 hPa 水汽通量散度平均值和最小值判断水汽输送条件是否达标，若水汽条件达标且持续 2 d 或以上，则认为湖南有区域持续性暴雨过程发生。

将上述湖南区域持续性暴雨预报模型应用于 1961—2016 年 43 次发生在 6 月的湖南持续性暴雨过程，进行回代检验，有 81%（35 次）的过程达到 3 层判识条件的阈值，满足持续性暴雨预报指标，有 8 次不符合，其中 7 次为第一层环流型指标不满足，1 次为第三层水汽条件不满足。同时，对 2017 年和 2018 年湖南 6 月区域持续性暴雨进行了试报检验，结果发现，仅 2017 年 6 月出现了 3 次区域持续性暴雨过程（6 月 5—6 日，6 月 23—25 日，6 月 30 日—7 月 1 日），预报模型除 6 月 5—6 日的区域持续性暴雨过程出现漏报外，其他 2 次区域持续性暴雨过程预报正确。2017 年 6 月 5—6 日的区域持续性暴雨过程出现漏报，分析其原因发现，6 月 5—6 日的这次区域持续性暴雨过程属于两槽两脊环流型（图 5-5），两槽两脊的位置相对于预报模型中划定的环流关键区整体偏西，因槽（脊）位置的偏离造成了环流型客观识别不准确而导致过程漏报。

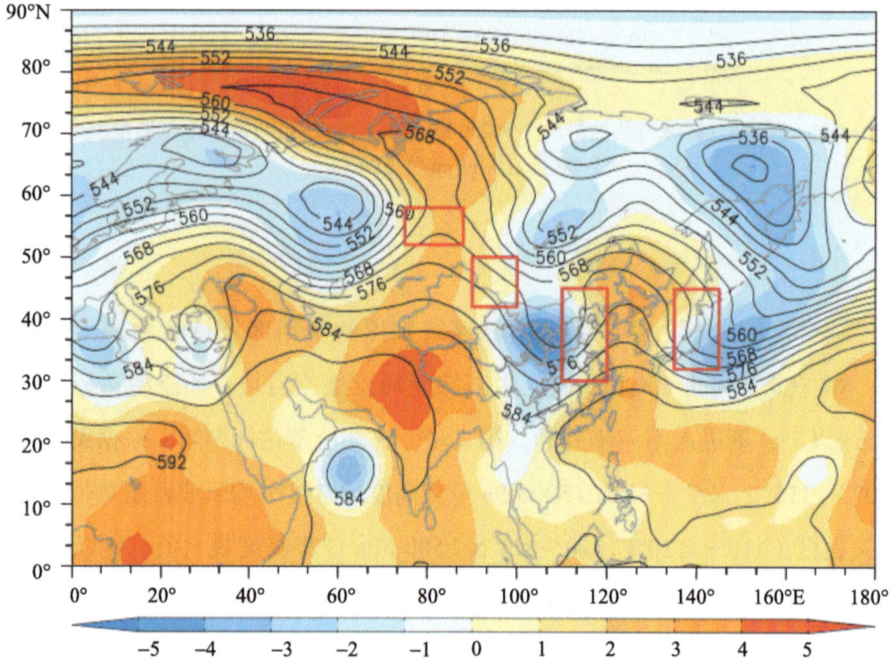

图5-5 2017年6月5日500 hPa 位势高度（等值线单位：dagpm）与异常度（色斑）（红色矩形框为关键区）

5.1.3 湖南7月和8月区域持续性暴雨预报概念模型

除 6 月外，湖南 7 月和 8 月的区域持续性暴雨也较多。湖南 1961—2016

年 7 月共发生了 23 次区域持续性暴雨过程。按 500 hPa 欧亚中高纬环流分型，7 月发生区域持续性暴雨的环流型主要包括两槽一脊型（10 次）、两槽两脊型（2次）和两脊一槽型（9次）3类，其中两脊一槽型又可细分为鄂乌型（6 次）和贝乌型（3 次）两类。按照 6 月区域持续性暴雨的建模方式对 7 月的区域持续性暴雨进行建模，各种环流型的关键区的划定见图 5-6 和表 5-2，区域动力条件判别指标和水汽输送判别指标同 6 月。将 7 月湖南区域持续性暴雨概念模型应用于 1961—2016 年 23 次湖南区域持续性暴雨过程回代检验，有 18 次符合，回报准确率为 78.26%，有 5 次不符合，均为环流型不达标。

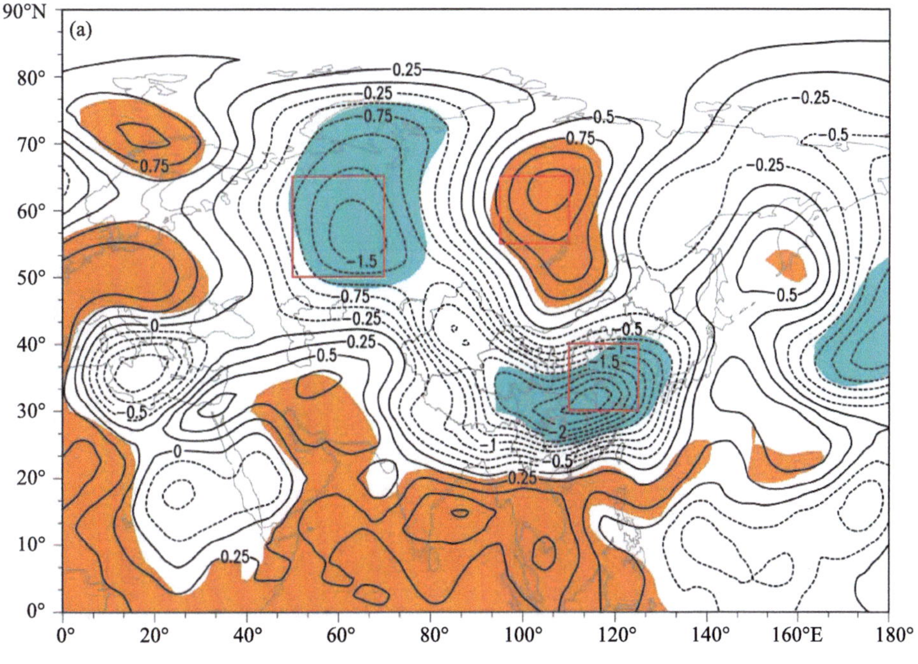

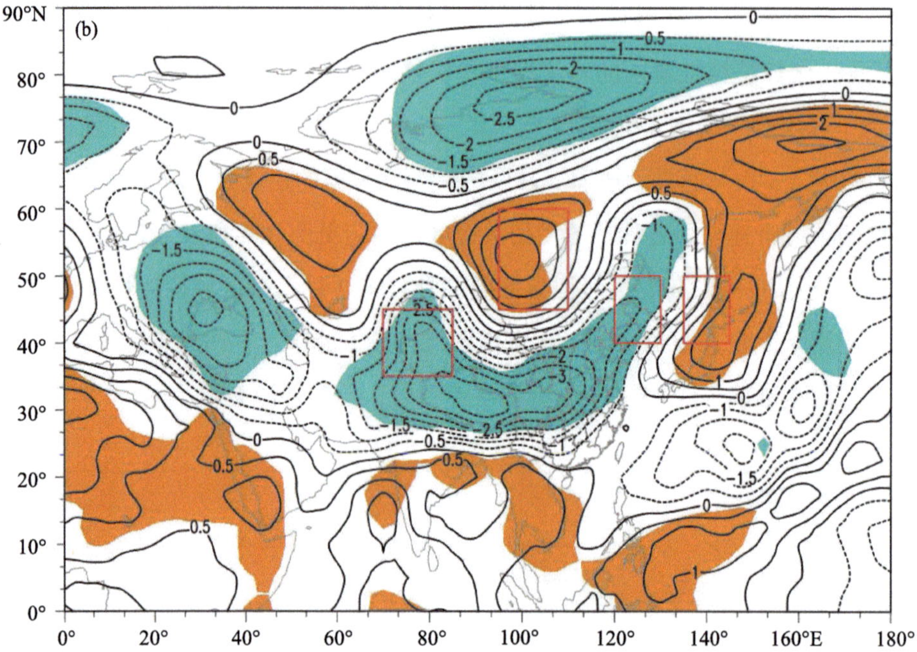
(b)
90°N
80°
70°
60°
50°
40°
30°
20°
10°
0°
0°
20°
40°
60°
80°
100°
120°
140°
160°E
180°

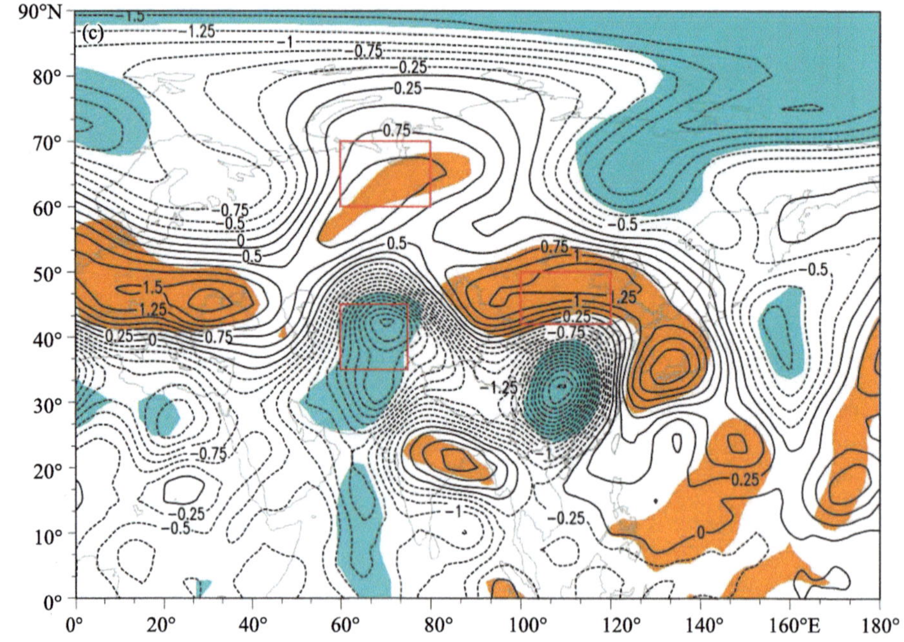
(c)
90°N
80°
70°
60°
50°
40°
30°
20°
10°
0°
0°
20°
40°
60°
80°
100°
120°
140°
160°E
180°

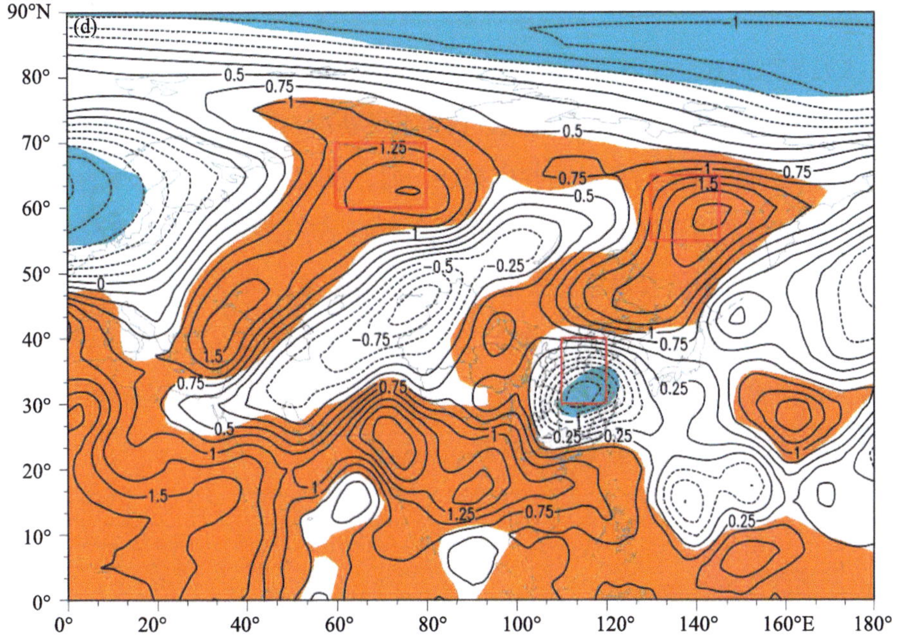

图5-6　湖南7月两槽一脊型区域持续性暴雨500 hPa 位势高度异常度场合成（a）；两槽两脊型区域持续性暴雨500 hPa 位势高度异常度场合成（b）；两脊一槽（贝乌）型区域持续性暴雨500 hPa 位势高度异常度场合成（c）；两脊一槽（鄂乌）型区域持续性暴雨500 hPa 位势高度异常度场合成（d）（红色矩形框为关键区）

表5-2　湖南7月各环流型区域持续性暴雨500 hPa 中高纬环流关键区及指标临界值

环流型	关键区1	关键区2	关键区3	关键区4	指标临界值
两槽一脊型	（50°—70°E，50°—65°N）-	（95°—110°E，55°—65°N）+	（110°—125°E，30°—40°N）-		3
鄂乌型	（60°—80°E，60°—70°N）+	（110°—120°E，30°—40°N）-	（130°—145°E，55°—65°N）+		4
贝乌型	（60°—80°E，60°—70°N）+	（60°—75°E，35°—45°N）-	（100°—120°E，42°—50°N）+		3
两槽两脊型	（70°—85°E，35°—45°N）-	（95°—110°E，45°—60°N）+	（120°—130°E，40°—50°N）-	（135°—145°E，40°—50°N）+	6

湖南 1961—2016 年 8 月共发生了 15 次区域持续性暴雨过程，台风型暴雨共发生 8 次，其他环流型的暴雨各自仅发生 1 次左右，共 7 次。由于 8 月的区域持续性暴雨除台风型外，其他类型的暴雨个例太少，不适合建模，因

此，8 月只建立台风型的区域持续性暴雨概念模型。

8 月模型的建立与 6 月和 7 月的稍有不同，差别在于将 6 月和 7 月建模的第一步和第二步合为第一步，即把区域持续性暴雨 500 hPa 欧亚中高纬环流型的客观识别和区域动力条件的判别放在一起，模型的建立只分为两步，第二步水汽输送判别指标同 6 月。台风模型关键区的划定见图 5-7 和表 5-3。将 8 月台风型区域持续性暴雨概念模型应用于 1961—2016 年 8 次台风型区域持续性暴雨过程回代检验，有 6 次符合，回报准确率为 75%，有 2 次不符合，主要原因是关键区域有偏差。在使用 8 月台风模型时，要关注台风的预报信息，当有台风生成时才启用 8 月台风模型。

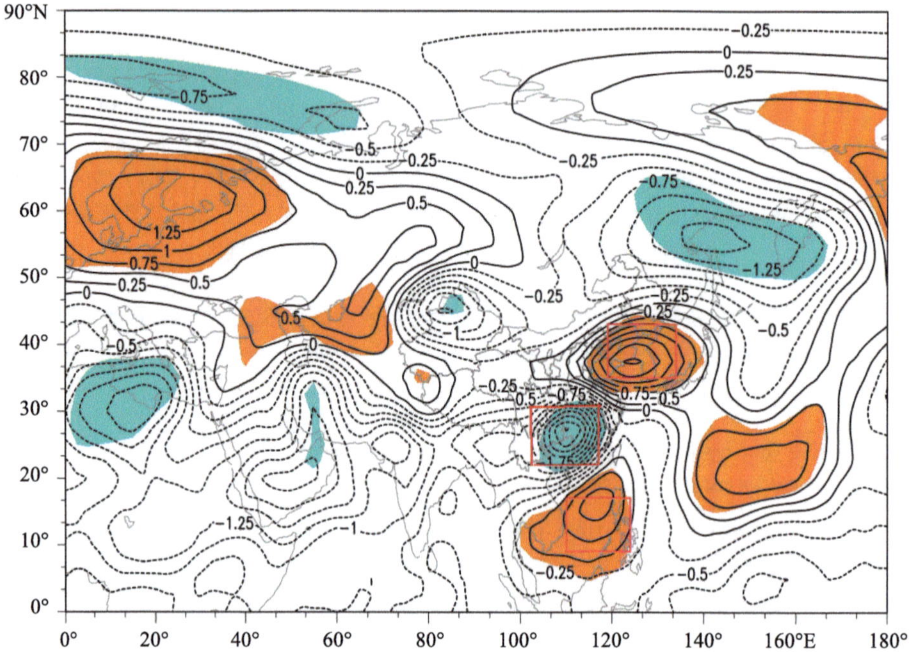

图5-7　湖南8月台风型区域持续性暴雨500 hPa 位势高度异常度场合成

表5-3　湖南8月台风型区域持续性暴雨500 hPa 中高纬环流关键区及指标临界值

环流型	关键区1	关键区2	关键区3	指标临界值
台风型	（110°—124°E，8°—16°N）+	（103°—117°E，22°—31°N）-	（119°—134°E，35°—43°N）+	2

5.2 湖南区域持续性暴雨落区概率预报模型构建

利用 1979—2016 年 ECMWF ERA-Interim 0.75°×0.75° 再分析资料和同时期的暴雨个例数据，采用传统物理量因子、标准化异常度因子和构建新动力因子 3 种方法，对预报因子进行预处理，得到 3 套不同预报因子，分别进行落区概率预报方法研究，建立 3 套基于不同预报因子的区域持续性暴雨落区概率预报模型。

由于每个预报因子的概率分布是未知的，因此，本研究采用核密度估计进行预报因子的概率拟合。核密度估计（kernel density estimation）是在概率论中用来估计未知的密度函数，属于非参数检验方法之一，由 Rosenblatt 和 Emanuel Parzen 提出。核密度估计方法不利用有关数据分布的先验知识，对数据分布不附加任何假定，是一种从数据样本本身出发研究数据分布特征的方法。核密度估计采用平滑的峰值函数“核”来拟合观察到的数据点，从而对真实的概率分布曲线进行模拟。假设 x_1，x_2，…，x_n 为独立分布的 n 个样本点，设其概率密度函数为 f，则某一个样本点 x_i 的概率密度 $f(x)$ 可由下式计算：

$$f(x)=\frac{1}{nh}\sum_{i=1}^{n}K\left(\frac{x-x_i}{h}\right) \tag{5-1}$$

式中：$K\left(\frac{x-x_i}{h}\right)$ 为核密度估计函数（核函数）；h 为窗宽，其决定核函数的方差。本研究采用标准高斯函数作为核函数，取 $K(u)=\frac{1}{\sqrt{2\pi}}\mathrm{e}^{-\frac{u^2}{2}}$。最优窗宽值可以用下式计算：

$$h_d=\sigma_d\left[\frac{4}{n(p+2)}\right]^{\frac{1}{p+4}} \tag{5-2}$$

式中：h_d 为最优窗宽；σ_d 为 d 维变量分布的标准差；p 表示变量的维度，单变量核密度估计取 p=1。

预报模型的建立，首先采用非参数方法核密度估计对历史持续性暴雨过程的所有预报因子进行概率曲线拟合。然后将所有历史过程预报因子概率值，考虑所有可能权重、可能预报因子组合，进行暴雨大样本演算，最后采用 TS 评分判别的方式，筛选确立最优因子和权重组合，构建落区概率预报模型。

5.2.1 基于异常度因子的区域持续性暴雨落区概率预报模型构建

基于前面与区域持续性暴雨相关的 24 个物理量因子的异常度特征分析可以知道，约 69% 的区域持续性暴雨过程属典型过程，这类暴雨过程出现时，无论是表征动力条件、水汽条件还是不稳定条件的物理量，都表现出明显的异常特征，特别是表征动力条件的物理量，与其他量级降水间存在显著差异。约 31% 的过程属非典型过程，此类暴雨过程出现时，各物理量的异常特征均不突出，与其他量级降水的差异性主要体现在部分表征不稳定条件和水汽条件的物理量上，且这些物理量的异常度平均值的绝对值小于典型过程的。虽然区域持续性暴雨根据各物理量异常度的特征能分为两大类，但由于非典型过程发生时各物理量的异常特征并不突出，不易与其他量级降水明显区分，因此，在构建区域持续性暴雨落区概率预报模型时不再分类建模。选取表征 3 类条件的 24 个物理量的异常度作为模型构建的初选因子，按以下步骤建立湖南区域持续性暴雨落区概率模型。

1. 物理量异常度概率分布特征

根据 1979—2016 年湖南 6 月 33 个区域持续性暴雨个例，统计每次过程中出现持续性暴雨站点当日的 24 个物理量的异常度值，利用形成的 1257 个样本数据，采用核密度估计的方法，对各物理量的异常度值进行概率估算，得到每个物理量异常度对应的概率分布和累积概率分布曲线，累积概率分布曲线上的每一点即表示某物理量异常度在该值时对应的持续性暴雨可能发生的概率。采用同样的方法，对其他量级降水的各物理量的异常度值也进行概率估算，对比不同量级降水各物理量概率分布的差异。

图 5-8 为各物理量的概率分布曲线和累积概率分布曲线。从图 5-8a 可以

看出，持续性暴雨 850 hPa 散度的概率分布与其他各量级降水的概率分布无论是在峰值的大小还是大值区的分布上都具有明显的差异。从图 5-8b 来看，当异常度在同一值上时，随着降水量级的降低，发生各量级降水的概率增大，

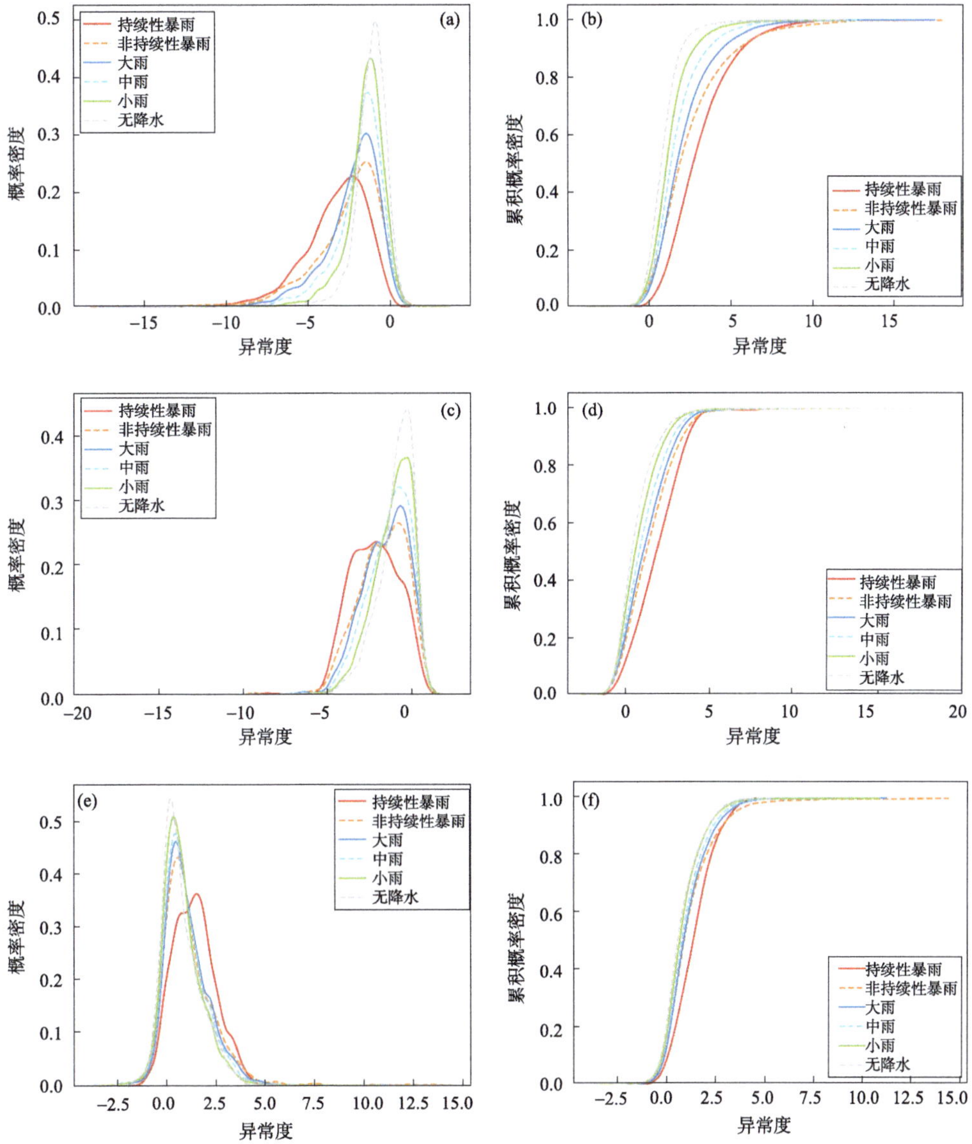

图5-8　850 hPa 散度概率分布曲线（a）和累积概率分布曲线（b）；925 hPa 水汽通量散度概率分布曲线（c）和累积概率分布曲线（d）；700 hPa 温度平流概率分布曲线（e）和累积概率分布曲线（f）

如当异常度值在 -2 附近时，持续性暴雨发生的概率约为 44%，非持续性暴雨发生的概率约为 60%，大雨发生概率为 80%，中雨以下降水发生概率均在 90% 以上。以上分析表明，通过 850 hPa 散度的异常度能较好地分辨是否发生区域持续性暴雨，对区域持续性暴雨具有较好的指示意义。由 925 hPa 水汽通量散度和 700 hPa 温度平流的概率（累积概率）分布曲线看出，这两个物理量的异常度的概率（累积概率）分布表现出与 850 hPa 散度基本一致的特征，对区域持续性暴雨均具有较好的指示意义。采用同样的方法对其他物理量的概率分布进行分析，发现大部分的物理量异常度能体现出区域持续性暴雨与其他量级降水的差异，能通过区间阈值将彼此区分开来。

2. 持续性暴雨落区概率预报模型构建

持续性暴雨的发生需要一定的环境气象条件，这些条件可通过表征暴雨发生的动力、水汽、不稳定能力等物理量定量化体现。在不同的气候背景下，各物理量的作用和敏感性是不同的，在各种物理量的协同作用下，且达到一定强度时可发生持续性暴雨。在构建暴雨预报模型时，预报因子的选取至关重要，通过前面对 24 个物理量异常度因子的特征和概率分布的分析可知，每个物理量对持续性暴雨的发生均有较好的指示作用，但如何从这些因子中选取出对持续性暴雨有关键指示作用的因子，且使这些因子搭配最优，就需要对各种因子的组合进行综合评价，从中选取出最优因子组合来构建预报模型。

为使对因子组合的评价更具客观性，本研究以 TS 评分作为评价因子组合是否最优的标准，TS 评分越高，因子组合越优。具体评价方式如下：

因子组合的建立。以每个持续性暴雨日当日各站的 24 个物理量异常度值对应的概率值（持续性暴雨发生概率）为初选因子，构建 24 个因子矩阵，24 个矩阵分别为含 1 个因子的矩阵、含 2 个因子的矩阵、含 3 个因子的矩阵……含 24 个因子的矩阵，以含 3 个因子的矩阵为例，矩阵的每一行为从 24 个因子中抽取出的 3 个因子的组合，根据排列组合的原理，这种 3 个因子的组合共有 12144 种，构建的含 3 个因子的矩阵大小为 12144×3。

权重系数组合的建立。不同的物理量对持续性暴雨的贡献度不一样，为匹配因子矩阵，同样构建24个权重系数矩阵，以含3个因子的矩阵对应的3因子权重系数矩阵为例，矩阵的每一行为3个因子对应的3个权重系数，为避免计算量过大，系数的精度取为0.1，取值范围为0.1～0.9，根据排列组合的原理，且同时满足3个权重系数和为1这个条件，这种3因子的权重系数组合共有36种，构建的含3个因子的权重系数矩阵大小为36×3。

持续性暴雨发生概率阈值的确定。通过因子矩阵和权重系数矩阵计算得到的结果为每个持续性暴雨日各站点持续性暴雨发生的概率，为了使用TS评分进行评价，需要给定一个阈值来确定某日哪些站出现了持续性暴雨，即当某站暴雨发生概率超过某个阈值时认为该站发生了持续性暴雨。一般来说，阈值定得越低，空报率可能越高；阈值定得越高，漏报率可能越高，需要选择一个合适的阈值，使得TS评分较高的同时空报率和漏报率比较适中。

分别计算选用30%、35%、40%、45%、50%……为阈值时24个因子矩阵组合的TS评分，可以发现，当选用的因子个数相同时，随着阈值的增大，TS评分有逐渐减小的趋势；当选用的阈值相同时，随着因子数目的增多，TS评分有逐渐减小的趋势；当计算到含5个因子的矩阵时或阈值为45%时，TS评分中就已经没有高于19的。所以当阈值取在45%以下，因子个数在5个以下时能得到较高的TS评分。比较以30%、35%、40%为阈值时3因子和4因子的最高TS评分可知，无论选取几个因子还是哪种概率阈值，构成最高TS评分的因子组合均是从500 hPa比湿、700 hPa比湿、850 hPa比湿、850 hPa温度平流、925 hPa温度平流和大气可降水量这6个因子中产生。以TS评分为标准筛选出的最高TS评分因子组合中，水汽因子是主要的贡献者，当因子个数为3时，因子组合中只含水汽因子和不稳定因子，其中水汽因子就占了2个，当因子个数为4时，水汽因子占3～4个。

产生暴雨的主要物理条件是充足的源源不断的水汽、强盛而持久的气流上升运动和大气层结构的不稳定。从构成最高TS评分因子组合的合理性分析，因子组合中应含有这3类因子，且能得到较高的TS评分，但按此原则，

表 5-4 中没有一组因子符合。为得到较合理的因子组合，根据表 5-4 中因子个数和概率阈值的搭配，选取含水汽、不稳定、动力 3 类条件且 TS 评分最高的因子组合，同时计算相应的命中率和虚警率（表 5-5）。从表 5-5 中可以看出，包含 3 类条件的各因子组合中，由 4 因子构成的组合 TS 评分要高于 3 因子的，4 因子组合更优。从各 4 因子组合来看，随着概率阈值的降低，命中率越高，虚警率也越高，需要选取一个合适的组合。在 TS 评分较高的情况下，命中率尽量高，虚警率尽量低，经综合分析，最终选取概率阈值为 35% 时由 200 hPa 散度、850 hPa 比湿、925 hPa 温度平流和大气可降水量这 4 个因子的组合来构建湖南区域持续性暴雨落区概率预报模型，在这种组合下，所有持续性暴雨日的平均 TS 评分为 19.3，平均命中率为 75%，平均虚警率为 34%。

表5-4　各概率阈值对应的最高TS评分因子组合

因子个数	概率阈值/%	最高TS评分	最高TS评分因子组合
3	30	20.1	850 hPa 比湿、925 hPa 温度平流、大气可降水量
3	35	19.8	500 hPa 比湿、700 hPa 比湿、850 hPa 比湿 700 hPa 比湿、850 hPa 比湿、925 hPa 温度平流 700 hPa 比湿、850 hPa 比湿、大气可降水量
3	40	19.4	850 hPa 比湿、925 hPa 温度平流、大气可降水量
4	30	20.2	500 hPa 比湿、850 hPa 比湿、850 hPa 温度平流、大气可降水量
4	35	19.8	700 hPa 比湿、850 hPa 比湿、925 hPa 温度平流、大气可降水量 700 hPa 比湿、850 hPa 比湿、850 hPa 温度平流、大气可降水量
4	40	19.3	500 hPa 比湿、850 hPa 比湿、925 hPa 温度平流、大气可降水量 500 hPa 比湿、700 hPa 比湿、850 hPa 比湿、大气可降水量

表5-5　各概率阈值对应的含3类因子的最高TS评分因子组合

因子个数	概率阈值/%	最高TS评分	命中率/%	虚警率/%	最高TS评分因子组合
3	30	19.3	76.4	36.8	850 hPa 比湿、925 hPa 温度平流、925 hPa 垂直速度
3	35	19.1	65.7	19.8	850 hPa 比湿、925 hPa 温度平流、925 hPa 垂直速度
3	40	18.5	46.9	4.0	850 hPa 比湿、925 hPa 温度平流、925 hPa 垂直速度

续表

因子个数	概率阈值/%	最高TS评分	命中率/%	虚警率/%	最高TS评分因子组合
4	30	19.8	80.8	42.2	200 hPa 散度、700 hPa 比湿、850 hPa 比湿、925 hPa 温度平流
			83.9	49.9	700 hPa 比湿、850 hPa 比湿、850 hPa 假相当位温、925 hPa 垂直速度
4	35	19.3	75.0	34.0	200 hPa 散度、850 hPa 比湿、925 hPa 温度平流、大气可降水量
			79.0	43.4	700 hPa 比湿、850 hPa 比湿、850 hPa 假相当位温、925 hPa 垂直速度
			75.5	39.4	200 hPa 散度、700 hPa 比湿、850 hPa 比湿、925 hPa 温度平流
4	40	19.2	48.7	4.0	200 hPa 散度、850 hPa 比湿、925 hPa 温度平流、大气可降水量

5.2.2　基于传统物理量因子的区域持续性暴雨落区概率预报模型构建

采用与上节相同的最优 TS 评分法，针对传统物理量因子，分别计算阈值为 30%、40%、50%、60%……时，1979—2016 年所有暴雨日平均 TS 评分最高的因子矩阵组合，发现阈值在 30% 和 40%，因子个数 3 和 4 个时 TS 评分能稳定在 17 以上，且因子集中在 200 hPa 散度、850 hPa 比湿、850 hPa 垂直速度、850 hPa 水汽通量散度、925 hPa 散度、925 hPa 涡度、925 hPa 垂直速度 7 个物理量中（表 5-6）。

表5-6　各概率阈值对应的最高平均TS评分因子组合

因子个数	概率阈值/%	TS评分	最高TS评分因子组合
3	30	17.0	850 hPa 比湿、850 hPa 垂直速度、925 hPa 散度
3	40	17.1	850 hPa 比湿、850 hPa 垂直速度、925 hPa 涡度
4	30	17.5	200 hPa 散度、925 hPa 散度、850 hPa 比湿、850 hPa 水汽通量散度
4	40	17.2	850 hPa 比湿、850 hPa 垂直速度、925 hPa 涡度、925 hPa 垂直速度

因此，将这 7 个物理量因子参照前节方法，赋予不同的因子矩阵和权重系数矩阵，回代至 2017—2019 年暴雨样本中进行评估，分别设定 30%、40% 等不同概率阈值，各种组合中平均 TS 评分最高为 24.3，对应的因子组合为 850 hPa 比湿、850 hPa 垂直速度、925 hPa 涡度和 925 hPa 散度，概率阈值为 40%。将此组合应用到 2017—2019 年持续性暴雨过程的样本中，平均 TS 评分为 31.8，说明此组合对持续性暴雨过程的模拟效果优于一般暴雨。

5.2.3 基于动力因子的区域持续性暴雨落区概率预报模型构建

动力因子对降水落区有一定的指示意义，选出与暴雨系统密切相关的湿热力平流参数、热力螺旋度、散度垂直通量、水汽散度通量、热力波作用密度 5 个动力因子，同样采用最优 TS 评分法来构建模型。

分别将 5 个动力因子对应概率值 40% ～ 65% 逐 5% 增加作为出现暴雨的阈值，同时赋予所有可能的动态权重，计算历史持续性暴雨过程的平均 TS 评分，通过大样本验算，以平均 TS 评分为判别标准，最终筛选确立概率阈值、最优因子和权重组合，构建区域持续性暴雨落区概率预报模型。由表 5-7 可知，当概率阈值取 60% 时，所有持续性暴雨过程最优因子和权重组合计算出的 TS 评分最大，概率阈值越大或者越小，TS 评分则越小。因此，确立了由湿热力平流参数、热力螺旋度、水汽散度通量和热力波作用密度 4 个因子构成最优因子组合，其最优系数搭配为 0.5、0.3、0.1 和 0.1，且当暴雨出现概率大于 60% 时往往伴随暴雨的发生，因此，在实际预报中，以概率值 60% 作为暴雨发生的阈值。

表5–7 预报因子概率阈值和权重

概率阈值	正确站次	漏报站次	空报站次	TS	权重				
					因子1	因子2	因子3	因子4	因子5
0.65	317	246	624	24.05	0.1	0.6	0	0.1	0.2
0.60	356	207	732	25.47	0.5	0.3	0	0.1	0.1

续表

概率阈值	正确站次	漏报站次	空报站次	TS	权重				
					因子1	因子2	因子3	因子4	因子5
0.55	385	178	841	25.08	0.3	0.3	0.2	0	0.2
0.50	415	148	1020	24.87	0	0.4	0	0.2	0.4
0.45	440	123	1156	24.67	0.3	0.2	0	0.5	0
0.40	457	106	1300	23.69	0.1	0.2	0	0	0.7

用2017—2019年6月的6次持续性暴雨过程（21个暴雨日）作为独立样本，进行回代检验，平均TS评分为19.5，准确率达到54.2%。

5.3 湖南区域持续性暴雨预报模型在汛期暴雨预报中的应用研究

2019年6月21—22日湖南出现了一次区域持续性暴雨过程，21日08时至22日08时暴雨主要集中在湘北一带，常德、长沙、益阳、湘潭等市（州）15个县（市）累计降水量超过50 mm，其中5个县（市）超过100 mm，最大日降水量为146.9 mm（汉寿）。22日08时—23日08时暴雨集中在湘中及湘东南，怀化、娄底、益阳、株洲等市（州）16个县（市）累计降水量超过50 mm，其中4个县（市）超过100 mm，最大日降水量为188.7 mm（溆浦）（图5-9）。

基于湖南区域持续性暴雨预报模型，针对此次过程开展了跟踪预报试验，结果表明，构建的区域持续性暴雨预报方法对区域持续性暴雨过程有较强的预报能力。

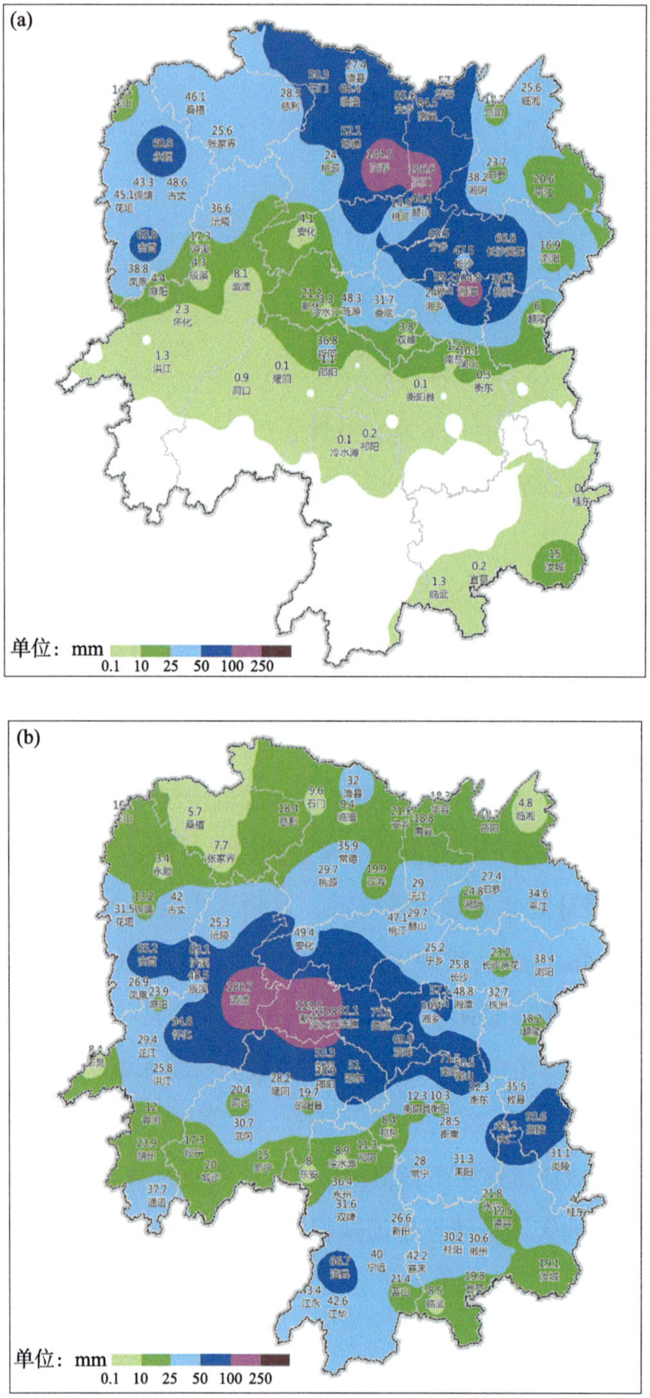

图5-9　6月21日08时至22日08时（a）、6月22日08时至23日08时（b）降水量

5.3.1 湖南区域持续性暴雨预报概念模型的应用

2019年6月22日08时500 hPa位势高度场实况（图5-10a）显示，中高纬为两槽一脊的环流型，乌拉尔山附近为一个低涡，贝加尔湖附近为一高压脊，东部沿海为一低槽，异常度场在中高纬呈“-+-”形态，属于持续性暴雨分型第Ⅰ型两槽一脊型的贝高型。湖南区域位势高度异常度为正值，但是西太平洋副热带高压西伸至90°E附近，588 dagpm线从湘中穿过，湖南中北部处在西太平洋副热带高压北界边缘，符合持续性暴雨的第二层动力抬升条件。925 hPa水汽通量散度场（图5-10b）显示，除湘西北外，湖南大部分为水汽通量散度负值区，风场切变处于湘中偏南，水汽条件有利于暴雨发展且满足持续性暴雨第三层判识指标。

GRAPES（全球/区域同化预报系统）24 h预报场上（图5-10c、图5-10d），500 hPa位势高度与实况基本一致，中高纬呈两槽一脊型，贝加尔湖附近的高压脊略弱于实况。异常度场的第Ⅰ型3个关键区呈“-+-”分布，且关键区异常度值满足判别阈值，符合持续性暴雨第一层指标判识。中低纬588 dagpm线位置预报较偏南，但仍然符合持续性暴雨第二层指标判识。925 hPa水汽通量散度场预报与实况相似，湖南主体为负值，水汽辐合区主要位于湘中一带。

GRAPES 72 h预报场上（图5-10e、图5-10f），500 hPa位势高度中高纬环流型与实况相似，贝加尔湖附近的高压脊预报场偏弱。异常度场的第Ⅰ型3个关键区呈“-+-”分布，且关键区异常度值满足判别阈值，符合持续性暴雨第一层指标判识。中低纬588 dagpm线位置预报场偏南，但仍然符合持续性暴雨第二层指标判识。925 hPa水汽通量散度场水汽辐合区预报较实况偏南，但湖南区域平均场仍为负值，满足第三层指标判识。

GRAPES 120 h预报场上（图5-10g、图5-10h），500 hPa位势高度中高纬环流型与实况较吻合，乌拉尔山附近的低槽预报场偏强，异常度场呈“-+-”分布，3个关键区的异常度值满足判别阈值，符合持续性暴雨第一层指标判识。中低纬588 dagpm线位置预报场较实况略偏北，但仍然符合持续性暴雨第二层指标判识。925 hPa 水汽通量散度场与实况接近，水汽辐合区位于湘中一带，水汽条件满足第三层指标判识。

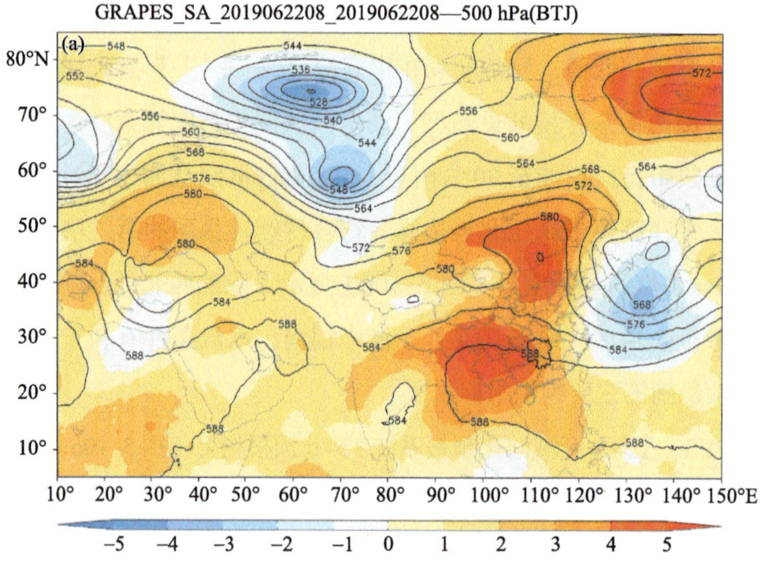

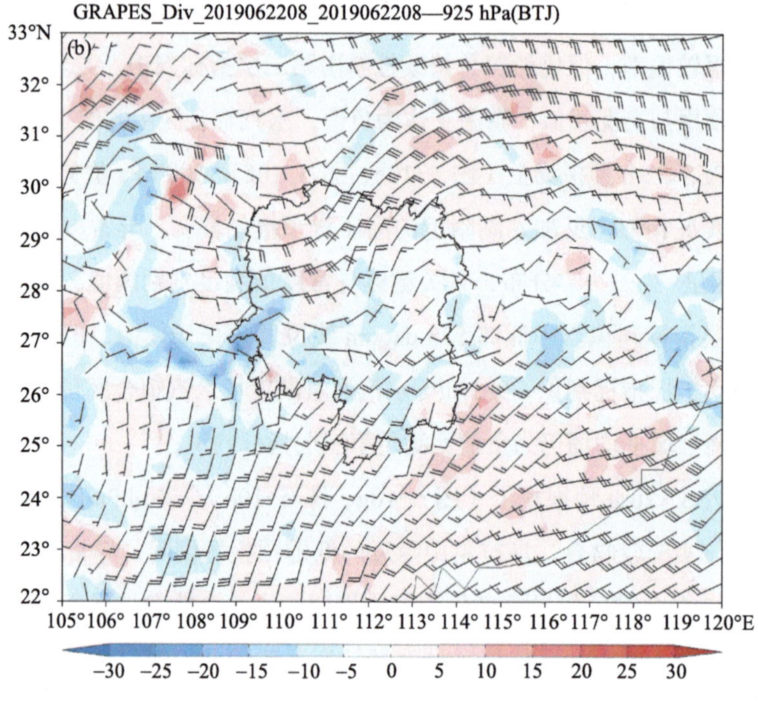

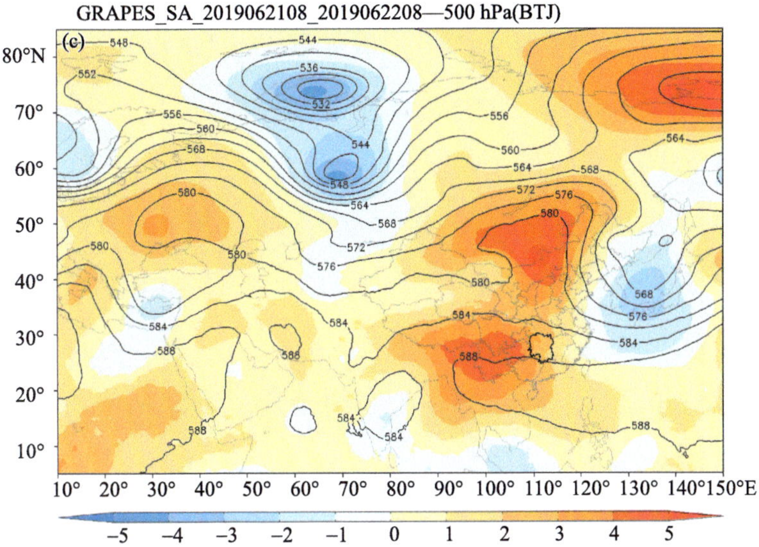
GRAPES_SA_2019062108_2019062208—500 hPa(BTJ)
(c)
80°N
70°
60°
50°
40°
30°
20°
10°
10° 20° 30° 40° 50° 60° 70° 80° 90° 100° 110° 120° 130° 140°150°E
−5 −4 −3 −2 −1 0 1 2 3 4 5

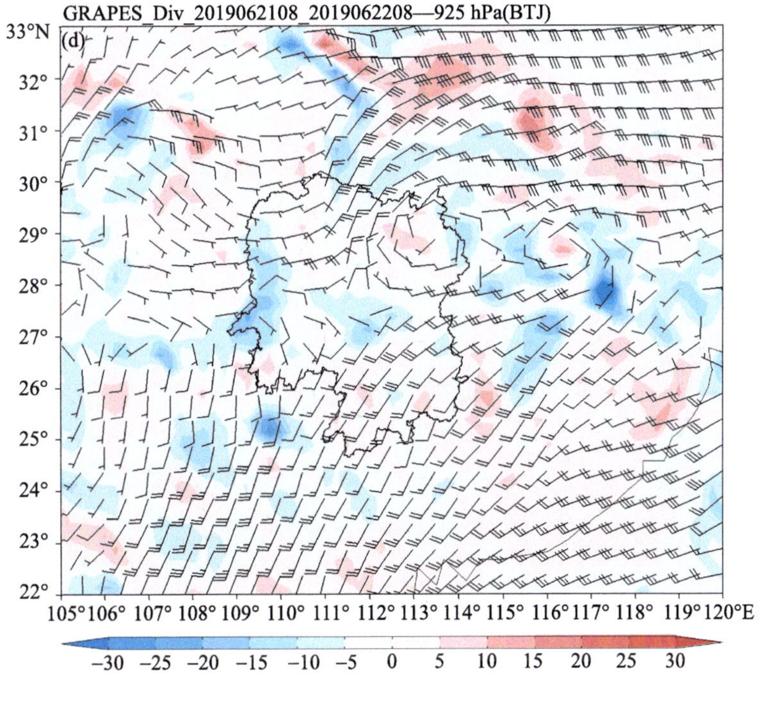
GRAPES_Div_2019062108_2019062208—925 hPa(BTJ)
(d)
33°N
32°
31°
30°
29°
28°
27°
26°
25°
24°
23°
22°
105°106° 107° 108° 109° 110° 111° 112° 113° 114° 115° 116° 117° 118° 119° 120°E
−30 −25 −20 −15 −10 −5 0 5 10 15 20 25 30

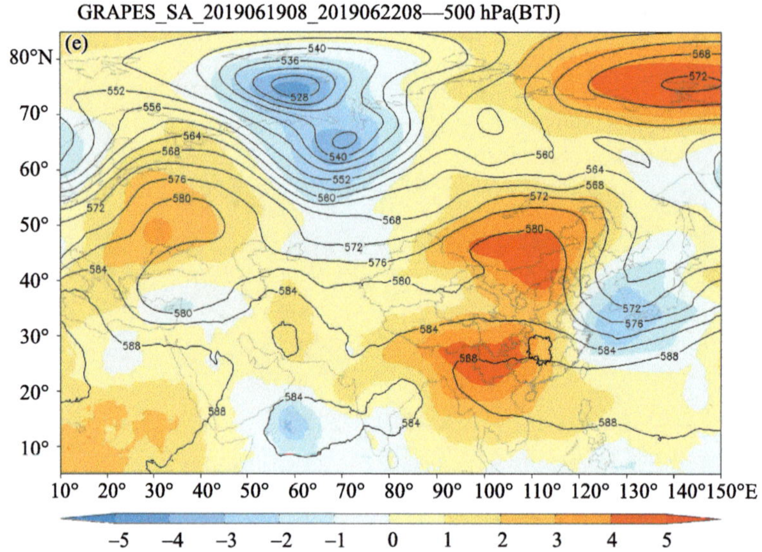
GRAPES_SA_2019061908_2019062208—500 hPa(BTJ)
(e)
80°N
70°
60°
50°
40°
30°
20°
10°
10° 20° 30° 40° 50° 60° 70° 80° 90° 100° 110° 120° 130° 140°150°E
−5 −4 −3 −2 −1 0 1 2 3 4 5

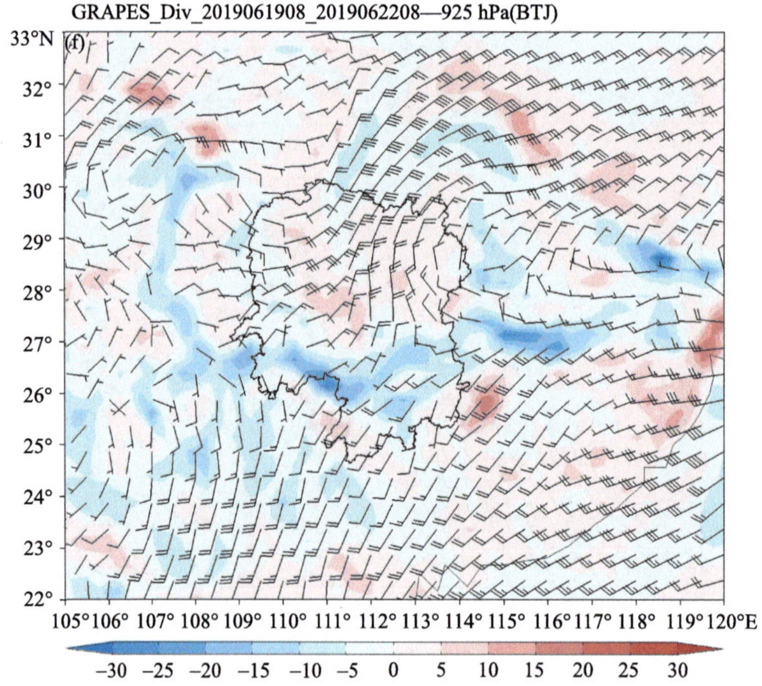
GRAPES_Div_2019061908_2019062208—925 hPa(BTJ)
(f)
33°N
32°
31°
30°
29°
28°
27°
26°
25°
24°
23°
22°
105°106° 107° 108° 109° 110° 111° 112° 113° 114° 115° 116°117° 118° 119°120°E
−30 −25 −20 −15 −10 −5 0 5 10 15 20 25 30

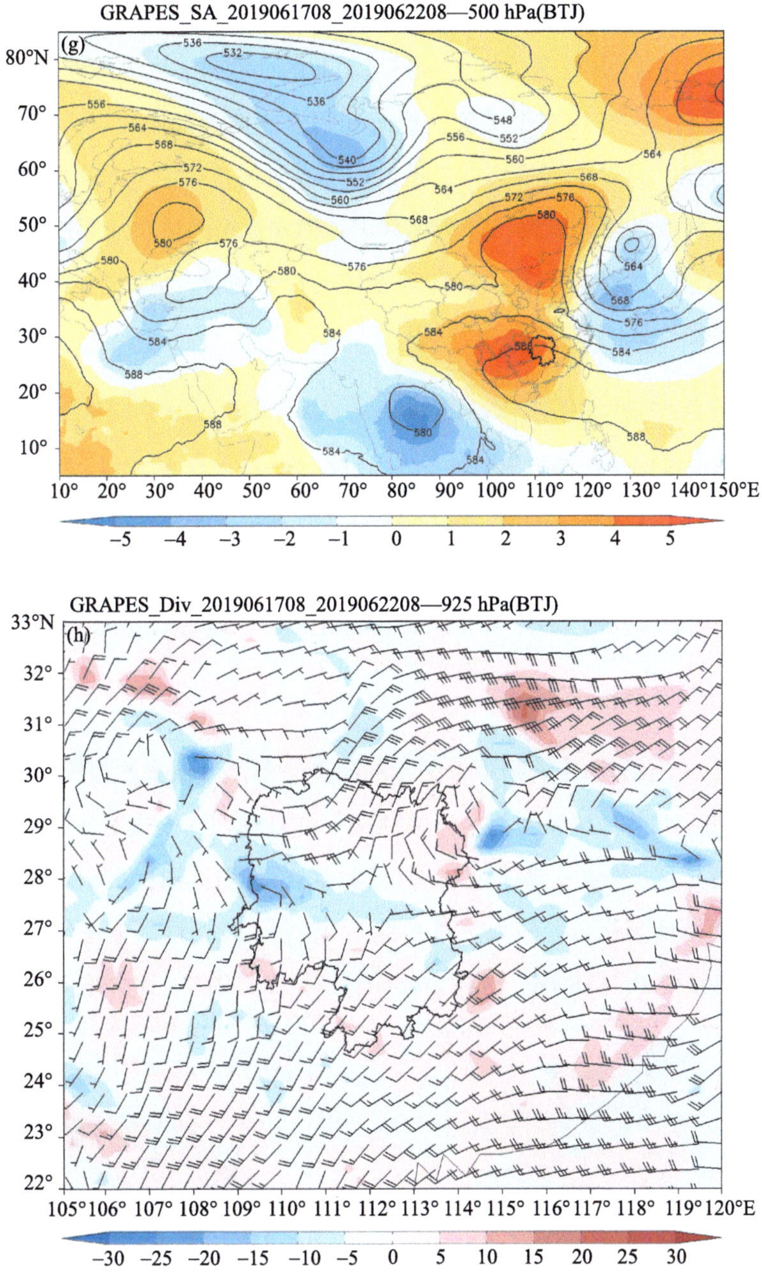

图5-10 2019年6月22日08时500 hPa（a、c、e、g）位势高度（等值线）、异常度（色斑）和925 hPa（b、d、f、h）水汽通量散度场（单位：10^{-5}g/(cm^2·hPa·s)）（色斑）、风场（单位：m/s）（风向标）的零场（a、b）与24 h（c、d）、72 h（e、f）、120 h（g、h）预报场对比

整体来说，利用 GRAPES 模式 24 ～ 120 h 的预报资料对此次持续性暴雨过程预报的指标判识效果较好。24 ～ 120 h 的 500 hPa 位势高度异常度场与实况相差不大，中高纬三个关键区形态和阈值的把握都比较好，西太平洋副热带高压脊线、北界位置虽然在预报过程中有所偏差，但是与实况基本一致，且始终满足持续性暴雨的第二层指标判识；模式预报的湖南及周边 24 ～ 120 h 的水汽通量散度大值区位置、走向与零场也较为吻合，湖南区域平均场为负值，符合持续性暴雨水汽条件的判识。

5.3.2　湖南区域持续性暴雨落区概率预报模型的应用

在湖南区域持续性暴雨预报概念模型对有无持续性暴雨判识的基础上进一步开展持续性暴雨落区概率预报。将 ECMWF（欧洲中期天气预报中心）细网格数值预报产品应用于 3 种持续性暴雨落区概率预报模型，对 2019 年 6 月 21—22 日的持续性暴雨过程提前 72 h、48 h 和 24 h 的落区概率预报效果分别进行检验。

1. 传统物理量因子模型

图 5-11 给出基于传统物理量因子的湖南暴雨落区概率预报模型对此次过程提前 72 h、48 h、24 h 的落区概率预报。可以看到，模式对 6 月 21 日暴雨落区的位置把握比较好，预报的 6 月 22 日暴雨落区位置比实际偏南，对湘中偏东的暴雨落区预报偏差较大。对 6 月 21 日提前 72 h 落区概率预报的 TS 评分最高，48 h 和 24 h TS 评分也在 20 以上，对 22 日的 TS 评分略差（表 5-8）。

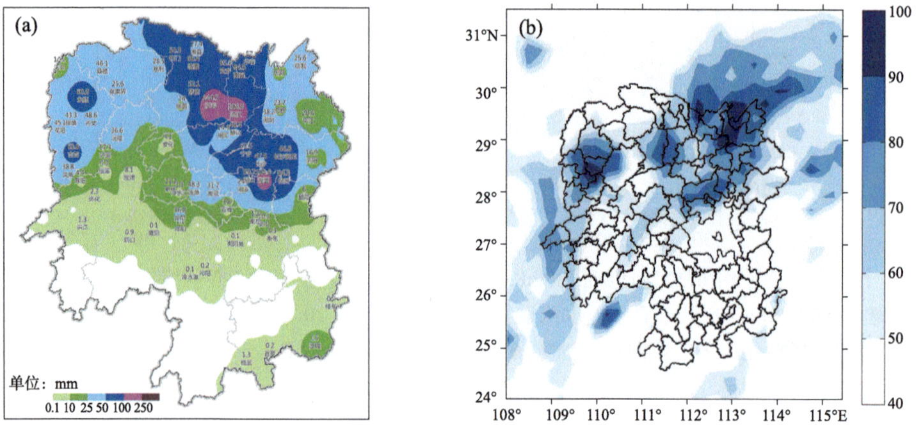

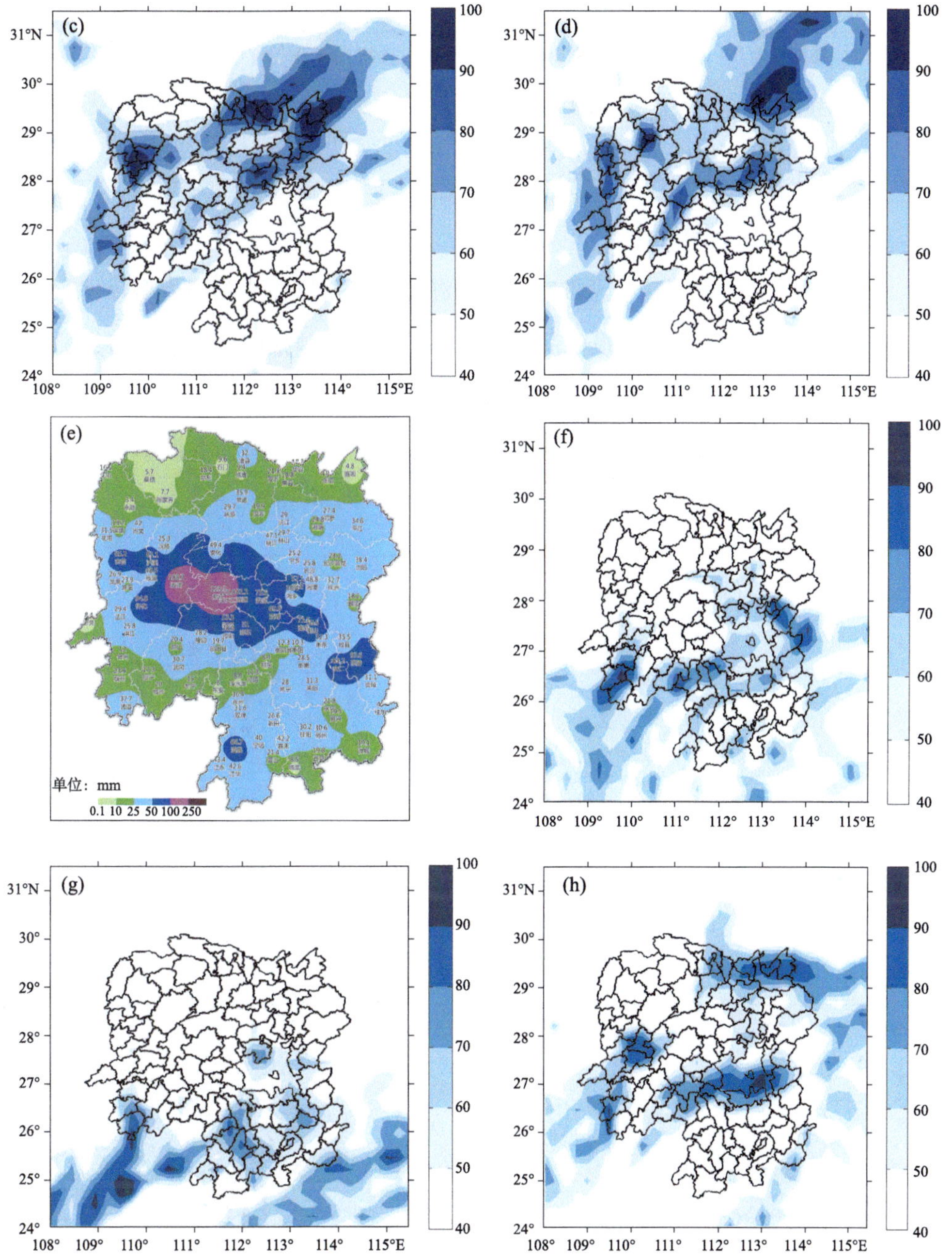

图5-11　6月21日08时至22日08时降水实况（a）；提前72 h（b）、48 h（c）、24 h（d）21日暴雨概率预报；6月22日08时至23日08时降水实况（e）；提前72 h（f）、48 h（g）、24 h（h）22日暴雨概率预报（%）

表5-8　2019年6月21—22日持续性暴雨过程的预报效果

发生暴雨日期	72 h 预报TS评分	48 h 预报TS评分	24 h 预报TS评分
6月21日	29.4	22.7	28.9
6月22日	17.0	14.0	19.4

2. 异常度因子模型

由图 5-12 可见，基于异常度因子的湖南暴雨落区概率预报模型预报，在提前 72 h 时，暴雨概率预报产品已具有预报意义，预报的暴雨落区与实况较为接近，而且此次过程提前 72 h 的评分均高于临近的 48 h 和 24 h 评分，模型对 6 月 21 日的预报效果好于 6 月 22 日。此次过程漏报率和空报率较高，造成 TS 评分偏低（表 5-9）。

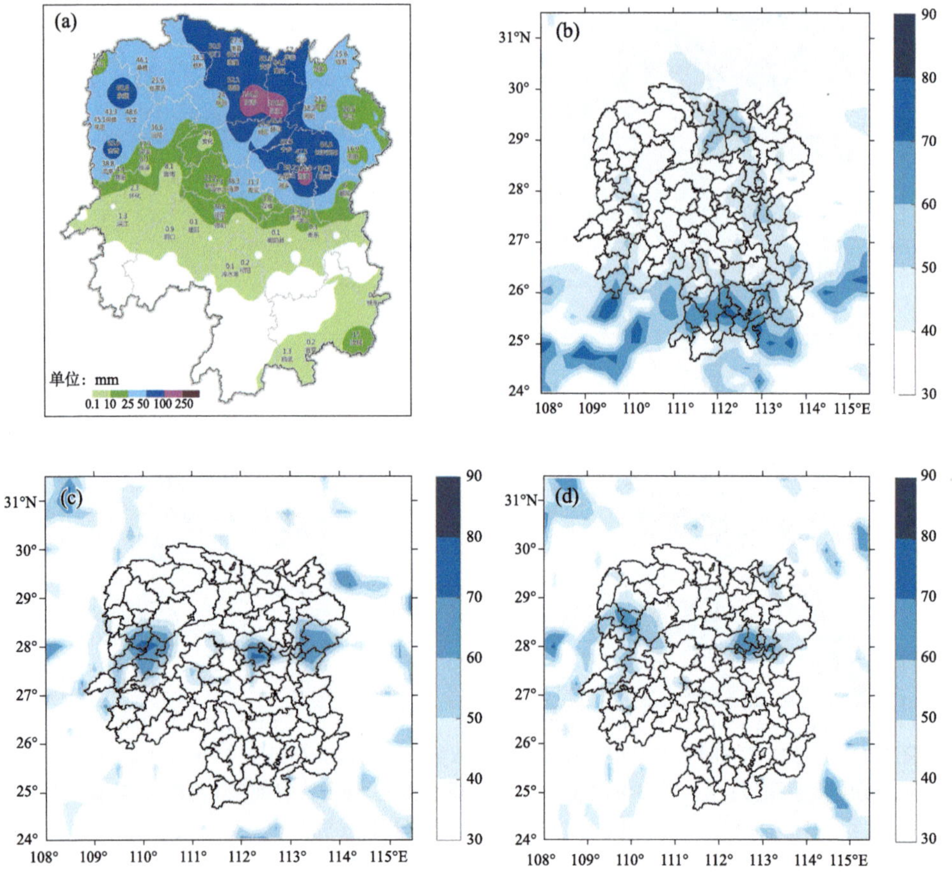

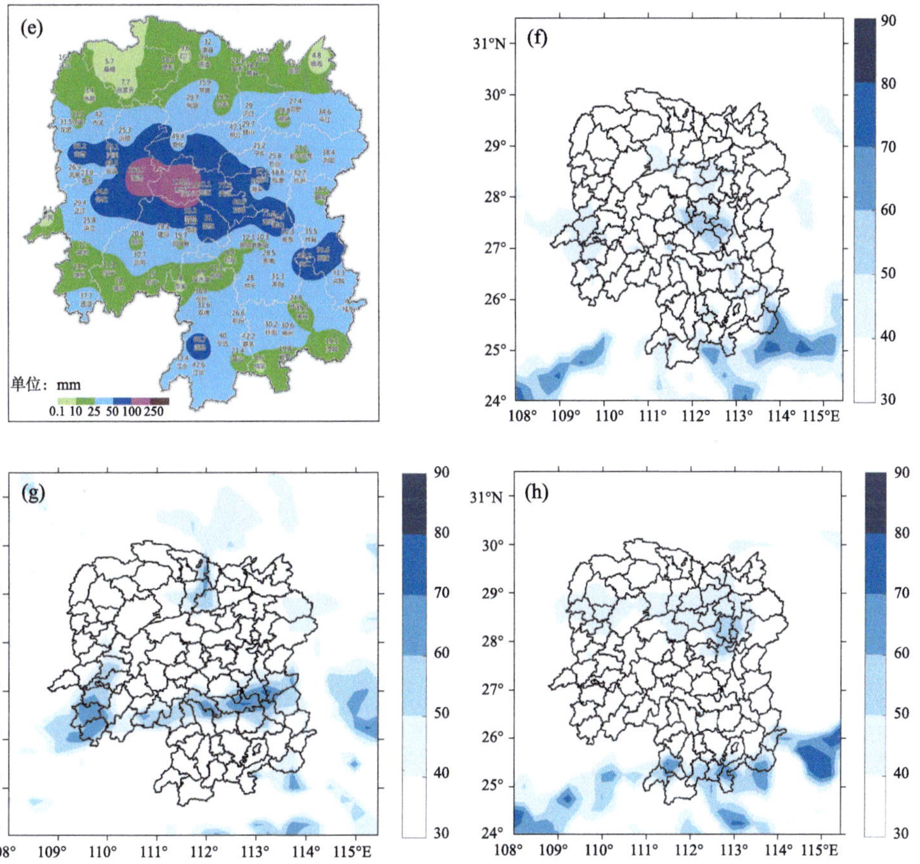

图5-12　6月21日08时至22日08时降水实况（a）；提前72 h（b）、48 h（c）、24 h（d）21日暴雨概率预报（%）；6月22日08时至23日08时降水实况（e）；提前72 h（f）、48 h（g）、24 h（h）22日暴雨概率预报（%）

表5-9　2019年6月21—22日持续性暴雨过程的预报效果

发生暴雨日期	72 h 预报TS评分	48 h 预报TS评分	24 h 预报TS评分
6月21日	22.6	15.2	21.2
6月22日	20.7	10.0	9.5

3. 动力因子模型

基于动力因子的暴雨落区概率预报模型分别计算提前 72 h、48 h、24 h

的暴雨落区概率，6 月 21 日降水提前 24 h 的降水预报 TS 评分相对最高，为 24.3（图 5-13，表 5-10）。

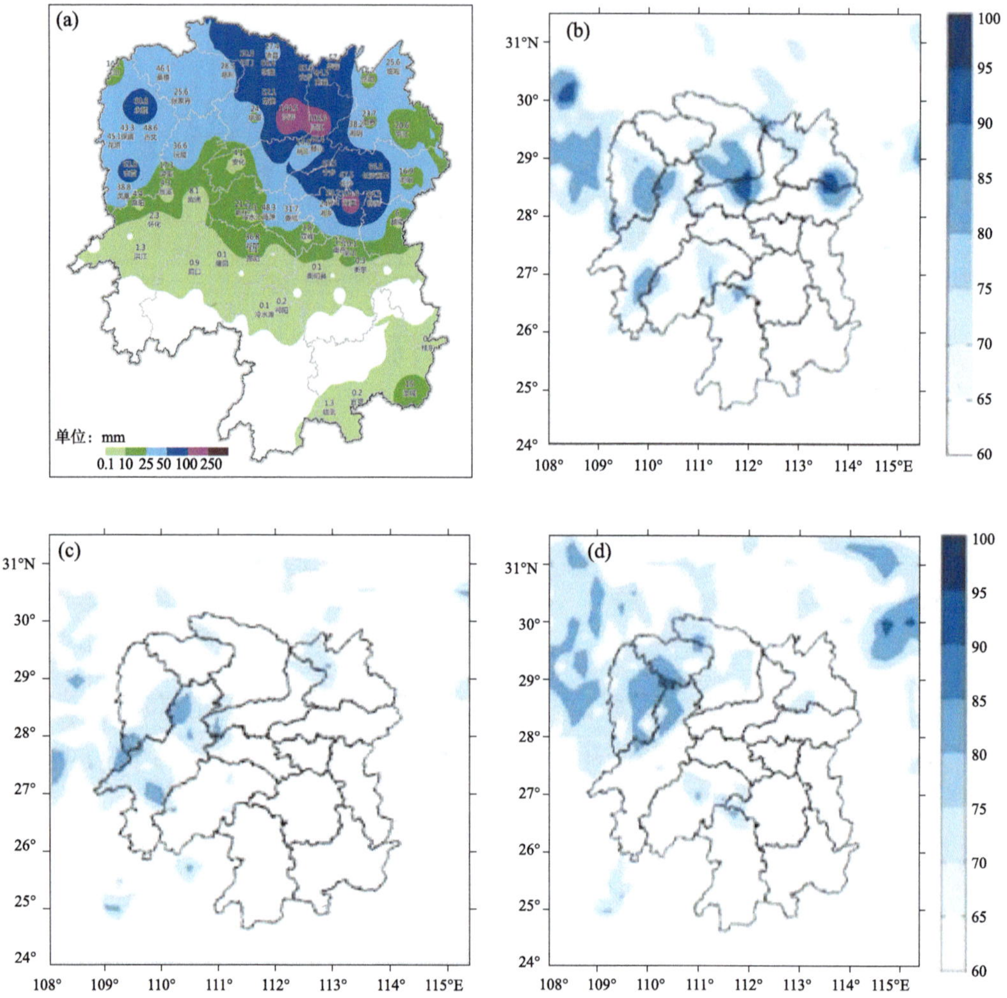

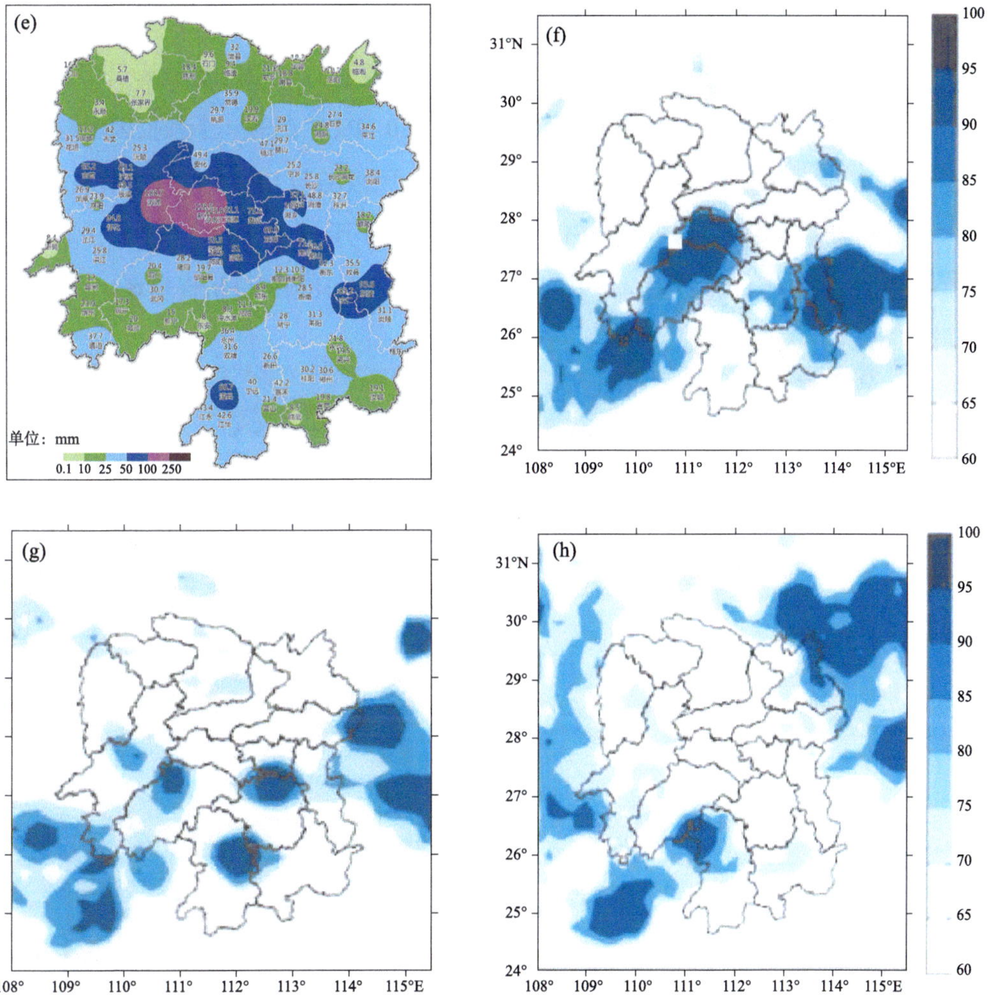

图5-13　6月21日08时至22日08时降水实况（a）；提前72 h（b）、48 h（c）、24 h（d）21日暴雨概率预报（%）；6月22日08时至23日08时降水实况（e）；提前72 h（f）、48 h（g）、24 h（h）22日暴雨概率预报（%）

表5-10　2019年6月21—22日持续性暴雨过程的预报效果

发生暴雨日期	72 h 预报TS评分	48 h 预报TS评分	24 h 预报TS评分
6月21日	15.4	13.5	24.3
6月22日	19.1	10.7	12.9

总体而言，3 个模型对此次过程的命中率较好，漏报率较低，但空报率较

高，造成 TS 评分偏低。其中基于传统物理量因子的湖南暴雨落区概率预报模型在此次过程中预报效果优于其他两个模型。该预报模型主要是基于 925 hPa 涡度、925 hPa 散度、850 hPa 垂直速度和 850 hPa 比湿等 4 个预报因子建模。针对 4 个预报因子，将模型使用的 ECMWF 预报场与 ERA5 再分析资料进行对比分析，如图 5-14 ～图 5-17 给出 2019 年 6 月 19 日 00 时（UTC，下同）起报的 6 月 21 日、22 日 4 个因子的预报场和相应时刻再分析资料场。

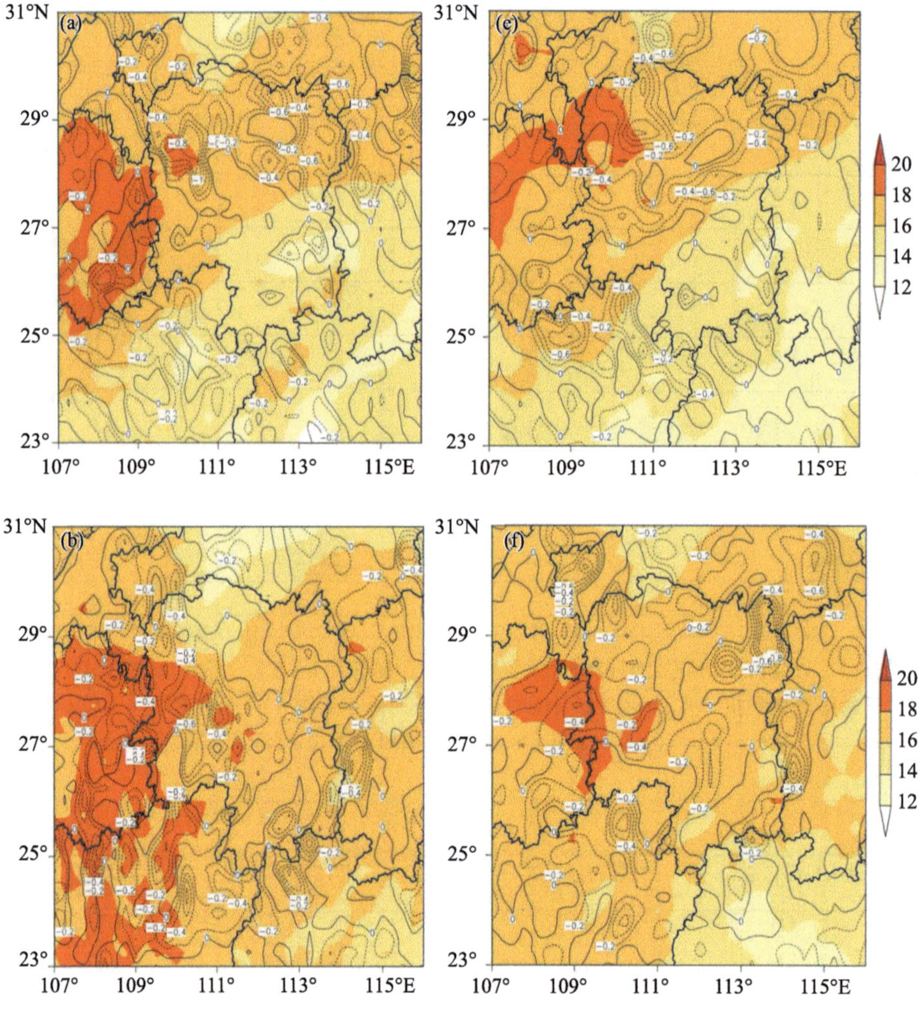

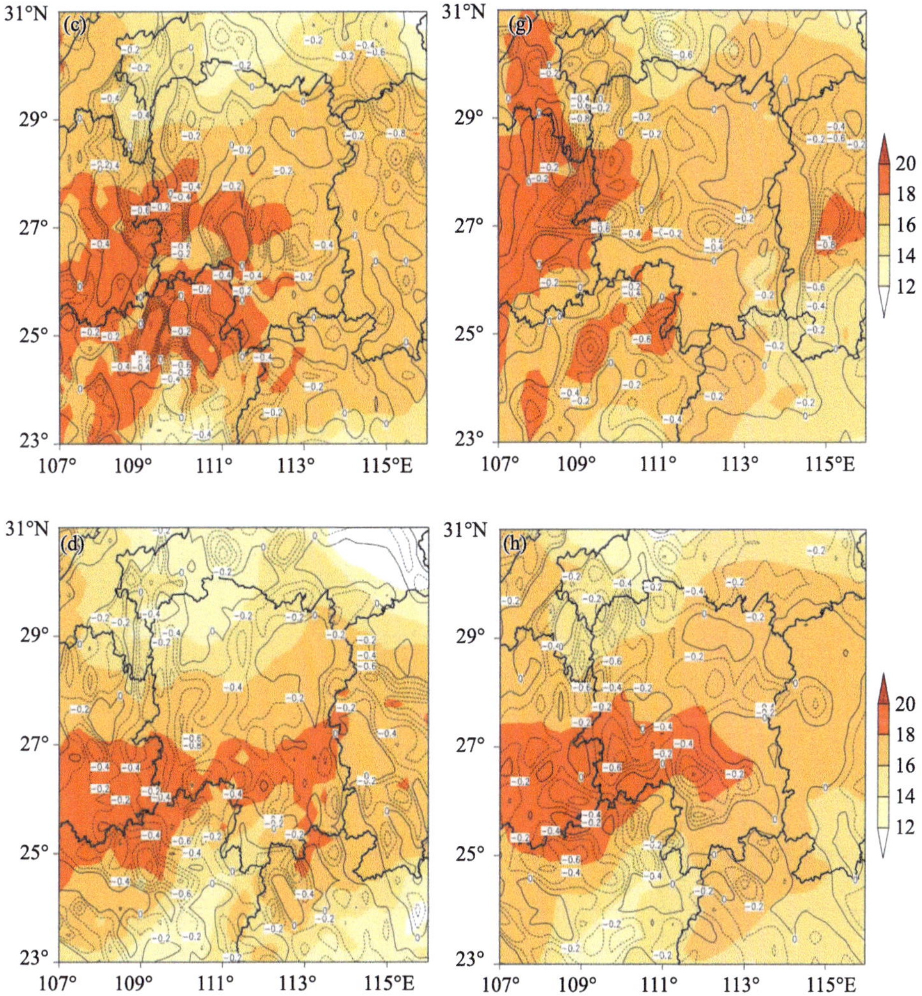

图5-14　2019年6月21日850 hPa 比湿（单位：g/kg）（色斑）和散度（单位：10^{-5}/s）（等值线）（a～d：ECWMF预报场，e～h：再分析资料场，从上到下依次为00时、06时、12时和18时UTC）

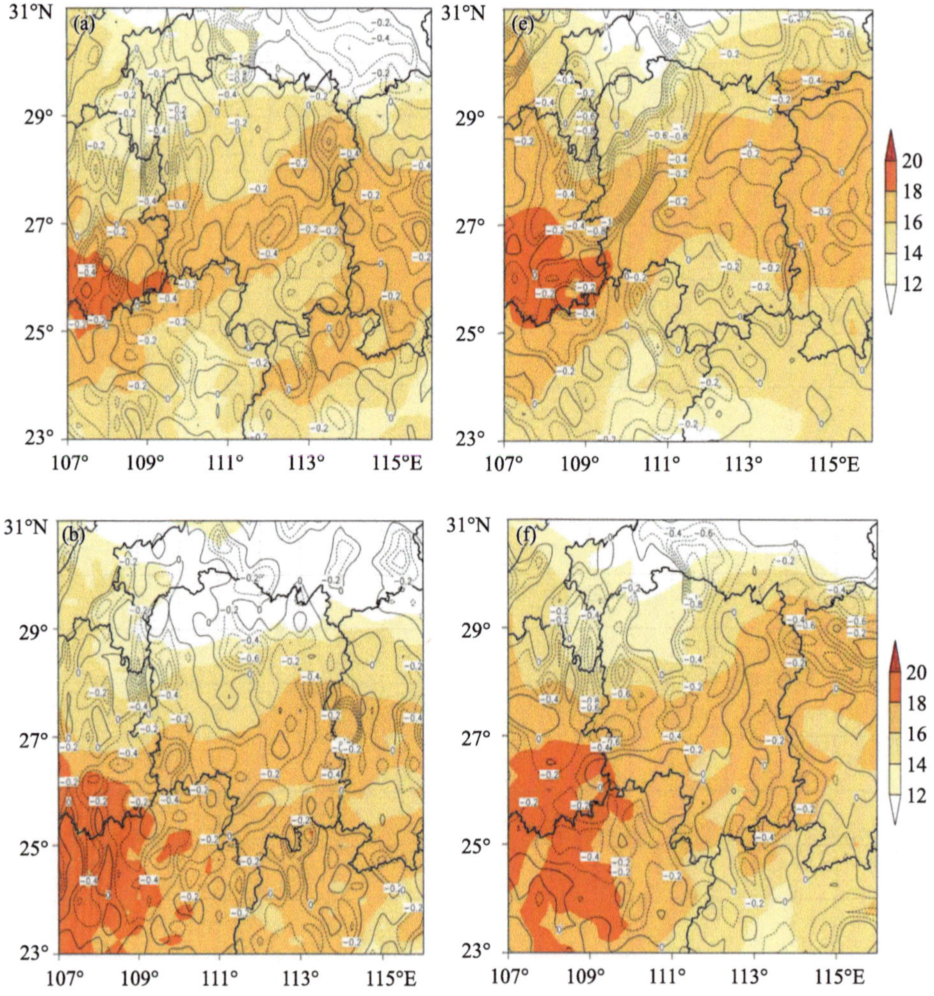
(a)
(e)
(b)
(f)
31°N
29°
27°
25°
23°
107°
109°
111°
113°
115°E
20
18
16
14
12

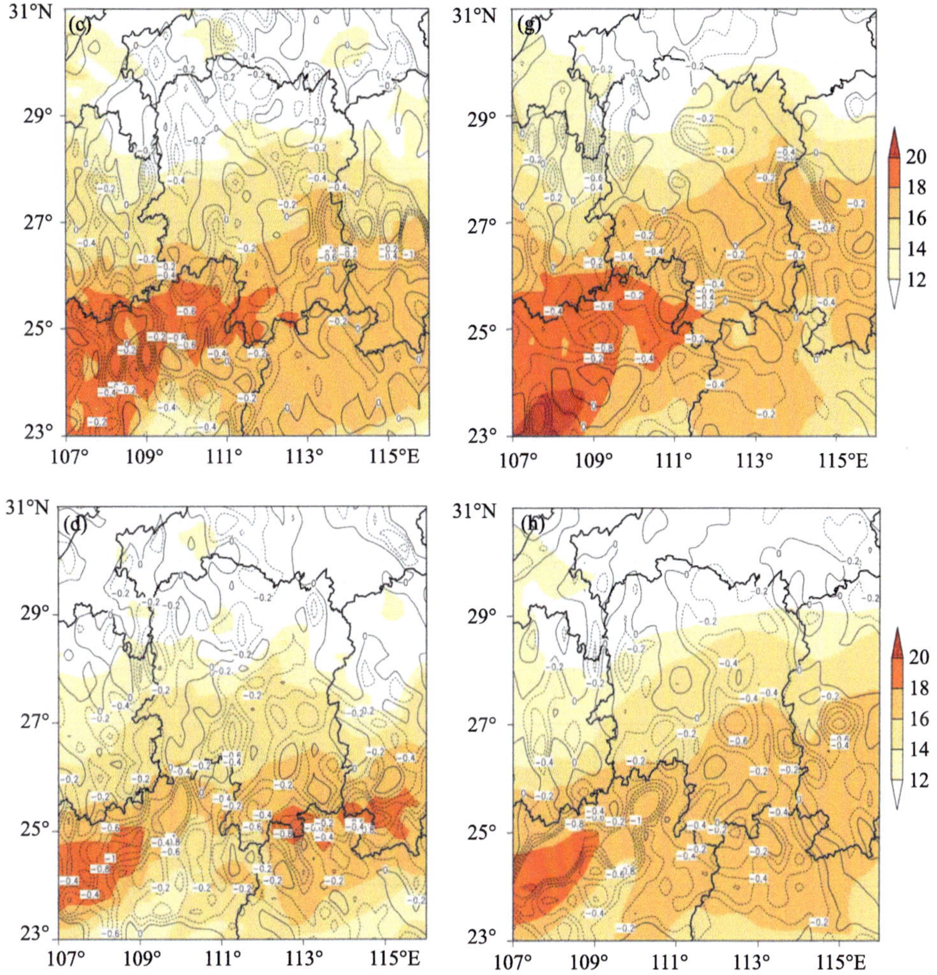

图5-15　2019年6月22日850 hPa 比湿（单位：g/kg）（色斑）和散度（单位：10^{-5}/s）（等值线）（a～d：ECWMF预报场，e～h：再分析资料场，从上到下依次为00时、06时、12时和18时UTC）

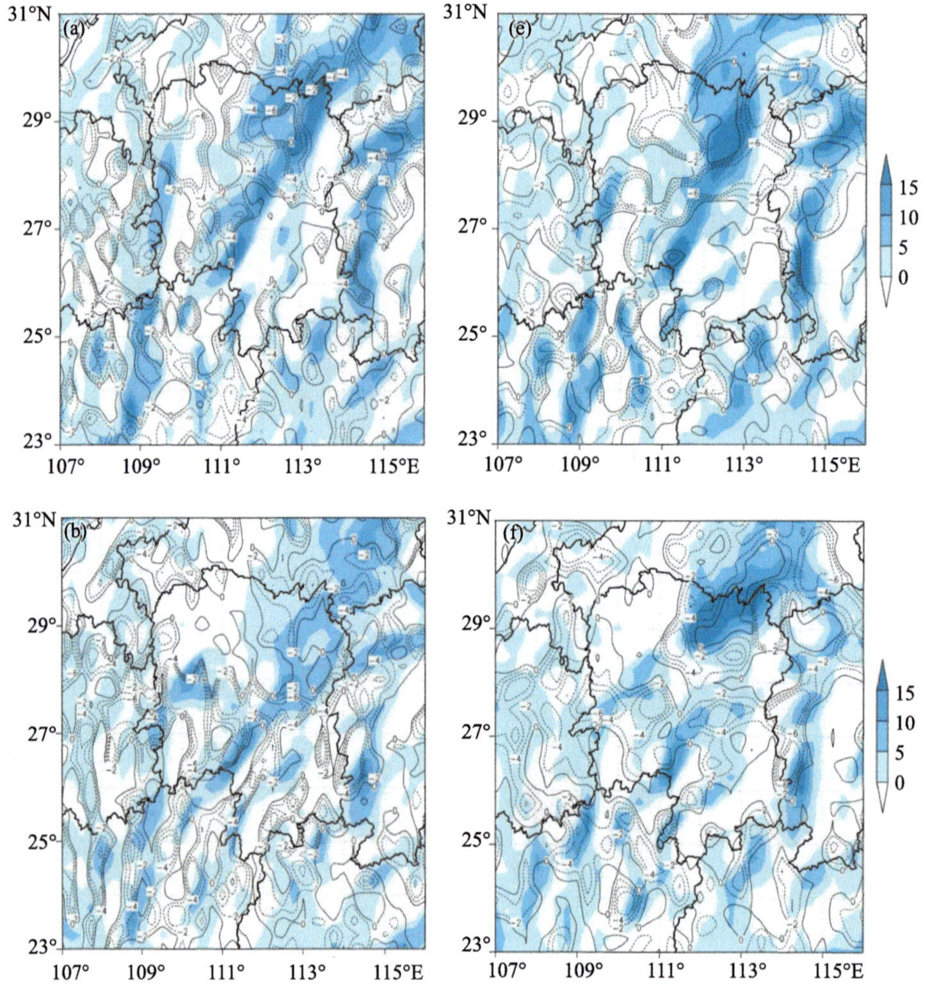
(a)
(e)
(b)
(f)
31°N
29°
27°
25°
23°
107°
109°
111°
113°
115°E
15
10
5
0

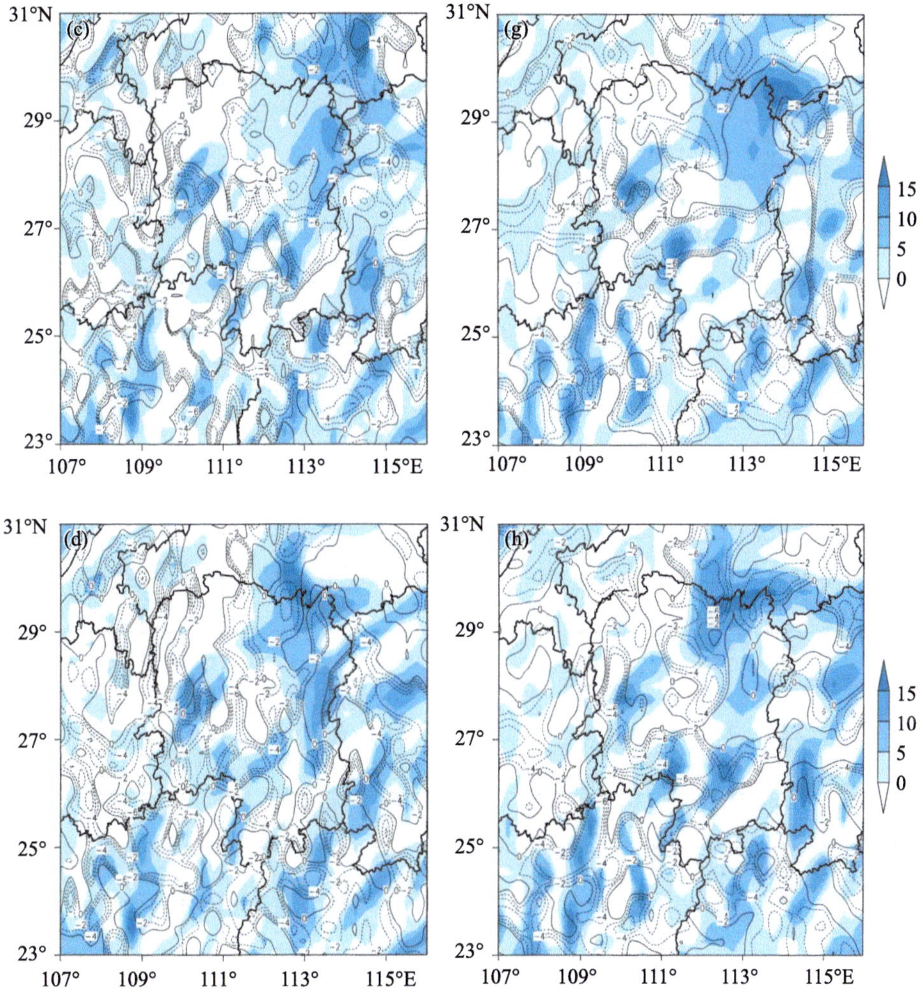

图5-16　2019年6月21日925 hPa 相对涡度（单位：10^{-5}/s）（色斑）和垂直速度（单位：Pa/s）（等值线）（a～d：ECWMF预报场，e～h：再分析资料场，从上到下依次为00时、06时、12时和18时UTC）

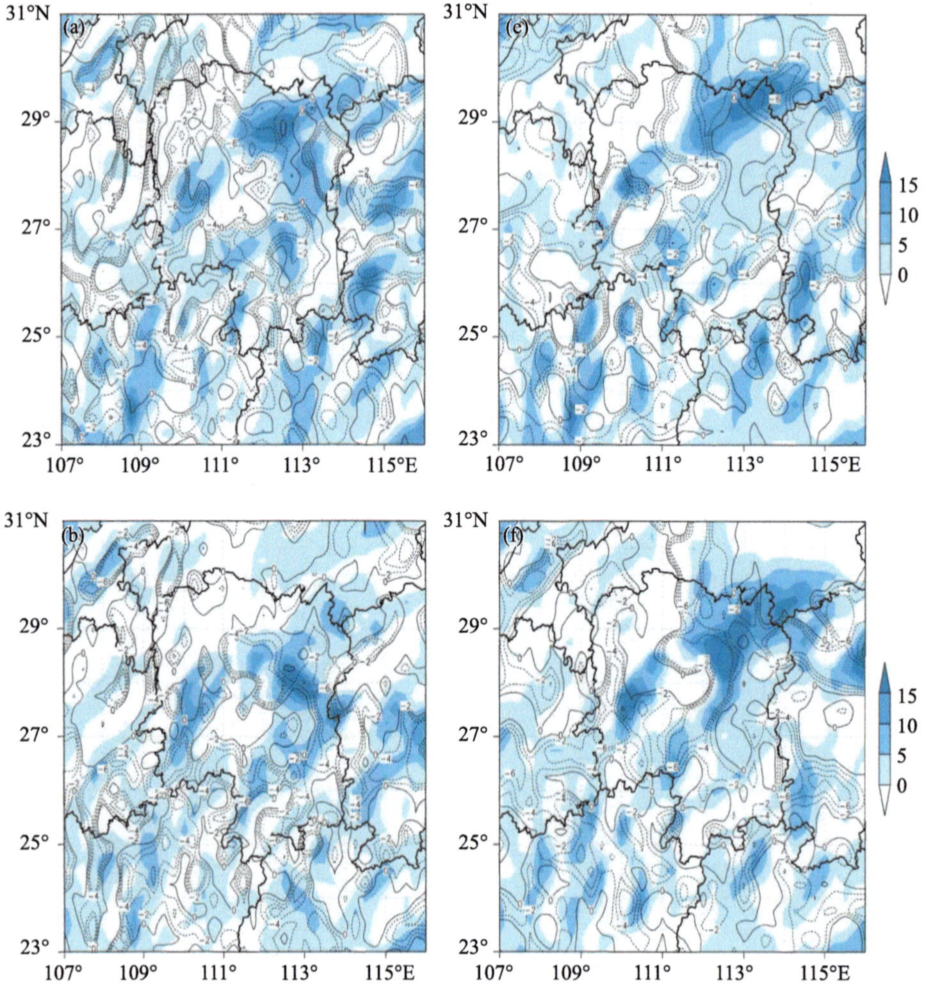
(a)
(e)
(b)
(f)
31°N
29°
27°
25°
23°
107°
109°
111°
113°
115°E
15
10
5
0

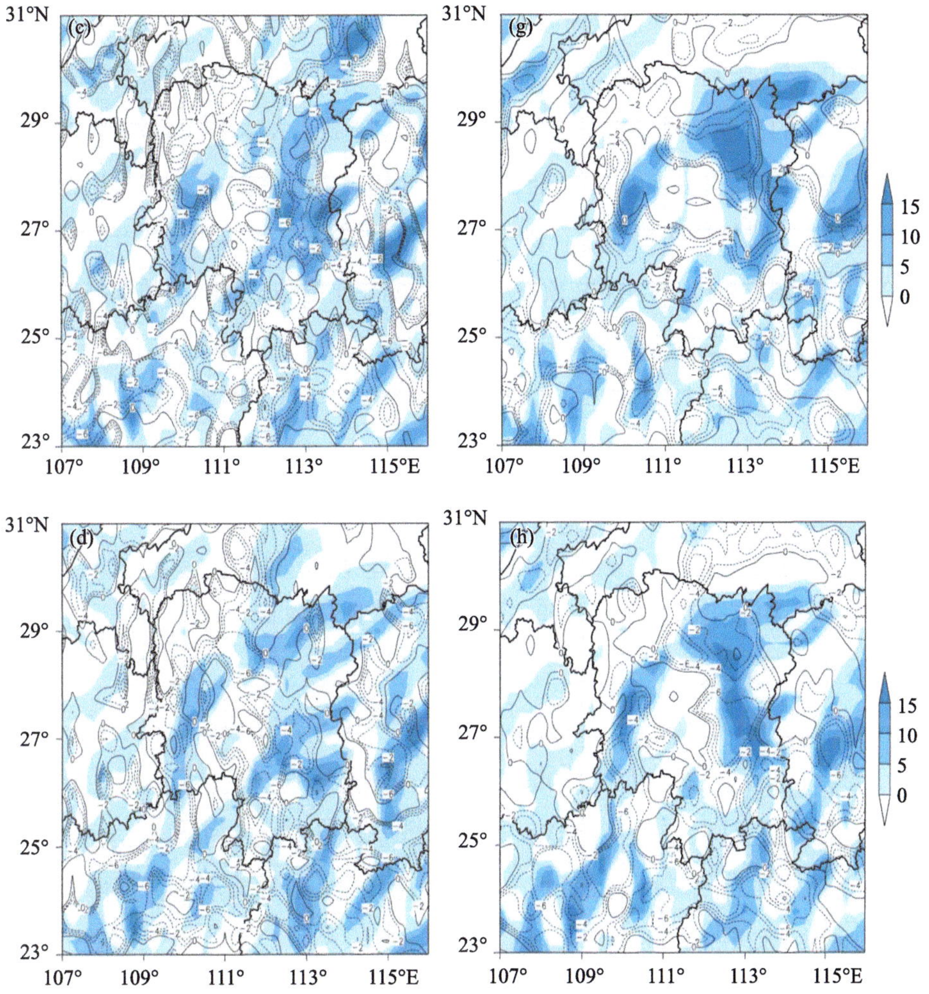

图5-17　2019年6月22日925 hPa 相对涡度（单位：10^{-5}/s）（色斑）和垂直速度（单位：Pa/s）（等值线）（a～d：ECWMF预报场，e～h：再分析资料场，从上到下依次为00时、06时、12时和18时UTC）

从 2019 年 6 月 21 日 00 时至 22 日 18 时再分析资料 850 hPa 比湿场的时空变化特征来看，6 月 21 日整个湖南区域的比湿均大于 12 g/kg，00 时全省比湿都在 16 g/kg 以上，说明整个湖南上空都处于高湿环境，水汽充沛，为持续性暴雨提供了水汽条件。22 日比湿值开始下降，高值区向南推移，到 6 月 22 日 18 时，大于 12 g/kg 区域主要分布在湘中及以南区域，大于 16 g/kg 区域出现在湘南。

00时850 hPa比湿预报场与再分析场空间分布基本一致，超过18 g/kg最大值范围略小于再分析场。12时预报场比湿大值区域往南推移，到18时超过16 g/kg的高湿区域主要分布在湘中及以南区域，大于18 g/kg的区域南移扩大。22日与再分析场一致，全省850 hPa比湿值开始减小，00时比湿超过16 g/kg的区域范围明显缩小，到18时仅湘中及以南区域比湿大于12 g/kg，高湿区域移出湖南。ECMWF预报场对850 hPa比湿的空间演变特征把握比较准确，高湿区南移的速度略快于再分析场，高值区范围略小于再分析场。

6月21日00时再分析资料的850 hPa散度场显示在湘西北有一个负值中心，整个湘中以北为一致的负散度场，有利于水汽辐合上升，到18时，散度负值区域向湘南扩展，负值中心南移到邵阳、永州一带，6月22日不再有全省大范围的散度负值区，00时湘西北和湘东南局部为负值，到14时，负值区域主要环绕在邵阳西南部，永州、郴州南部等地，18时以局地辐合为主，且散度负中心值明显变小。

850 hPa散度ECMWF预报场显示6月21日00时散度小于零的区域范围小于再分析场，主要分布在湘北，负值中心在张家界一带，较再分析场偏西偏南，随着过程的发展，ECMWF预报的散度负值中心向南移动，6月21日18时除湘北部分区域外，全省均为负值，与再分析场略有不同，但两者的负值中心区域都在湘中偏西一带。ECMWF预报的6月22日散度场全省仍然以负值为主，但低值中心强度较前一日变弱，这与再分析场的演变趋势一致。

从再分析场的925 hPa相对涡度和垂直速度图可以看到，6月21日00时湘北有一正涡度场，垂直速度为负值，表明该区域有明显辐合上升运动，该正涡度区域一直维持到6月21日18时，并且有加强和向南扩大的趋势，正涡度区域与6月21日降水最强区域比较吻合。6月22日12时湘中怀化地区有一明显正涡度区域，到18时有明显的南北纵向加强伸展。

ECMWF预报场6月21日00时的相对涡度和垂直速度与再分析资料基本一致，06时和12时湘北的正涡度区域范围和强度较再分析资料偏小偏弱，6月21日18时到22日06时，ECMWF预报场基本捕捉住了湘北和怀化两个主要的正涡度区域，12 时预报场显示湘北正涡度区域向南移至湘中偏东一带，和再分析资料仍然维持在湘北的分布特征有一定偏差，ECMWF 显示整个湖南区域垂直速度一致为负，与再分析数据亦存在一定差异。6 月 22 日 ECMWF 相对涡度和垂直速度的预报偏差，可能是影响区域持续性暴雨落区概率预报模型在 6 月 22 日 TS 评分下降的主要原因。

5.4 评估检验

针对 2019 年、2020 年汛期湖南境内出现的 4 次区域持续性暴雨过程，开展暴雨过程评估检验，这 4 次过程发生时段分别为：2019 年 6 月 21—22 日、7 月 7—8 日、7 月 12—13 日，2020 年 7 月 9—10 日。

1. 4次区域持续性暴雨过程降雨情况

2019 年 6 月 21—22 日区域持续性暴雨过程：受中低层低涡切变、西南急流和地面锋面共同影响，湖南出现了一次大范围区域持续性暴雨过程，21 日湘中以北部分地区出现大到暴雨，局地大暴雨，22 日湘中及以南部分地区出现大到暴雨，局地大暴雨，暴雨落区主要集中在湘北和湘中。本轮过程全省 14 个市（州）均出现了暴雨天气，共出现 32 县站次暴雨，9 县站次大暴雨；1372 乡镇次暴雨，276 乡镇次大暴雨，6 乡镇次特大暴雨（图 5-18）。

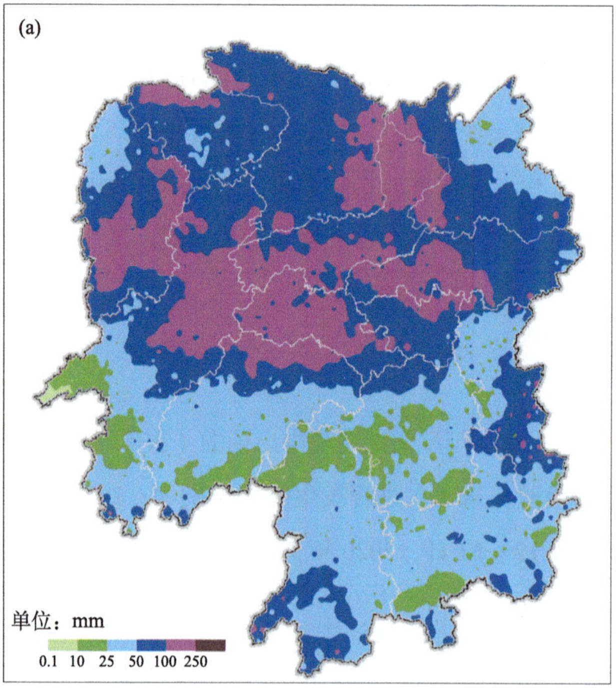
(a)
单位：mm
0.1 10 25 50 100 250

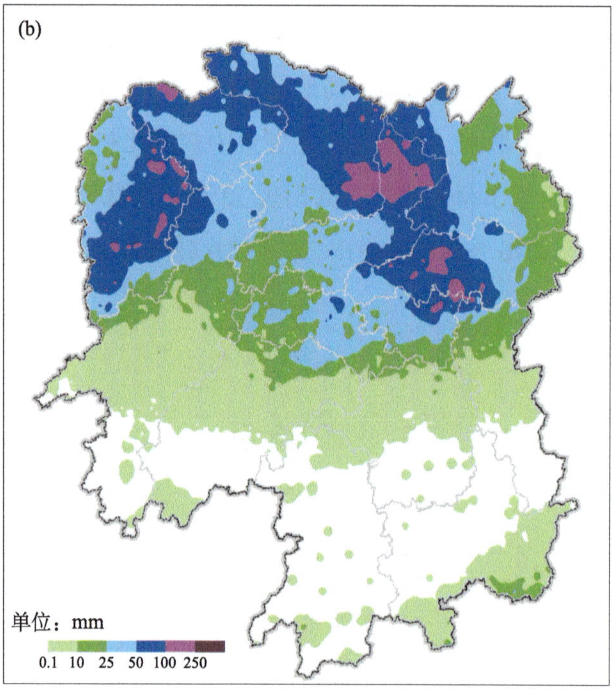
(b)
单位：mm
0.1 10 25 50 100 250

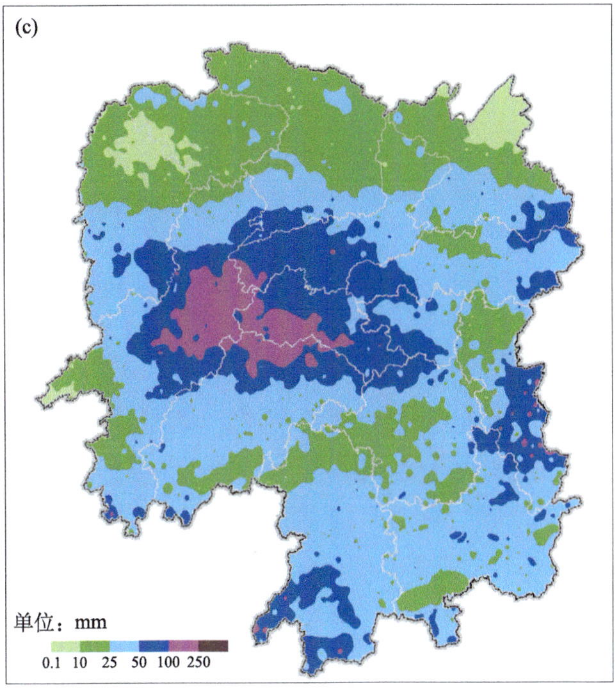

图5-18　6月21日08时至23日08时（a）、6月21日08时至22日08时（b）、6月22日08时至23日08时（c）降水量

2019年7月7—8日区域持续性暴雨过程：受高空槽、中低层低涡切变和西南急流的共同影响，湖南出现了一次大范围区域持续性暴雨过程，7日和8日在湘中及偏南部分地区出现暴雨，局地大暴雨和特大暴雨，暴雨落区主要集中在湘中及以南地区。本轮过程全省除岳阳、张家界外，其他12个市（州）均出现了暴雨天气，株洲、衡阳、邵阳、郴州、永州、娄底、怀化、湘潭、益阳9个市（州）出现了大暴雨，其中株洲、衡阳、郴州3个市（州）出现了特大暴雨（图5-19）。

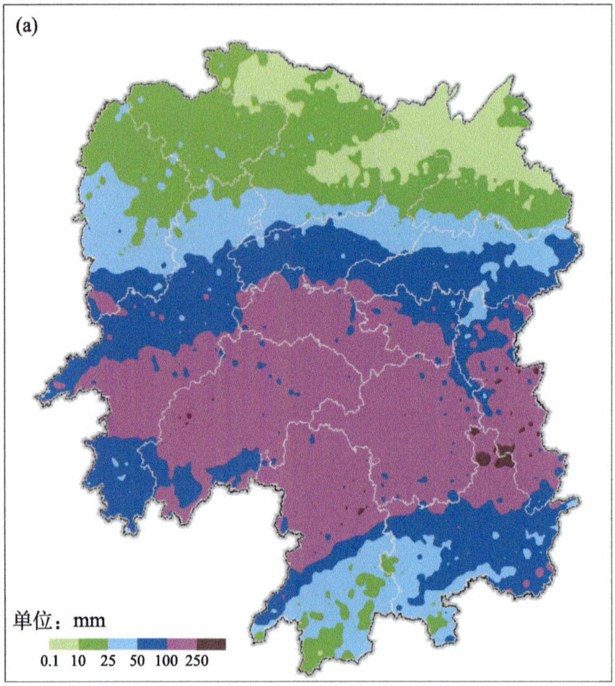
(a)
单位：mm
0.1 10 25 50 100 250

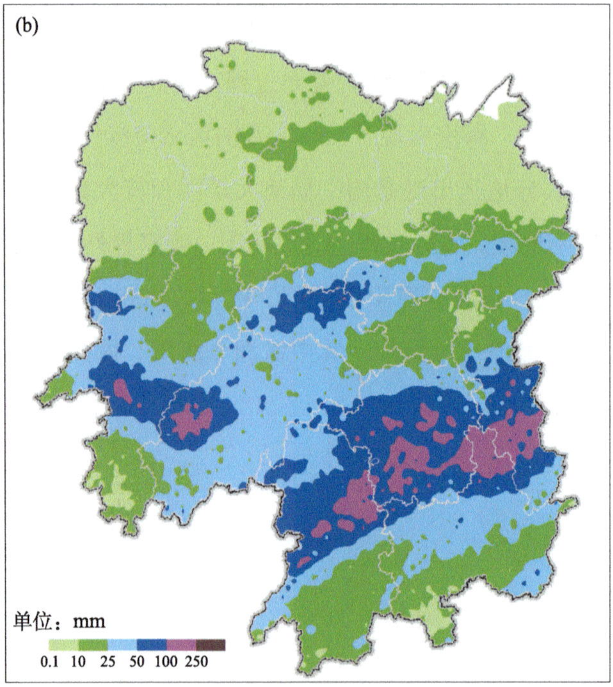
(b)
单位：mm
0.1 10 25 50 100 250

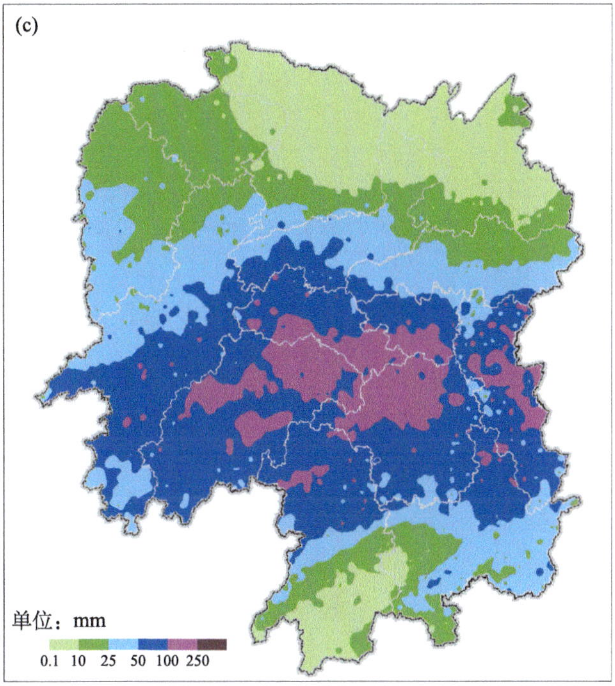

图5-19　7月7日08时至9日08时（a）、7月7日08时至8日08时（b）、7月8日08时至9日08时（c）降水量

2019 年 7 月 12—13 日区域持续性暴雨过程：受高空槽、中低层低涡切变和西南急流的共同影响，湖南出现了一次区域持续性暴雨过程，12 日湘中、湘南、湘东北部分地区出现了大到暴雨，局地大暴雨，13 日湘南部分地区出现大到暴雨，局地大暴雨，暴雨落区主要集中在湘南。本轮过程全省除张家界外，其他 13 个市（州）均出现了暴雨天气，长沙、株洲、衡阳、邵阳、郴州、永州、娄底、怀化、益阳 9 个市（州）出现了大暴雨（图 5-20）。

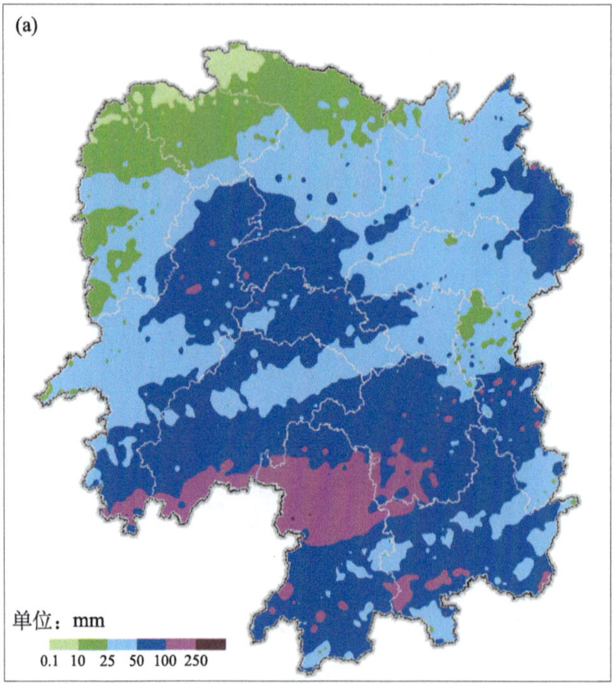
(a)
单位：mm
0.1 10 25 50 100 250

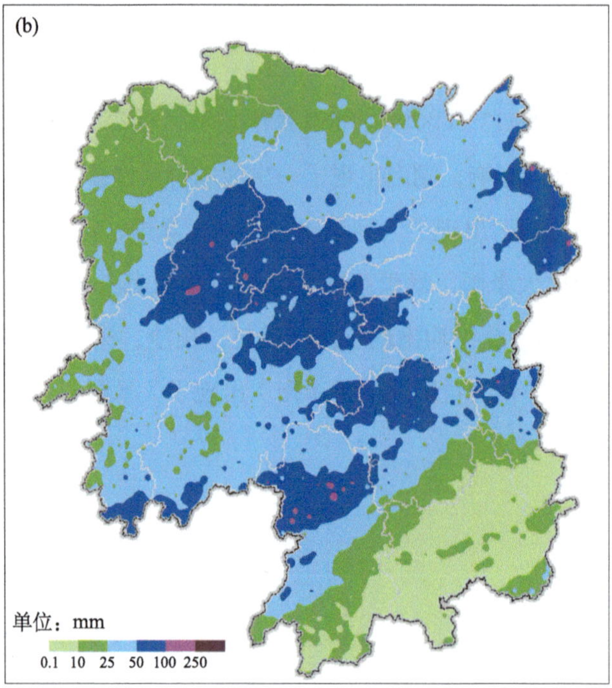
(b)
单位：mm
0.1 10 25 50 100 250

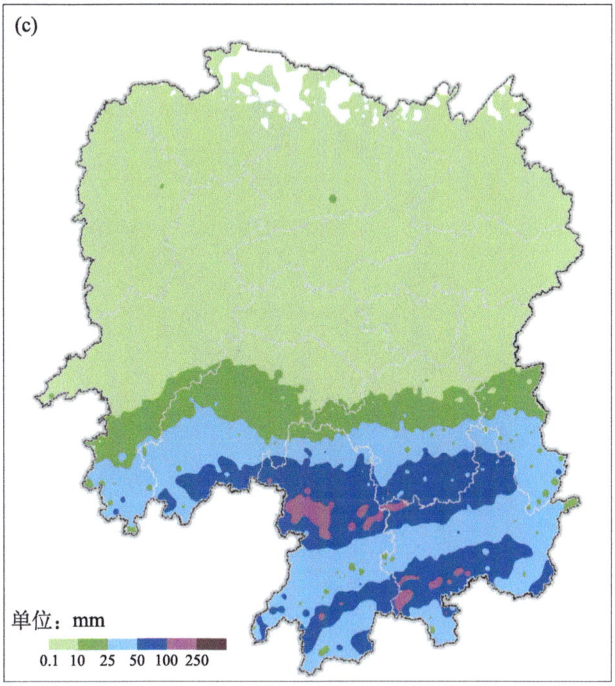

图5-20 7月12日08时至14日08时（a）、7月12日08时至13日08时（b）、7月13日08时至14日08时（c）降水量

2020 年 7 月 9—10 日区域持续性暴雨过程：受高空槽、中低层切变和西南急流共同影响，湖南出现了一次区域持续性暴雨过程，9 日湘西南、湘东南、湘中部分地区出现了大到暴雨，局地大暴雨，10 日湘西北、湘东北部分地区出现大到暴雨，局地大暴雨，暴雨落区主要集中在湘西南和湘中。本轮过程全省除益阳外，其他 13 个市（州）均出现了暴雨天气，怀化、邵阳、株洲、娄底、长沙 5 个市（州）出现了大暴雨（图 5-21）。

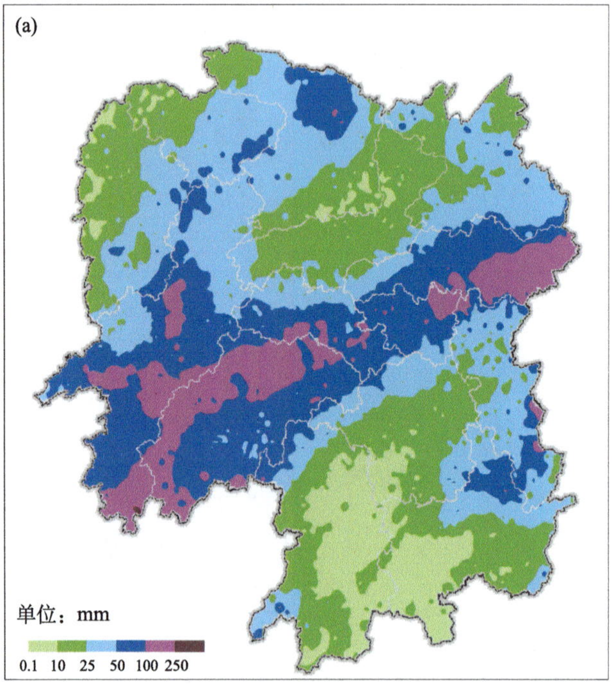
(a)
单位：mm
0.1 10 25 50 100 250

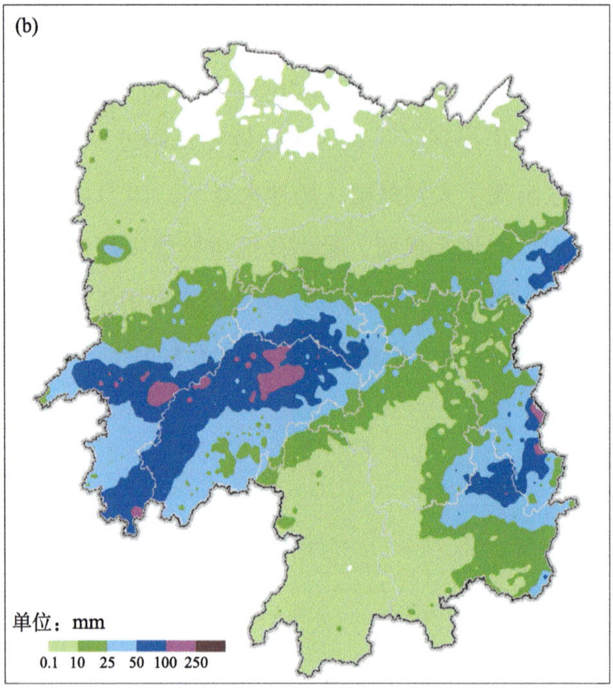
(b)
单位：mm
0.1 10 25 50 100 250

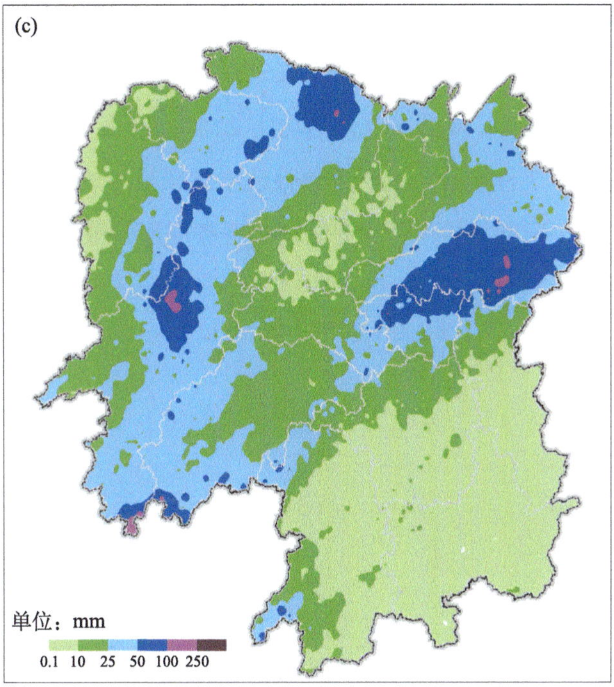

图5-21 7月9日08时至11日08时（a）、7月9日08时至10日08时（b）、7月10日08时至11日08时（c）降水量

2. 4次区域持续性暴雨过程评估检验情况

图 5-22 为 3 种暴雨落区概率预报模型对 2019—2020 年 4 次区域持续性暴雨过程 8 个暴雨日提前 72 h、48 h 和 24 h 暴雨预报的 TS 评分情况。由图 5-22 可知，传统物理量因子预报模型提前 72 h 预报、48 h 预报、24 h 预报的 TS 评分分别为 24.2、22.7 和 24.5；异常度因子预报模型提前 72 h 预报、48 h 预报、24 h 预报的 TS 评分分别为 29.9、22.0 和 24.1；动力因子预报模型提前 72 h 预报、48 h 预报、24 h 预报的 TS 评分分别为 18.4、19.7 和 23.7。3 种暴雨落区概率预报模型在不同过程中的 TS 评分有波动，但各预报时效平均 TS 评分均在 20 以上，模型预报效果较好。提前 72 h 的预报中异常度因子预报模型 TS 评分最高，提前 48 h 的预报中传统物理因子预报模型 TS 评分最高，提前 24 h 的预报，3 种预报模型的 TS 评分较接近，以传统物理因子预报模型最

佳。3 种预报模型中传统物理因子预报模型整体上表现更优。

从各预报时效的 TS 评分来看，提前 72 h 的预报评分最高，平均为 24.14，其次是临近 24 h 预报评分，平均为 24.10，48 h 的预报评分最低，为 21.46。总的来说，3 种暴雨落区概率预报模型各预报时效的预报效果均较好，对暴雨预报具有一定的指导作用，有较高的业务应用价值。

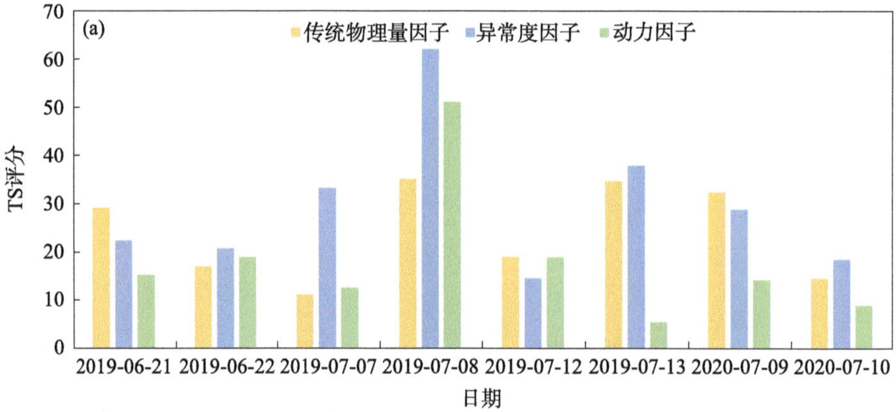

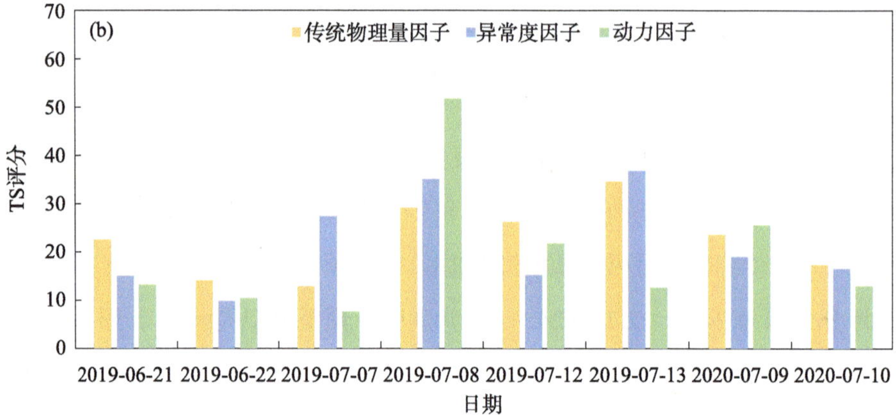

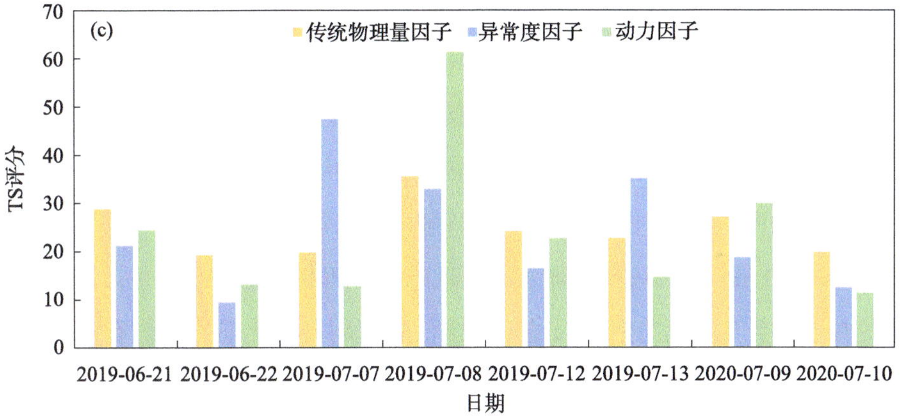

图5-22　2019—2020年4次区域持续性暴雨过程逐日72 h（a）、48 h（b）、24 h（c）预报评分

5.5 业务应用

区域持续性暴雨落区概率预报模型自2019年汛期开始开展业务应用，本节选取业务应用期间，发生在2021年6月29日—7月1日和2022年6月1—2日的两次区域持续性暴雨过程，开展和EC细网格及CMA-GFS、CMA-SH、CMA-GD模式降水预报产品的对比分析，检验该模型的业务应用效果。

2021年6月29日—7月1日受西南暖湿气流和中低层低涡切变线共同影响，湘中及以北地区出现了一次区域持续性暴雨过程。这次暴雨过程中，6月29日500 hPa中高纬度东北东部为阻塞高压，伴随着贝加尔湖附近为向东南方向延伸的切断低压，切断低压西部有冷空气补充南下；中低纬度湖南位于副热带高压（简称副高）西北侧，有利于西太平洋和南海水汽向北输送到湖南；副高的北侧为低空急流，位于湖南南部，高空急流位于黄河流域一带，强烈的上升运动位于低空急流的北侧和高空急流的右侧，该天气形势下有利于湖南出现暴雨天气（图5-23a）。与此同时，850 hPa风场图上，湖南西北地区为气旋，切变线位于湘北地区，湘中以南为强劲的偏南气流，湘中偏北地区为风速的辐合区（图5-24a），综合可知，该日湘中偏北地区易发生暴雨。6 月 30 日，500 hPa 中高纬度贝加尔湖附近的切断低压向东强势发展，使得阻塞高压中心变为另一个切断低压中心，冷空气强势向南向东推进，同时中低纬度副高略有北抬，与湖南不断接近，同时低空急流加强北抬至湘中一带（图 5-23b），该天气形势更有利于湖南暴雨的维持发展；850 hPa 位于湘北一带的切变仍然维持（图 5-24b）。该日湘中以北暴雨持续发展，并且加大。7 月 1 日，500 hPa 中高纬度贝加尔湖附近的 2 个切断低压中心合并，并向东继续发展，冷空气持续向南加强输送；中低纬度副高相比前一日仍有北抬，同时低空急流也有所北抬，将源源不断的水汽输送到湘中以北地区（图 5-23c），该天气形势仍然有利于湘北地区暴雨的持续和发展；850 hPa 风场上位于湖南的偏南气流更加强盛，湘北的切变线略微北抬到湘西北地区，呈东北 - 西南向发展（图 5-24c）。因此，该日的暴雨仍然持续，且位于湘西北至湘东北一线，呈东北 - 西南向。

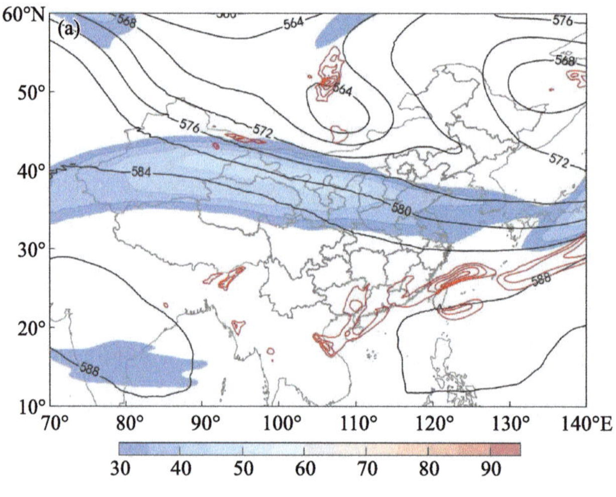

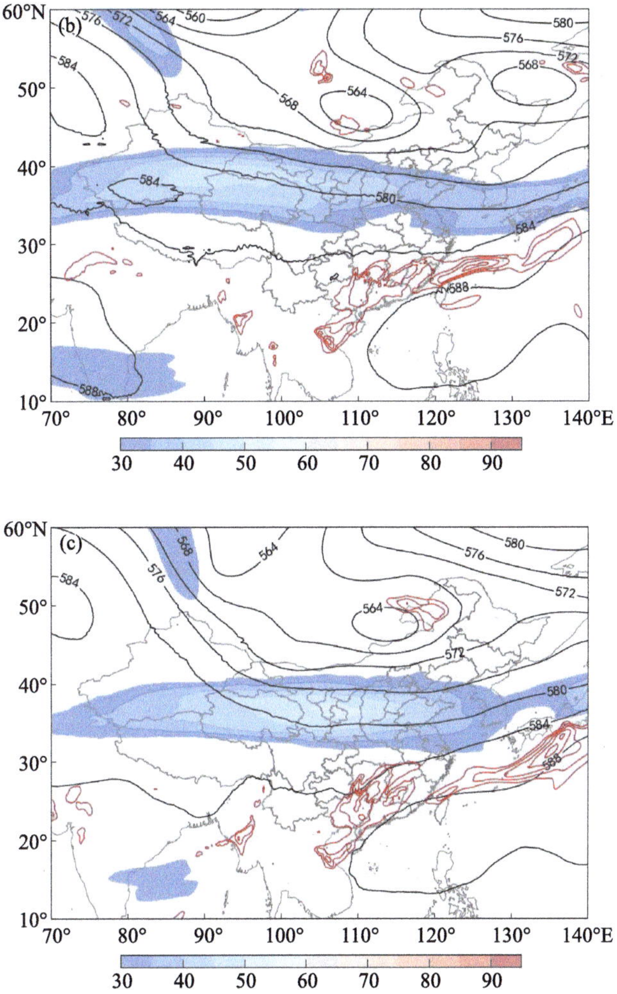

图5-23　2021年6月29日（a）、6月30日（b）、7月1日（c）500 hPa位势高度（单位：dagpm；阴影区表示200 hPa 高空急流，风速≥30 m/s；红色实线表示850 hPa 低空急流，风速≥12 m/s）

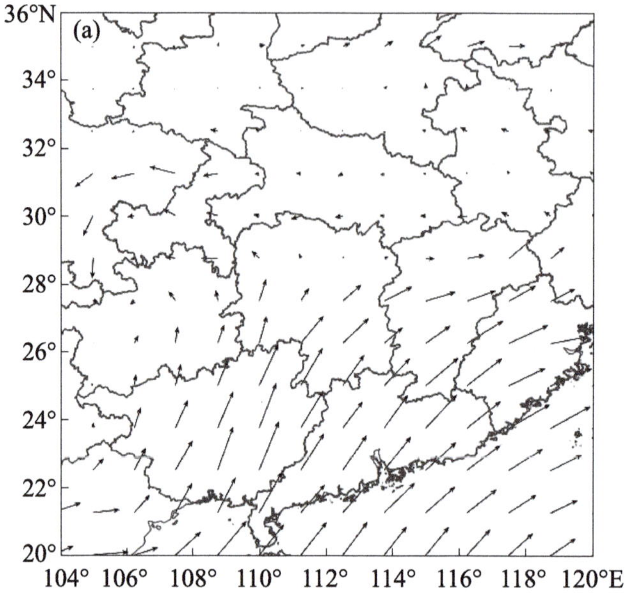
36°N
34°
32°
30°
28°
26°
24°
22°
20°
(a)
104° 106° 108° 110° 112° 114° 116° 118° 120°E

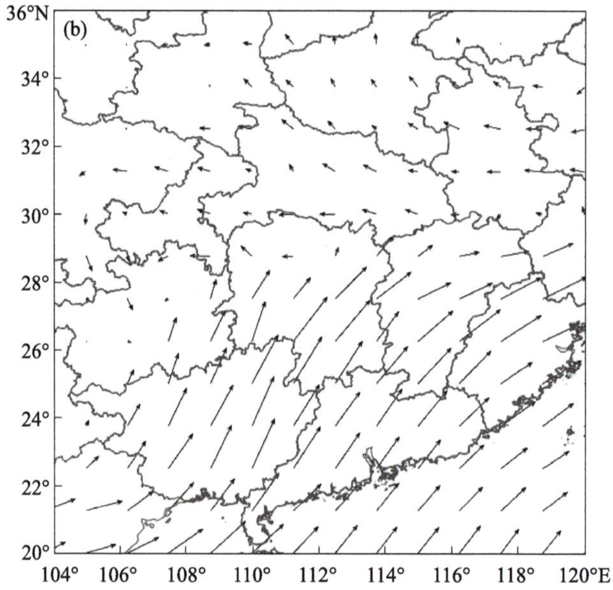
36°N
34°
32°
30°
28°
26°
24°
22°
20°
(b)
104° 106° 108° 110° 112° 114° 116° 118° 120°E

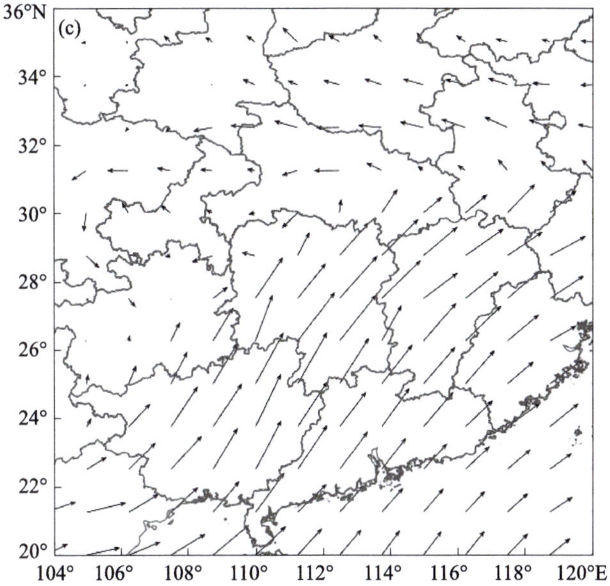

图5-24　2021年6月29日（a）、6月30日（b）、7月1日（c）850 hPa风场（单位：m/s）

2022 年 6 月 1—2 日这次区域持续性暴雨过程中，6 月 1 日 500 hPa 中高纬度以经向型发展为主，东北地区出现一个切断低压，内蒙古以北为弱脊控制，中低纬度云贵高原有低槽波动向东移动，将一股股冷空气向东向南输送，30°N 以北地区为高空急流，湘西南附近为低空急流，冷暖气流在湘西汇合，加上强烈的抬升作用（图 5-25a），湘西地区容易出现暴雨天气；850 hPa 风场图中，湖南大部受强烈的偏南气流影响，将南海的水汽源源不断地向北输送，在湘北地区出现风速和风向辐合，有利于降水的发生（图 5-26a）。6 月 2 日，中低纬度的低槽波动加强，湖南位于槽前脊后，与此同时，低空急流加强，维持在湘南地区，强烈的上升运动位于低空急流的北侧和高空急流的右侧（图 5-25b），该天气形势有利于暴雨加强发展；850 hPa 风场图中的切变线稳定维持在湖北南部地区，有利于湖南北部地区出现降水过程。

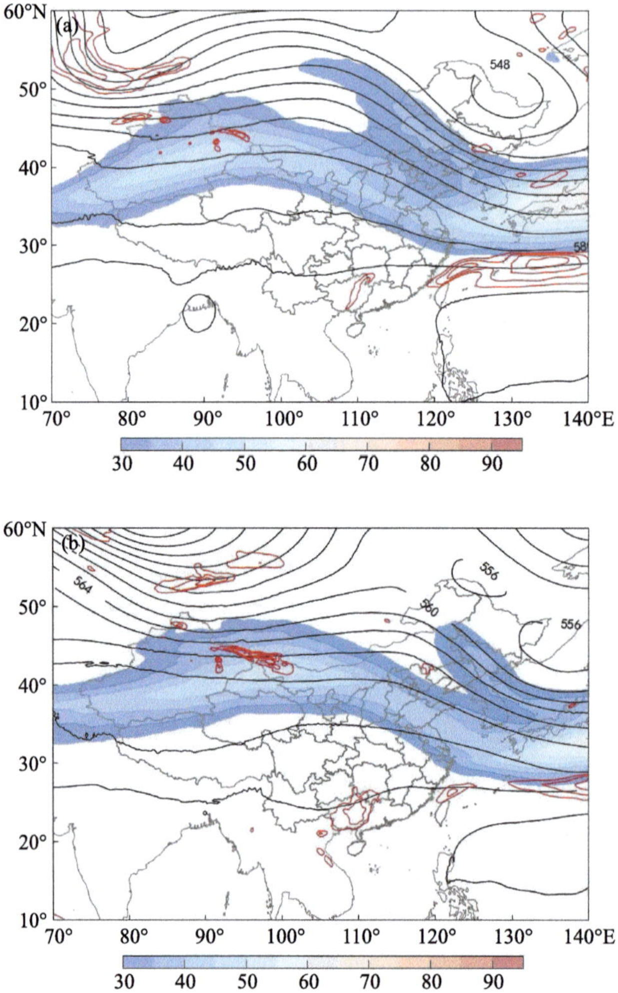

图5-25　2022年6月1日（a）、6月2日（b）500 hPa 位势高度（单位：dagpm；阴影区表示200 hPa 高空急流，风速≥30 m/s；红色实线表示850 hPa 低空急流，风速≥12 m/s）

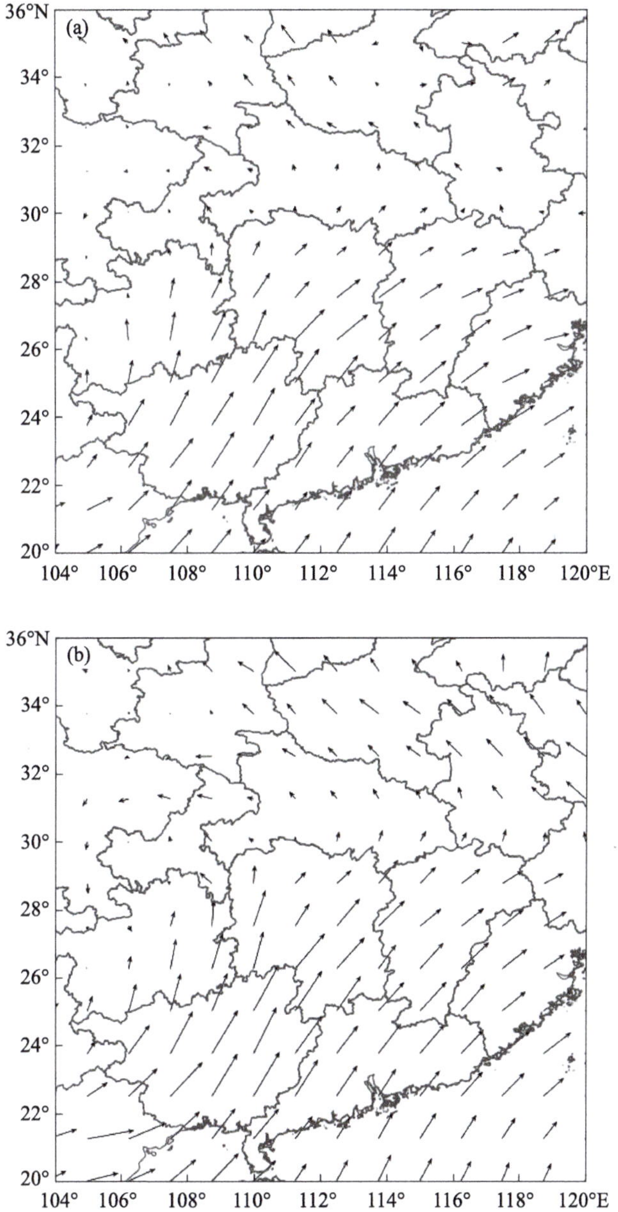

图5-26　2022年6月1日（a）、6月2日（b）850 hPa 风场（单位：m/s）

对比湖南区域持续性暴雨落区概率预报模型和EC细网格08时起报的72～96 h、48～72 h、24～48 h的暴雨预报TS评分（表5-11），区域持续性暴雨落区概率预报模型提前72 h和24 h暴雨预报TS评分均高于EC细网格模式降水产品的暴雨预报评分，尤其针对 7 月 1 日，该模型提前 72 h、48 h、24 h 暴雨预报均优于 EC 细网格预报。

表5-11　2021年6月29—7月1日湖南区域持续性暴雨落区概率预报模型和EC细网格08时起报的72～96 h、48～72 h、24～48 h的暴雨预报TS评分/%

暴雨日期	模型/72～96 h	模型/48～72 h	模型/24～48 h	EC/72～96 h	EC/48～72 h	EC/24～48 h
6月29日	14	16.2	9.9	10.6	18.3	5.9
6月30日	27.4	27.8	25.5	12.4	34.6	20.0
7月1日	21.2	22.4	23.6	5.8	21.4	11.5

同时，为了分析湖南区域持续性暴雨落区概率预报模型相比于其他大尺度模式和区域中尺度模式预报性能差异，分别对 08 时起报的 24 ～ 48 h 的暴雨预报及 TS 评分进行分析（图 5-27）。6 月 29 日 08 时至 6 月 30 日 08 时，湖南省出现分散性暴雨和大暴雨天气，湘西州、常德、岳阳、长沙等地区，共 9 个国家站降水超过 50 mm（图 5-27a1），对比预报结果，区域持续性暴雨落区概率预报模型提前 24 h 暴雨预报评分均优于各模式降水产品的暴雨预报评分，但由于降水分散，该模型对湘东一带的暴雨有漏报。6 月 30 日 08 时至 7 月 1 日 08 时，降水加强，雨带主要集中在湘中以北（图 5-27b1），共 19 个国家站出现暴雨，3 个国家站出现大暴雨，该模型对暴雨落区把握较好，预报暴雨 TS 评分值为 25.5%（图 5-27b2），比 EC 预报暴雨 TS 评分（20.0%）提高了 5.5%，同时预报结果均优于 CMA-GFS、CMA-SH、CMA-GD 模式降水预报（图 5-27b3 ～ b6）。7 月 1 日 08 时至 7 月 2 日 08 时，雨带略有北抬，湘西南部分地区也出现暴雨（图 5-27c1），模型提前 24 h 预报暴雨 TS 评分最高，为 23.6%（图 5-27c2），CMA-SH 模式次之，为 19.7%（图 5-27c5），其他模式提前 24 h 暴雨预报评分均低于 12%（图 5-27c3、c4、c6）。

由此可知，除 6 月 29 日和 30 日提前 48 h 预报，其余预报评分湖南区域持续性暴雨落区概率预报模型均高于 EC 细网格模式降水产品的暴雨预报评分；对比其他模式，该模型在本次区域持续性暴雨过程中对暴雨落区的预报效果较好，提前 24 h 的暴雨预报优于 EC、CMA-GFS 大尺度模式和 CMA-SH、CMA-GD 区域模式，对湖南区域持续性暴雨的预报有明显的预报技巧。

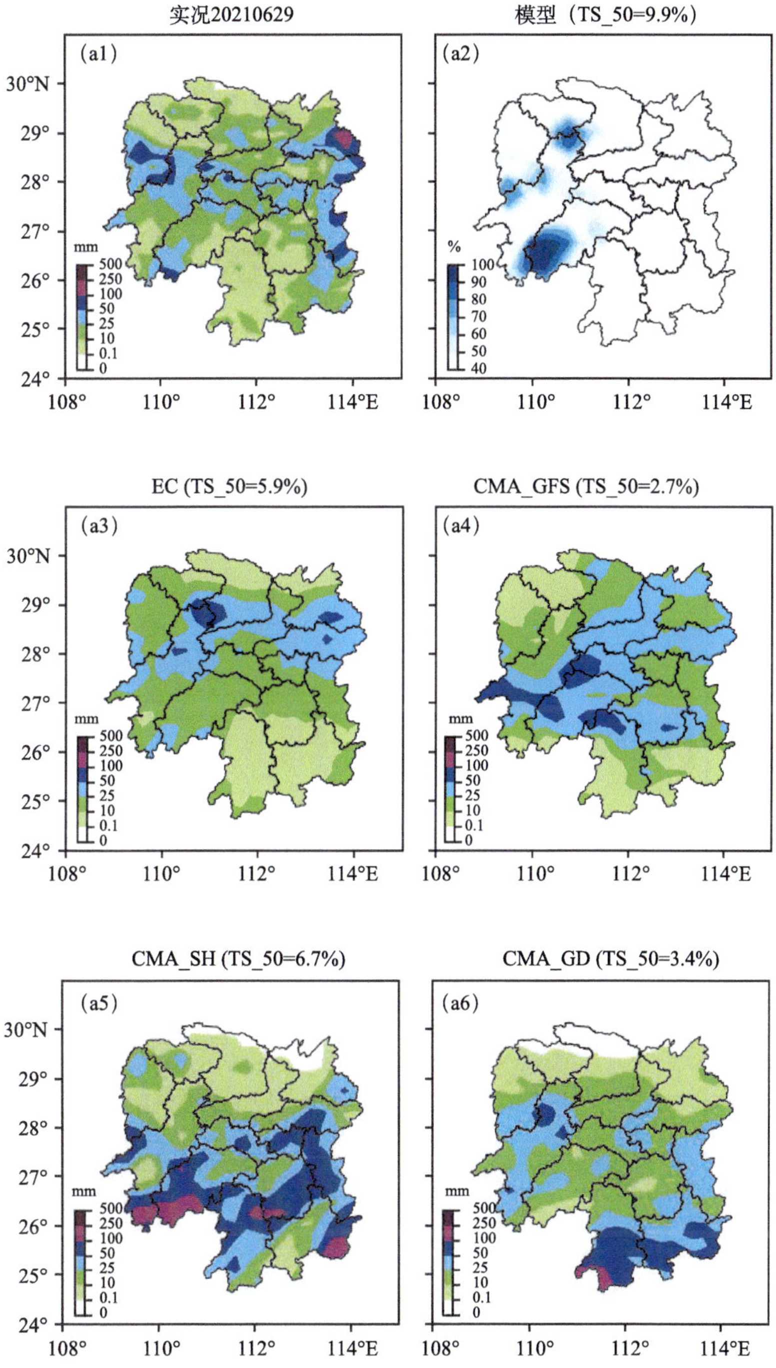
实况20210629
模型（TS_50=9.9%）
(a1)
(a2)
mm
500
250
100
50
25
10
0.1
0
%
100
90
80
70
60
50
40
30°N
29°
28°
27°
26°
25°
24°
108°
110°
112°
114°E
EC (TS_50=5.9%)
CMA_GFS (TS_50=2.7%)
(a3)
(a4)
CMA_SH (TS_50=6.7%)
CMA_GD (TS_50=3.4%)
(a5)
(a6)

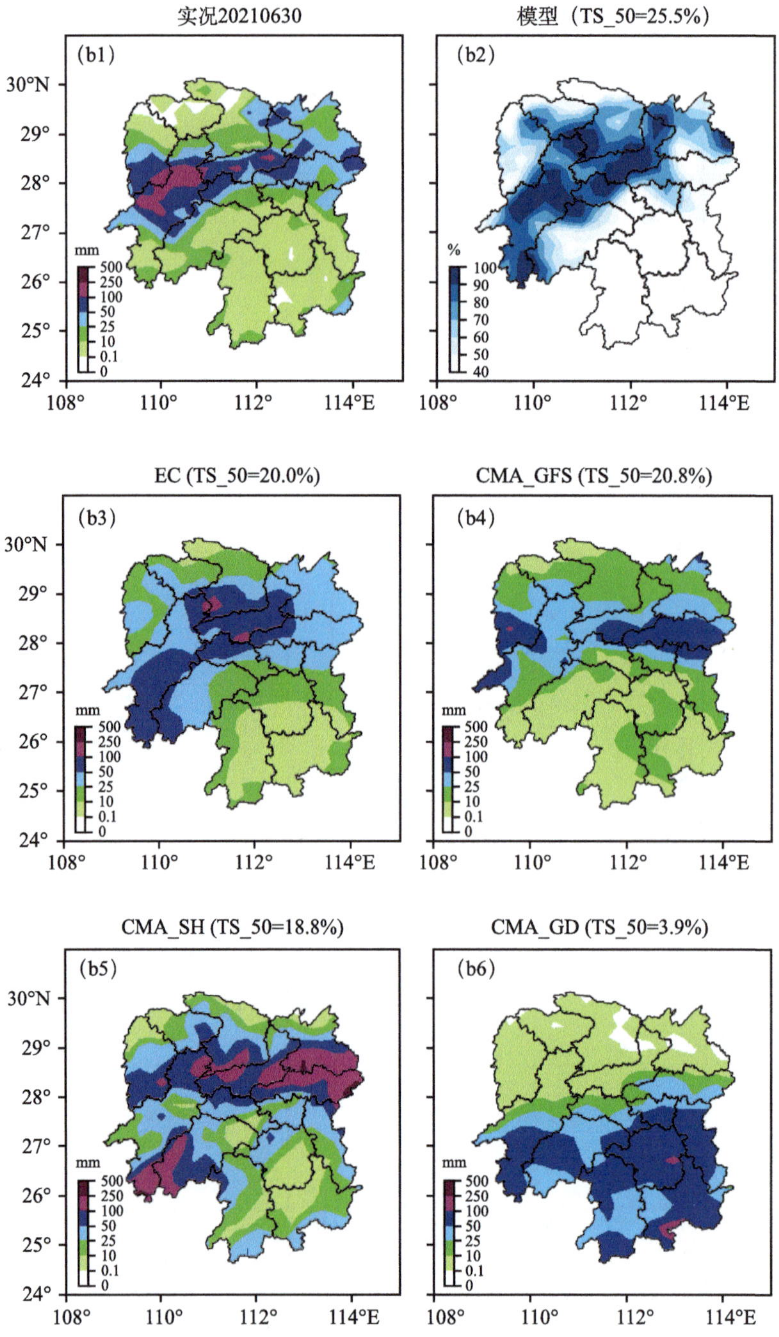
实况20210630
(b1)
模型（TS_50=25.5%）
(b2)
EC (TS_50=20.0%)
(b3)
CMA_GFS (TS_50=20.8%)
(b4)
CMA_SH (TS_50=18.8%)
(b5)
CMA_GD (TS_50=3.9%)
(b6)
mm
500
250
100
50
25
10
0.1
0
%
100
90
80
70
60
50
40
30°N
29°
28°
27°
26°
25°
24°
108°
110°
112°
114°E

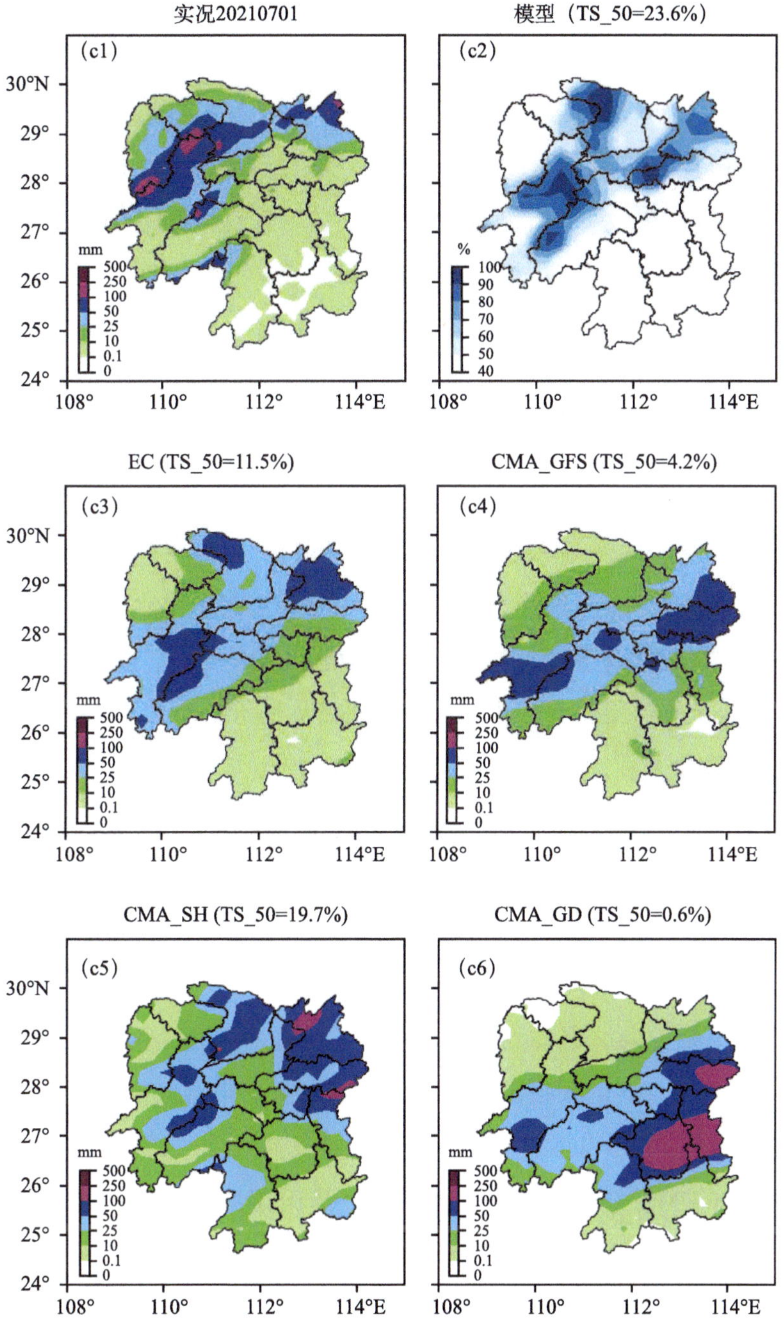

图5-27　2021年6月29日—7月1日逐日（08—08时）降水实况（a1，b1，c1；单位：mm）及湖南区域持续性暴雨落区概率预报模型（a2，b2，c2）和不同模式08时起报的24～48 h的暴雨预报（a3～a6，b3～b6，c3～c6）及TS评分

2022 年 6 月 1—2 日，受高空槽和低层低涡切变的影响，湖南出现了一次区域持续性暴雨过程。由湖南区域持续性暴雨落区概率预报模型和 EC 细网格 08 时起报的 72 ～ 96 h、48 ～ 72 h、24 ～ 48 h 的暴雨预报 TS 评分可知（表 5-12），1 日提前 48 h 预报湖南区域持续性暴雨落区概率预报模型表现较好，高出 EC 细网格 7.8%；2 日提前 72 h、48 h、24 h 预报湖南区域持续性暴雨落区概率预报模型均优于 EC 细网格预报产品。

表5-12 2022年6月1—2日湖南区域持续性暴雨落区概率预报模型和EC细网格08时起报的72～96 h、48～72 h、24～48 h 的暴雨预报TS评分/%

暴雨日期	模型/72～96 h	模型/48～72 h	模型/24～48 h	EC/72～96 h	EC/48～72 h	EC/24～48 h
6月1日	11.4	12.1	6.1	16.7	4.3	11.1
6月2日	29.0	23.0	30.6	9.6	0.0	3.3

图 5-28 为 2022 年 6 月 1—2 日逐日（08—08 时）降水实况及湖南区域持续性暴雨落区概率预报模型和 EC 细网格、CMA-GFS、CMA-SH、CMA-GD 模式 08 时起报的 24 ～ 48 h 的暴雨预报及 TS 评分。1 日 08 时至 2 日 08 时暴雨主要分布在湘西地区（图 5-28a1），模型对 1 日提前 24 h 暴雨预报对湘西州北部和张家界西北部的局地暴雨有所漏报，TS 评分仅为 6.1%（图 5-28a2），低于 EC 细网格（11.1%）、CMA-SH（12.5%）及 CMA-GD（8.7%）模式（图 5-28a3、a5、a6），但是 CMA-SH 和 CMA-GD 两家中尺度模式对暴雨落区范围预报偏大，强度偏强；2 日 08 时至 3 日 08 时随着切变线北抬，暴雨雨带也向北移动到湘北地区，并且降水加强，雨带范围扩大（图 5-28b1），针对 2 日的预报，模型提前 24 h 预报雨带落区位置较为准确，TS 评分为 30.6%（图 5-28b2），相对其他模式表现最优，其中 EC 细网格（图 5-28b3）和 CMA-GFS（图 5-28b4）预报暴雨落区和强度偏小，CMA-SH（图 5-28b5）和 CMA-GD（图 5-28b6）模式预报暴雨雨带落区较实况偏南。

综合可见，湖南区域持续性暴雨落区概率预报模型对暴雨落区的预报把握较好，相对其他模式比较稳定，有一定的预报技巧。

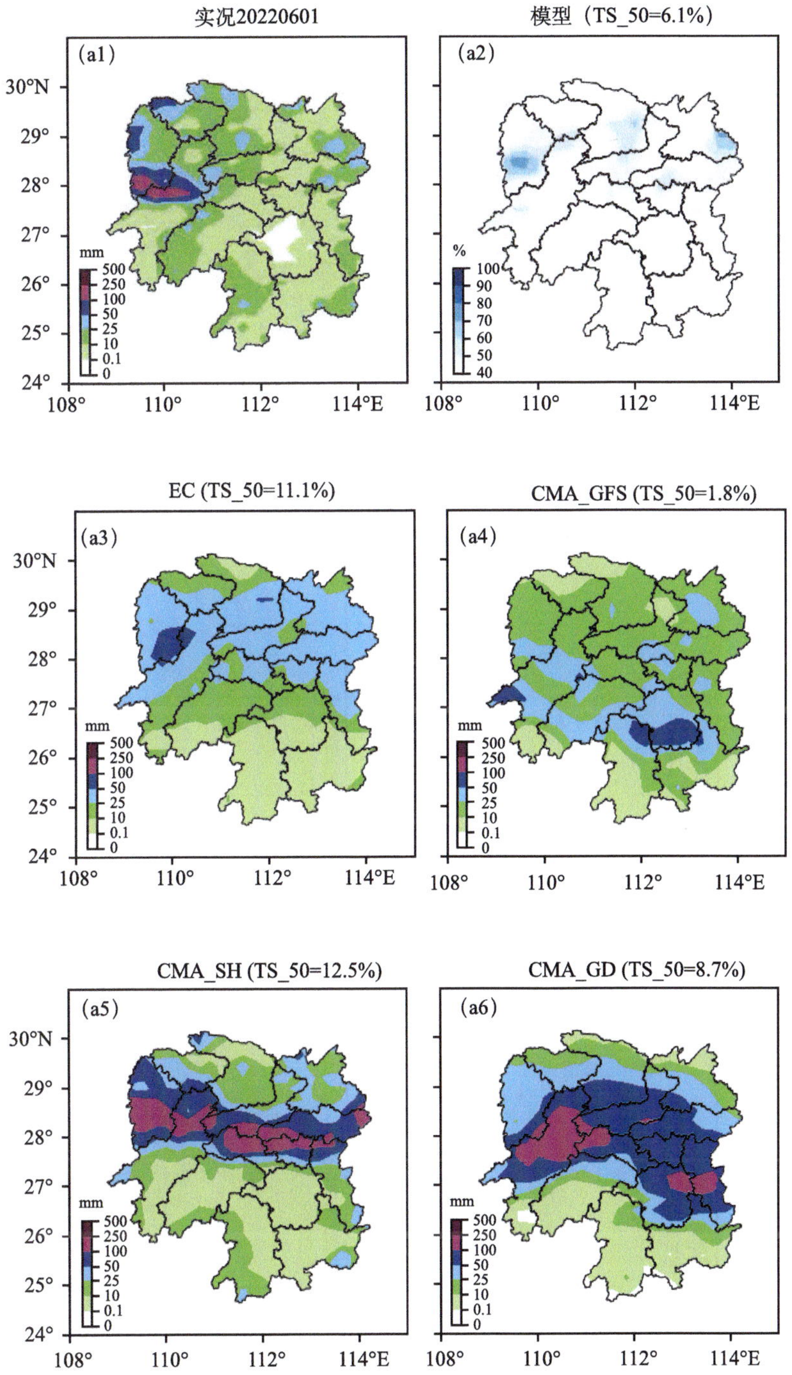
实况20220601
(a1)
模型（TS_50=6.1%）
(a2)
EC (TS_50=11.1%)
(a3)
CMA_GFS (TS_50=1.8%)
(a4)
CMA_SH (TS_50=12.5%)
(a5)
CMA_GD (TS_50=8.7%)
(a6)
30°N
29°
28°
27°
26°
25°
24°
108°
110°
112°
114°E
mm
500
250
100
50
25
10
0.1
0
%
100
90
80
70
60
50
40

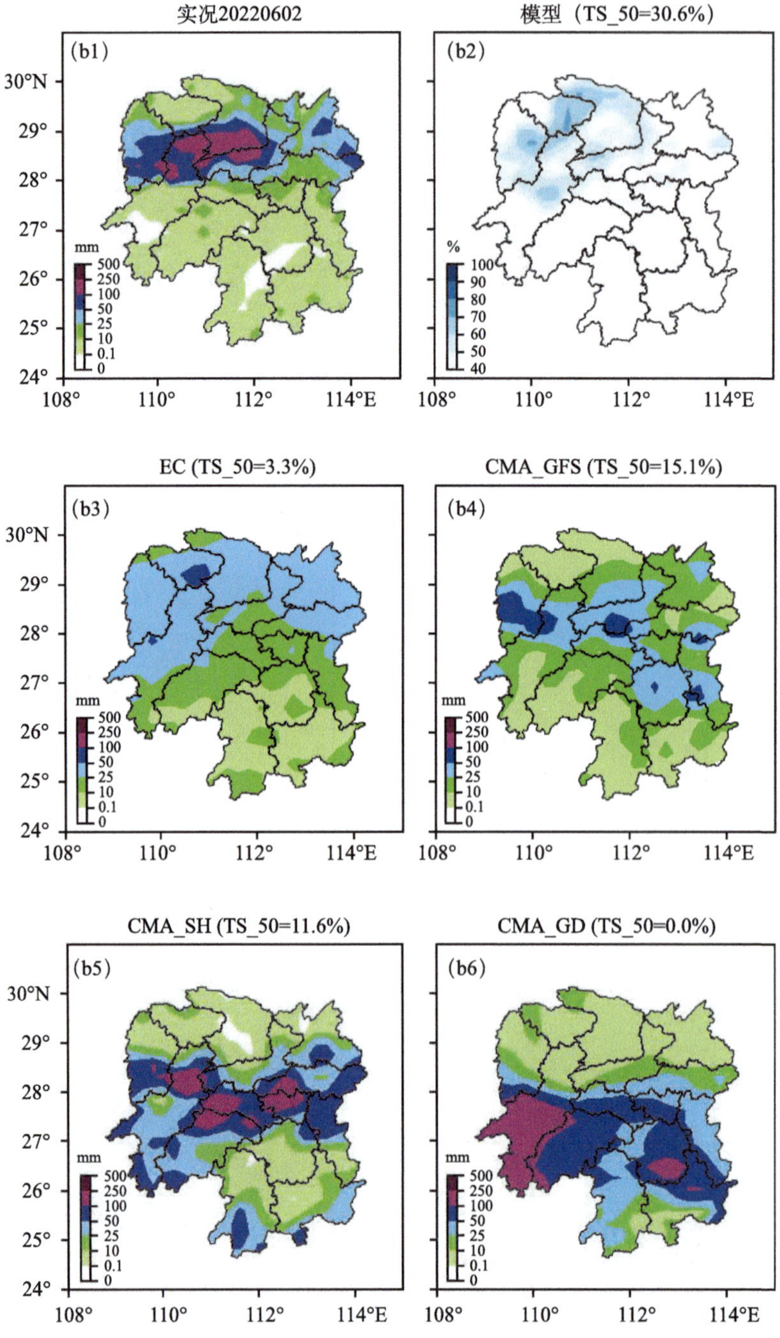

图5-28　2022年6月1—2日逐日（08—08时）降水实况（a1，b1；单位：mm）及湖南区域持续性暴雨落区概率预报模型（a2，b2）和不同模式08时起报的24～48 h 的暴雨预报（a3～a6，b3～b6）及TS评分

参考文献

陈阳, 2013.中国持续性暴雨特征及中东部地区事件异常大尺度环流分析[D].北京: 中国气象科学研究院.

丁一汇, 1994.暴雨和中尺度气象学问题[J].气象学报 (3) : 274-284.

陶诗言, 1980.中国之暴雨[M].北京: 科学出版社.

周慧, 杨令, 刘志雄, 等, 2013.湖南省大暴雨时空分布特征及其分型[J].高原气象, 32 (5) : 1425-1431.

周慧, 蔡荣辉, 尹冬德, 等, 2018.2016年7月湖南一次极端持续性暴雨成因分析[J].干旱气象, 36 (1) : 56-63.

CALAS C, DUCROCQ V, SENESI S, 2000.Mesoscale analyses and diagnostic parameters for deep Convection now casting[J]. Meteorological Applications, 7 (2) : 145-161.

DING Y H, REITER E R, 1982. A relationship between planetary waves and persistent rain and thunderstorms in China[J]. Archives for Meteorology Geophysics & Bioclimatology, 31 (3) : 221-252.

DUCROCQ V, TZANOS D, SENESI S, 1998. Diagnostic tools using a mesoscale NWP model for the early warning of convection[J]. Meteorological Applications, 5 (4) : 329-349.

LAU W K M, KIM K M, 2012. The 2010 Pakistan flood and Russian heat wave: Teleconnection of hydrometeorological extremes[J]. Journal of Hydrometeorology, 13 (1) : 392-403.

第6章 湖南区域持续性暴雨业务系统

区域持续性暴雨是湖南汛期常见的灾害性天气，且常为并发灾害，往往造成严重损失。借助于“区域持续性暴雨预报系统”，可对湖南区域持续性暴雨进行监测和预警，并可实现其他相关业务服务功能。

6.1 湖南区域持续性暴雨预报业务系统总体架构

湖南区域持续性暴雨预报业务系统主要面向省级业务需求，采用浏览器-Web-应用服务器-数据库的多层（N-tier）架构，系统将用户交互、业务处理和数据管理有机结合，满足高效性、稳定性和可扩展性需求。该系统在逻辑结构上可分为数据层、访问层、服务层和应用层，通过层间协同工作及层内业务处理实现整体业务体系架构。数据层主要处理来自湖南省气象信息中心的基础数据（CIMISS）、湖南省气象台提供的智能网格数据和湖南省气象科学研究所数据平台提供的地理信息数据（GIS）。基于基础数据生成的各类指标产品采用SQL Server进行关联和存储，天气形势分析产品以及智能网格气象预报产品则采用文件方式存储。访问层是系统的基础库，提供访问各类基础数据的基础库，提供数据库和文件的读写操作，以满足服务层的各个计算模型和算法模块的数据获取需求。服务层提供了暴雨过程预报模型、暴雨落区概率预报模型以及结果可视化展示模块和自定义流程化组件。应用层是用户交互的业务操作平台，主要有数据查询、数据管理、产品查看和系统管理。其中数据查询主要是查询历史个例；数据管理是对历史事件进行分类编辑；产品查看是按用户需求生产分析产品；系统管理则是对用户权限、产品分发的协调管理。按照应用系统设计模式，将系统进行层次划分如图 6-1 所示。

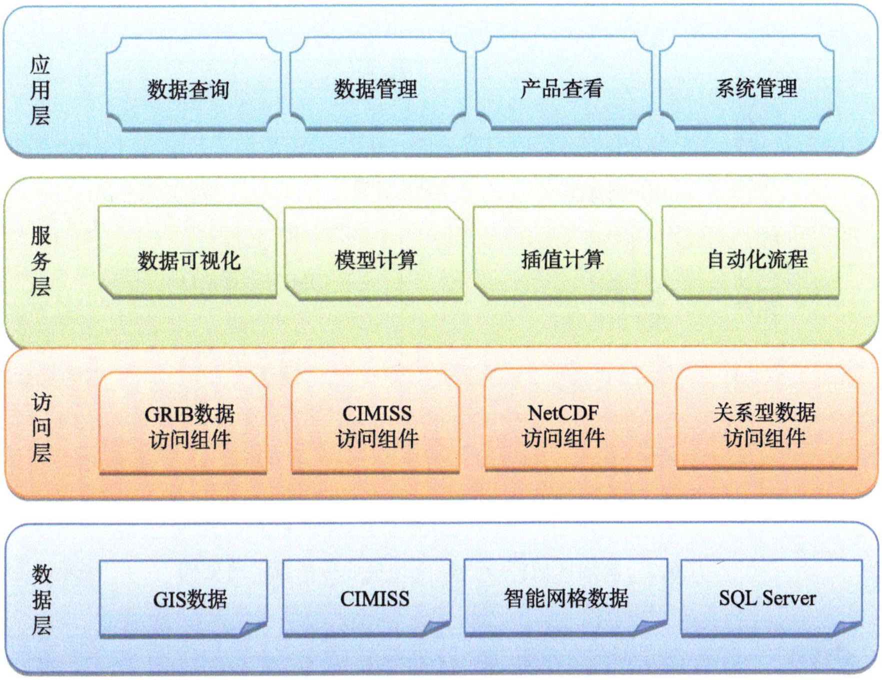

图6-1　湖南区域持续性暴雨预报业务系统总体架构

6.2 湖南区域持续性暴雨预报业务系统部署架构

湖南区域持续性暴雨预报业务系统采用 B/S 物理架构，分为客户端和服务器端。客户端是连接局域网的计算机，可根据每个客户端的不同业务需求，调用不同的分析模块，对湖南持续性暴雨事件进行分析应用。服务器端设计数据库服务器、应用服务器和 Web 服务器。数据库服务器主要部署操作系统 Windows server 和 MySQL 数据库，提供地面气象数据、智能网格数据、GIS 数据和预报产品。应用服务器是系统的业务核心，通过管理系统实现对系统业务模块功能的管理，并提供相应的模型集成、自动化运维和产品推送。Web 服务器主要部署 Web 应用环境，供客户端访问和执行应用分析，承载数据产品查询、服务接口 Web Service 与 Rest API。系统部署如图 6-2 所示，用户无须安装客户端，通过浏览器便可直接使用系统。

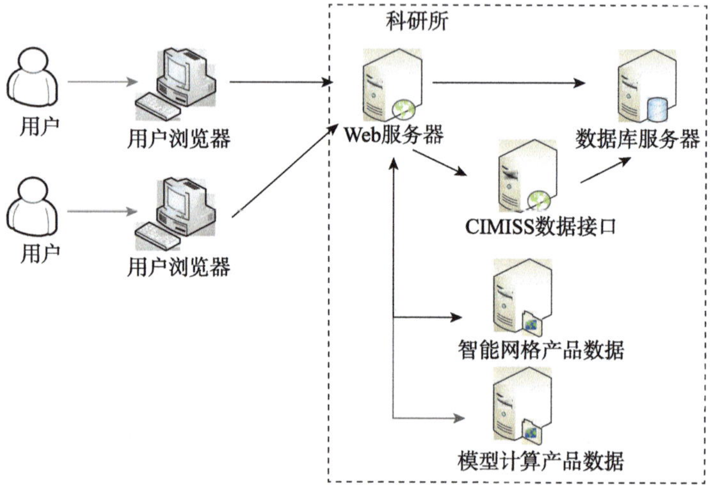

图6-2　湖南区域持续性暴雨预报业务系统部署架构

6.3 湖南区域持续性暴雨预报业务系统集成与应用

湖南区域持续性暴雨预报业务系统以插件的方式定义了历史个例查询、暴雨过程预报模型、暴雨概率预报、CIMISS、智能网格数据、常用业务系统、高级管理和系统管理 8 个部分，主界面见图 6-3。该系统实现了数据采集管理、业务模型分析运算以及监测分析等业务的一体化，显著提高了工作效率。

6.3.1　历史个例查询模块功能介绍

历史个例查询模块提供了历史暴雨过程的详细物理实况信息，覆盖逐日关键气象要素和诊断分析指标，可对 1961 年以来的所有湖南汛期区域持续性暴雨过程进行查询。历史个例查询模块包含了实况、异常度和灾害情况 3 项信息查询子项。

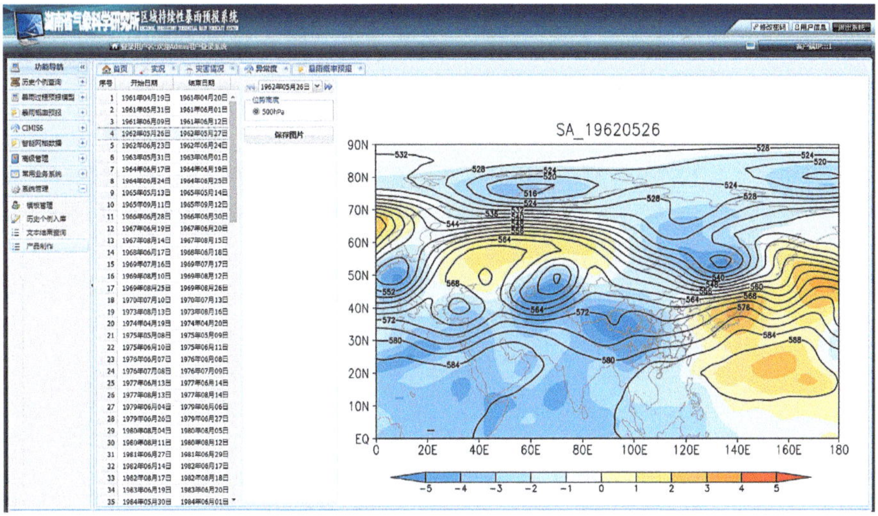

图6-3　湖南区域持续性暴雨预报系统主界面

实况子项包括逐日等压面气象场分析和物理量诊断分析。逐日等压面气象场分析提供逐日主要等压面的位势高度场、风场分布，展现大气环流背景特征。物理量诊断分析提供了逐日水汽通量场和水汽通量散度场，反映水汽输送路径和强度变化，为暴雨成因分析提供基础；假相当位温，揭示大气不稳定性和对流触发潜力；对流有效位能参数，定量评估大气的对流不稳定程度及其潜在强对流能力；涡度和散度场，分析水平气流的旋转性与辐合 / 辐散特性，识别暴雨产生的动力条件；垂直速度场，显示暴雨发生区的上升运动强度，揭示强对流核心位置（图 6-4）。

异常度子项重点分析历史暴雨个例中 500 hPa 位势高度场的异常度分布，揭示与气候背景的偏离程度。以气候平均值为基准，计算逐日的 500 hPa 位势高度异常度，反映暴雨发生期间环流异常情况，提供异常度场的空间分布图，直观展示异常中心位置及其演变过程（图 6-5）。

灾害情况子项整合了自 1961 年以来湖南汛期区域持续性暴雨过程的相关

灾害信息，系统化收集并整理了各历史暴雨过程中的灾害事件信息，包括洪涝灾害、地质灾害（如山体滑坡、泥石流）、农业损失、交通中断等，提供详细的灾害描述，包含发生区域、受灾人口、经济损失等具体信息，查询结果以结构化文本形式呈现，信息清晰，层次分明，便于快速获取关键内容（图6-6、图6-7）。

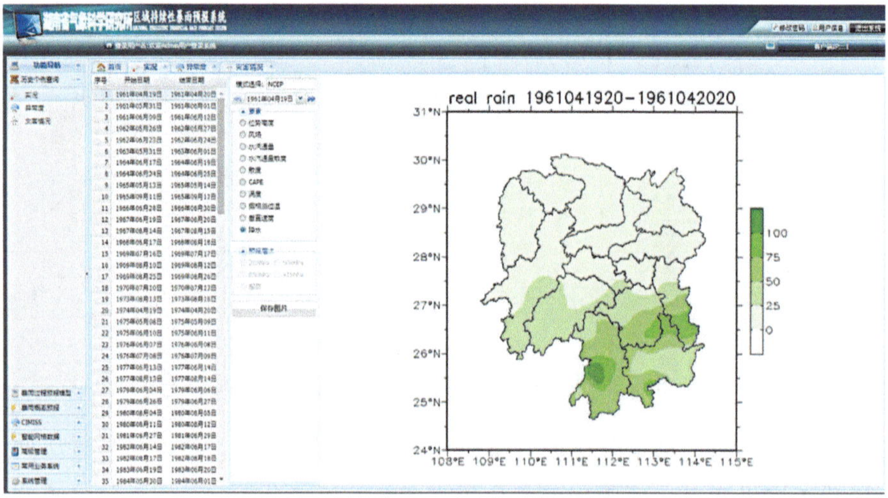

图6-4　历史个例查询模块实况子项

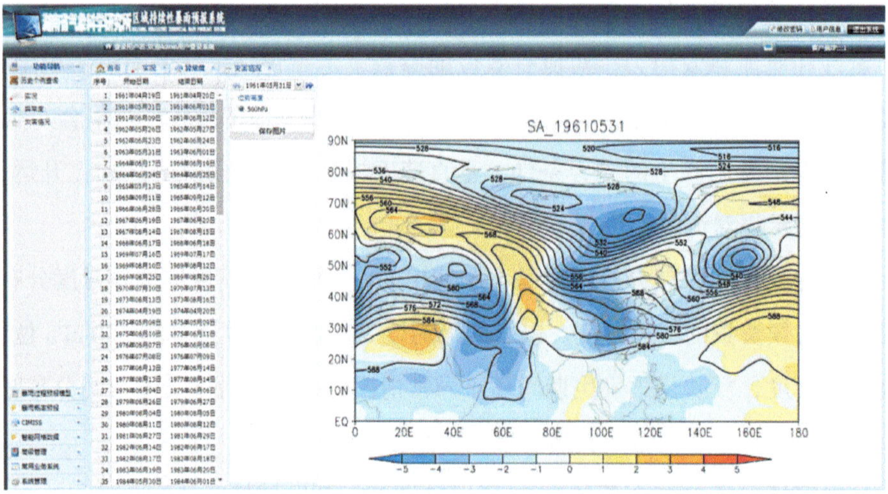

图6-5　历史个例查询模块异常度子项

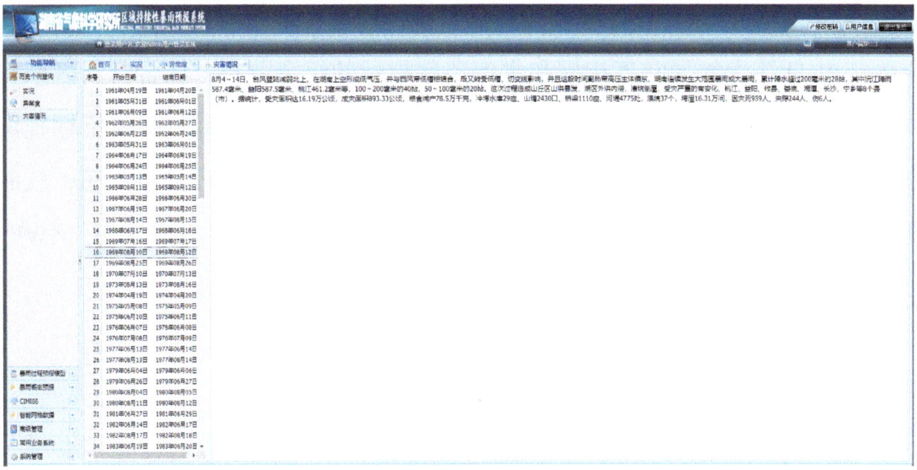

图6-6　历史个例查询模块灾害情况子项

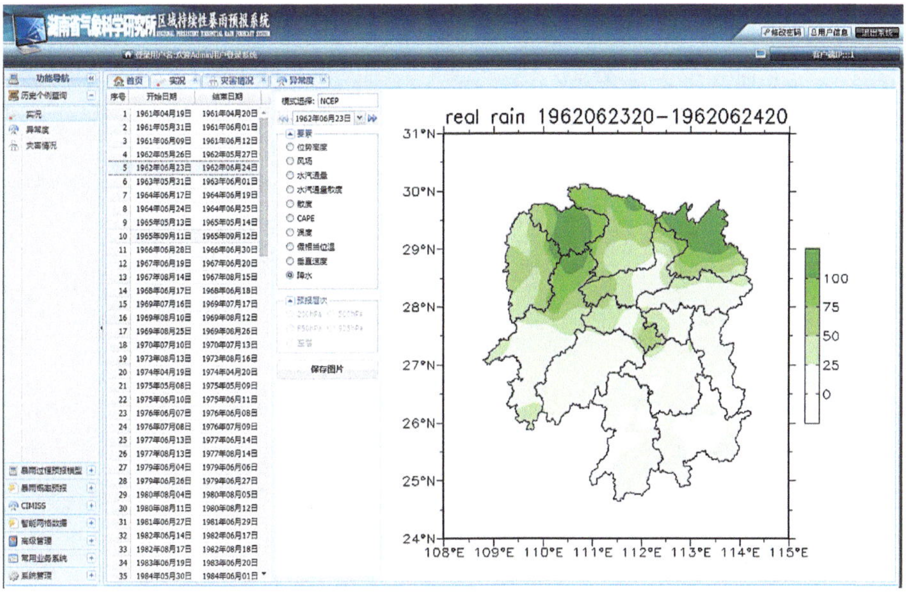

图6-7　湖南区域持续性暴雨预报业务系统历史个例查询模块示意图

6.3.2　湖南区域持续性暴雨过程预报模型

区域持续性暴雨过程预报模型是湖南区域持续性暴雨预报系统的核心模块，基于湖南区域持续性暴雨预报概念模型，科学严谨的 3 层指标判识方法，提供未来 10 天区域持续性暴雨过程的预报。该模块通过对中高纬大气异常度指标、中低纬大气异常度指标和水汽条件指标的综合分析，综合判断区域持续性暴雨过程的可能性。用户可以按照逐层指标判识的步骤，逐级指标查询分析暴雨过程，亦可直接跳至暴雨预报项查询实时暴雨过程预报产品，从而快捷、直观地获取区域持续性暴雨过程预报结果。目前提供了基于 ECMWF、GRAPES、GFS 三种数值预报产品的指标判识结果查询。

1. 异常度场子模块

基于各数值预报模式对 500 hPa 位势高度场的预报值，进行异常度场分析，提供未来 10 天中高纬和中低纬异常度指标判识结果，帮助用户快速了解大气环流背景对暴雨发生的可能影响（图 6-8）。

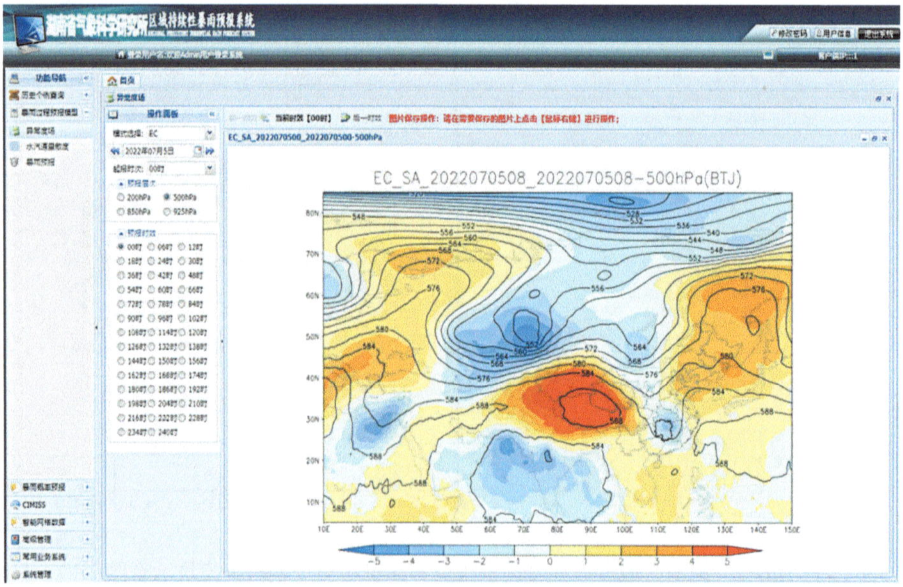

图6-8　过程预报模型异常度场子模块

2. 水汽通量散度子模块

该子模块重点分析暴雨潜在发生区域的水汽输送汇聚中心，通过叠加风场与水汽通量散度场，展示水汽输送路径与辐合区域的空间分布，支持未来10天水汽通量散度的高分辨率时空分布查询，帮助用户了解水汽输送的关键时段与空间位置，为暴雨预测提供水汽条件支撑。同时给出基于第三层水汽判识指标的区域持续性暴雨过程预报结果（图6-9）。

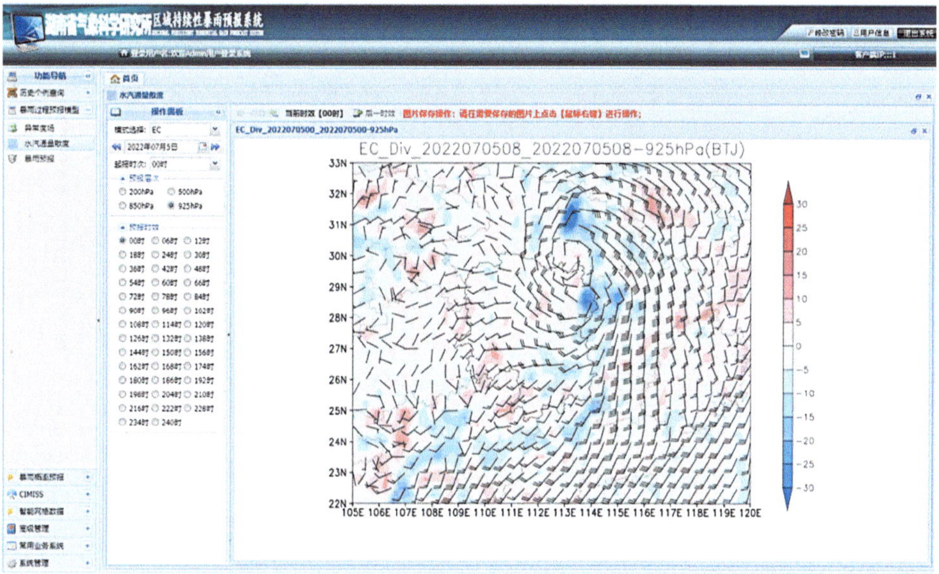

图6-9　过程预报模型水汽通量散度子模块

3. 暴雨预报子模块

该子模块基于前3层指标的综合判识，提供未来10天有无区域持续性暴雨过程的预报结果。该模块同时集成了ECMWF、GRAPES、GFS三种数值预报模式的判识结果，提供多模式对比，增加预报可信度。在该模块中，用户可以直接跳至暴雨预报子模块，查询未来10天的暴雨过程预报产品（图6-10）。

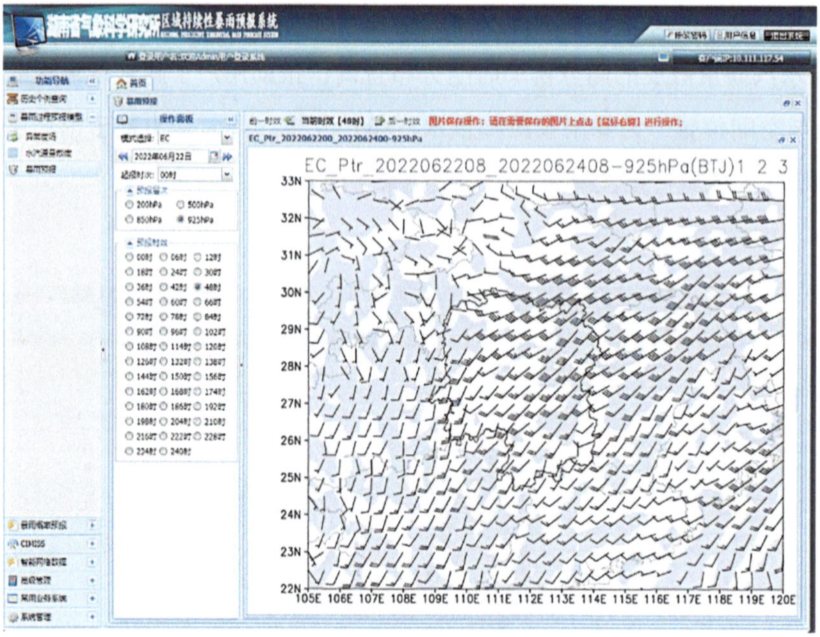

图6-10　过程预报模型暴雨预报子模块

6.3.3　湖南区域持续性暴雨概率预报

暴雨落区概率预报模块是针对暴雨落区位置预测的重要功能组件，旨在通过多因子、多模型的综合分析，为用户提供高精度的暴雨落区概率预报服务。模块基于科学严谨的建模方法和多源数据支持，结合异常度因子、传统物理量因子和动力因子三种模型，提供未来 10 天不同预报时效的暴雨落区概率预报结果，为用户进行决策提供多维度的参考（图 6-11）。

1. 基于多因子建模的暴雨落区概率预报

模块通过整合 3 种不同预报因子的模型，生成多样化的暴雨落区概率预报产品。

①异常度因子模型：利用标准化异常度分析方法，计算关键气象场的异常度（如 500 hPa 位势高度异常、850 hPa 风场异常等），精准捕捉暴雨发生前的各类物理参量异常特征。

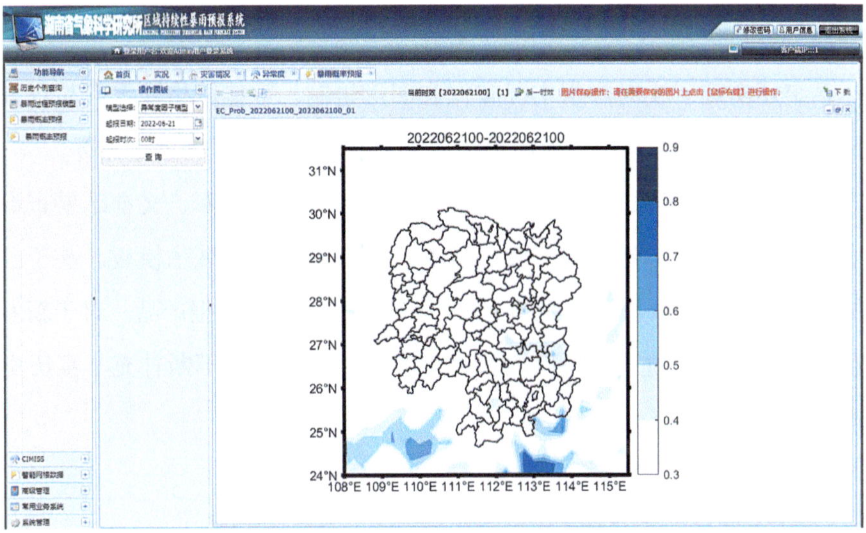

图6-11　湖南区域持续性暴雨概率预报模块示意图

②传统物理量因子模型：基于暴雨相关的物理量（如假相当位温、CAPE、垂直速度、涡度等）构建落区预报模型，强调对暴雨落区水汽条件、对流触发和动力条件的综合评估。

③动力因子模型：基于数值天气预报产品计算包含动力、热力和水汽等信息的综合性动力因子，如热力螺旋度和湿热力平流参数等，对暴雨过程中的关键动力学特征进行细致刻画，捕捉暴雨落区的强迫机制。

2. 多维度时间分辨率的预报能力

模块支持用户查询未来 10 天内不同起报时次、不同预报时效的暴雨落区概率预报结果。

①逐时更新：模块实时更新未来 10 天逐 6 h 的预报结果，确保用户获取最新信息。

②多时次对比：提供从短时（24 h ～ 10 d）预报的分时效产品，用户可分析暴雨落区的演变趋势。

③历史数据对比：支持当前预报结果与历史暴雨典型个例的落区对比，帮助用户验证预报结果的可靠性。

6.3.4 其他功能模块

系统还实现了实时降水实况查询和图形绘制、智能网格降水产品查询和图形绘制等功能，方便用户使用系统平台进行预报和实况的对比分析。

此外，系统管理功能包含了模板管理、历史个例入库、文本结果查询以及业务产品制作等。通过模板管理能够自主订制产品的展示模板，基于已嵌入的产品模板，可以快速制作 Word 版区域持续性暴雨预报产品。对于新发生的区域持续性暴雨过程，可以通过手工录入的导入系统不断补充丰富历史个例库，主要特点如下。

1. 多维度实况展示

①支持查询全省范围内的实时降水量分布，并可以按市、县或特定区域进行精细化筛选。

②展示逐时累计降水量、逐日降水总量以及短时强降水区域分布等信息。

2. 动态图形绘制

①提供多种降水可视化图表，包括色阶降水分布图、等值线降水图、柱状图等。

②支持时间序列降水变化曲线绘制，方便用户跟踪降水过程的演变。

3. 实时更新与数据叠加

①降水数据以分钟级或小时级实时更新，确保信息的时效性。

②支持叠加其他气象要素（如风速、气温）与降水分布的综合展示，方便用户进行多因子联合分析。

4. 个性化查询

①用户可以自定义查询条件，如降水阈值设定、时间范围调整以及目标区域选择。

②系统支持将查询结果导出为图片或表格，便于保存和分享。

5. 智能网格降水产品查询与图形绘制

系统集成了基于高分辨率数值预报模式的智能网格降水产品查询功能，提供多时效、精细化的降水预报结果，并通过丰富的可视化手段提升信息解析能力。

①高分辨率预报支持：集成多种数值预报模式（如 ECMWF、GRAPES、GFS 等），生成网格化降水预报产品。提供不同分辨率的网格预报结果，满足从局地到大范围降水分析的需求。

②多时效与多模式对比：支持未来 6 h ～ 10 d 的降水预报查询，并可以分时效查看逐小时降水演变。提供多模式降水预报结果对比功能，直观展示不同模式对同一时间降水的预测差异。

③智能图形绘制：支持网格化降水分布的动态图形绘制，用户可观看未来降水的空间和时间变化过程。图形绘制包括网格降水热力图、逐小时累计降水量曲线以及降水概率分布图。

④预测与实况对比分析：系统支持将网格降水预报与实时降水实况进行叠加对比，帮助用户评估预报准确性和误差分布。提供实况与预报的时空偏差分析报告，辅助科研人员改进预报算法。

6. 系统管理功能

系统还集成了全面的管理功能模块，旨在提升平台的易用性和业务灵活性，同时为用户提供数据入库、模板定制和产品制作等便捷工具。

①模板管理：用户可以通过自主模板管理功能设计符合自身需求的预报产品展示模板，包括布局、内容和样式。系统内置了多种区域持续性暴雨预报模板，可直接应用于 Word 版产品的快速生成。

②历史个例入库：用户可以手动录入新发生的区域持续性暴雨过程数据，或通过导入功能批量补充历史个例库。系统支持将实时监测到的暴雨过程数

据自动归档入库，保证历史数据库的动态更新和完整性。

③文本结果查询：支持对预报产品和历史案例分析报告的文本内容快速检索，用户可按关键字或时间范围查询结果。查询结果以表格或文字形式呈现，方便复制或导出。

④业务产品制作：基于模板快速制作暴雨预报业务产品，包括图形、文本和表格信息的整合输出。用户可以在产品生成后对内容进行进一步编辑，并通过系统直接发布到业务平台或发送给相关部门。